Doi Hopf 模的离散形变与积分理论

郭双建　张晓辉　著

科 学 出 版 社
北 京

内 容 简 介

本书介绍国际前沿学科的研究方向: 各种 Hopf 代数和量子群结构的离散型量子形变与 Hom 化理论. 包含 Doi Hom-Hopf 模的基本概念、Maschke 型定理、可分函子、仿射准则、量子 Yang-Baxter 方程的解及 Hom-Yetter-Drinfeld 模范畴的对称性与 u 条件、Hom–量子群胚及其表示等. 内容由浅入深, 既有理论又有应用, 反映了近 20 年来 Hom–结构与积分理论的研究成果.

本书可供数学和数学物理专业的高校师生及科研人员阅读参考.

图书在版编目(CIP)数据

Doi Hopf 模的离散形变与积分理论/郭双建, 张晓辉著. —北京: 科学出版社, 2017.11

ISBN 978-7-03-055172-6

Ⅰ.①D… Ⅱ.①郭… ②张… Ⅲ.①郝普夫代数-离散模型 ②郝普夫代数-积分表示 Ⅳ.①0151.2

中国版本图书馆 CIP 数据核字(2017) 第 269953 号

责任编辑: 郭勇斌 邓新平 / 责任校对: 张凤琴

责任印制: 张 伟 / 封面设计: 蔡美宇

科学出版社出版

北京东黄城根北街 16 号

邮政编码: 100717

http://www.sciencep.com

北京中石油彩色印刷有限责任公司 印刷

科学出版社发行 各地新华书店经销

*

2017 年 11 月第 一 版 开本: 720 × 1000 1/16

2018 年 2 月第二次印刷 印张:10 1/4

字数: 171 000

定价: 58.00 元

(如有印装质量问题, 我社负责调换)

序　言

从代数学的角度, 对形变理论的研究最早可以追溯到 1964 年 M. Gerstenhaber 等对环与代数的形变性质的研究工作 [1]. 20 世纪 90 年代初期, 为了描述在量子现象的模型中所出现的一种保运算离散型代数形变 (即量子 q-形变), H. Hiro-Oka 等 [2] 和 M. Chaichian 等 [3] 相继引入了 q-形变 Virasoro 代数、q-形变 Witt 代数等概念, 将形变用扭导子这一代数形式来描述. 进一步地, 扭导子体现在李代数中, 便产生了 Hom-李结构 [4], 其中 Jacobi 恒等式在某个自同态 (称为 Hom-结构映射) 下作了相应的扭曲. 随后, 这种扭曲形变的思想也被推广到其他一些代数结构上——如李代数和拟李代数, 于是出现了 Hom-李代数与拟 Hom-李代数的概念. 更进一步地, Hom-余代数、Hom-双代数和 Hom-Hopf 代数等 Hom 化的结构也相继被引入和得以研究. 其中 Hom-结合代数是 2009 年由 A. Makhlouf 和 S. Silvestrov 引入的 [5], 其结合性被 Hom-结构映射作了一定的改变, 被称为 Hom-结合性. 类似地可以得到 Hom-余代数和 Hom-双代数等 [6]. 由于这些概念都体现了离散型扭曲形变在代数上的表达形式, 并且被离散形变后的代数结构具有更好的性质——这些均使得量子形变更具研究价值——因此, Hom 化与离散形变理论引起了数学工作者的兴趣, 大家陆续开始对 Hom-型代数展开研究. 从 2009 年开始, D. Yau 对 Hom-双代数进行了一系列研究工作, 他定义了 Hom-双代数上的拟三角结构 [7], 并由之得到了一组 Hom-型量子 Yang-Baxter 方程的解 [8]. 2012 年, 比利时代数学家 S. Caenepeel 等曾用张量范畴的方法去刻画 Hom-量子群 [9]. 他们构造了一种特殊的非严格张量范畴 (称之为 Hom 范畴), 并将这个范畴中的双代数称为 monoidal Hom-双代数, 继而研究了它的一些性质. 应当注意到: 这种 monoidal Hom-双代数与通常意义下的 Hom-双代数是有区别的, 与前者相比, Hom-双代数并非某个张量范畴中的 bimonoid 对象. 2014 年, A. Makhlouf 等讨论了 Hom-Yetter-Drinfeld 模范畴, 并由之构造了量子 Yang-Baxter 方程的一组解系 [10], 继而又讨论了 Hom-Drinfeld 偶; 2015 年, G. Graziani 等引入了具有更广结构的 Bi-Hom 型代数 [11], 并讨论了相关性质; 2016 年, A. Makhlouf 和 F. Panaite 又陆续刻画了 Hom 型 L-R 冲积 [12]、Hom-扭曲算子 [13] 等一些经典的量子群理论.

国内方面, 早在 20 世纪 90 年代, 胡乃红就展开了对 Witt 型代数的 q-离散形变的研究工作 [14]. 2010 年起, 陈园园、张良云等陆续讨论了 Hom-李（双）代数结构 [15, 16]、Hom 化的 FRT 型定理 [17] 及 monoidal Hom 型量子群的积分理论 [18] 和中心构造 [19]; 此外, 刘玲 [20, 21] 和董丽红 [22]、马天水 [23, 24] 等也分别从

Radford 双积等角度, 讨论了诸如 Hom-Yetter-Drinfeld 模范畴构造与 Hom 扭曲冲积结构等系列问题; 张晓辉 [25]、鹿道伟 [26]、生云鹤 [27−29] 和陈良云 [30] 等也相继在 Hom-群胚代数、Hom-李代数和 Hom-李 2-代数等方向做了相关的研究工作. 这些结果不仅推广了 Hopf 代数和 Lie 代数中的经典结论, 而且进一步改进了量子群理论中的数学方法, 丰富和发展了其内容.

从 2007 年开始, 本书作者郭双建在可分函子、拟三角 Hopf 代数的构造、Drinfeld 偶和广义量子 Yang-Baxter 方程的解系等领域, 陆续开展了一系列学习和研究工作, 取得了一定进展. 尤其是作者近两年在与国内外学术同行展开广泛合作交流的基础上, 在仿射准则、Frobenius 性质、广义 Yang-Baxter 方程的解的构造和应用、量子群胚的离散形变等方面, 利用范畴论和同调方法等, 统一了某些已知的经典结论, 获得了一些可喜的研究成果, 为进一步刻画某些重要 Hom-结构的等价条件和普遍性质提供了新的数学途径.

本书旨在介绍国际前沿学科的研究方向: 各种 Hopf 代数和量子群结构的离散型量子形变与 Hom 化理论. 读者可以从中领略到这一理论具有高度概括、涉及面广、逻辑结构严谨的特点. 在写作方面, 本书尽量做到自成体系, 但本书的取材具有很深的代数学及数学物理背景, 为此我们假定读者已经熟悉 Hopf 代数与范畴论的基本知识.

在本书付梓之际, 首先要感谢博士生导师王栓宏教授和硕士生导师王顶国教授在研究生阶段对两位作者的谆谆教诲; 感谢博士后合作导师卢涤明教授多次指导性的交流与给予的各种帮助; 还要感谢学术同行王圣祥副教授, 他与作者进行了多次深入的讨论, 对本书的成文大有裨益.

本书出版得到了以下基金的资助: 国家自然科学基金 (11761017), 国家自然科学基金数学天元基金 (11426073), 中国博士后科学基金面上项目 (2015M580508), 贵州省科学技术基金 (黔科合 J 字 [2014] 2045, 黔科合基础 [2016]1021) 和贵州省高校优秀科技创新人才支持计划 (黔教合 KY 字 [2015]481), 作者在此表示衷心感谢.

尽管作者一直追求尽善尽美, 但因水平所限, 书中难免有疏漏之处, 恳请同行专家和广大读者提出宝贵的批评意见和建议.

郭双建 张晓辉

2017 年 7 月

目　录

第1章 预备知识

设 k 为交换环, $\mathcal{M}_k=(\mathcal{M}_k,\otimes,k,a,l,r)$ 为 k-模范畴. 考虑构造一个新的张量范畴 $\widetilde{\mathcal{H}}(\mathcal{M}_k)$ 如下:

• 对象为二元组 (M,μ), 其中 $M\in\mathcal{M}_k$, $\mu\in Aut_{\mathcal{M}_k}(M,M)$($M$ 的所有线性自同构做成的集合);

• 态射为 $f:(M,\mu)\to(N,\nu)$, 其中 f 为从 M 到 N 的线性映射且满足 $f\circ\mu=\nu\circ f$;

• 对任意的 $(M,\mu),(N,\nu)\in\mathcal{H}(\mathcal{M}_k)$, 其张量积定义为

$$(M,\mu)\otimes(N,\nu)=(M\otimes N,\mu\otimes\nu).$$

张量单位为 (k,id_k);

• 对任意的对象 $(M,\mu),(N,\nu),(L,\varsigma)\in\widetilde{H}(\mathcal{M}_k)$, 结合约束和单位约束分别为

$$\tilde{a}_{M,N,L}=a_{M,N,L}\circ((\mu\otimes Id)\otimes\varsigma^{-1})=(\mu\otimes(Id\otimes\varsigma^{-1}))\circ a_{M,N,L},$$

$$\tilde{l}_M=\mu\circ l_M=l_M\circ(Id\otimes\mu),\quad \tilde{r}_M=\mu\circ r_M=r_M\circ(\mu\otimes Id).$$

我们称范畴 $\widetilde{\mathcal{H}}(\mathcal{M}_k)$ 为$\mathcal{M}_k$ 的相关 Hom-范畴.

下列 Hom-结构的有关概念可见文献 [9].

定义 1.1 一个monoidal Hom-代数为 $\widetilde{\mathcal{H}}(\mathcal{M}_k)$ 中的代数对象 (A,α), 具体地, 其带有元素 $1_A\in A$ 和线性映射 $m:A\otimes A\to A$, $a\otimes b\mapsto ab$ 满足下列条件: 对任意的 $a,b,c\in A$, 有

$$\alpha(a)(bc)=(ab)\alpha(c),\ \alpha(ab)=\alpha(a)\alpha(b),$$
$$a1_A=1_Aa=\alpha(a),\ \alpha(1_A)=1_A.$$

若不考虑 Hom-结构映射 α 的可逆性, 事实上 monoidal Hom-代数与Hom-代数(见文献 [31]) 是等价的.

定义 1.2 设 (A,α) 为 monoidal Hom-代数. 一个左 (A,α)-Hom-模包含 $(M,\mu)\in\widetilde{\mathcal{H}}(\mathcal{M}_k)$ 和态射 $\psi:A\otimes M\to M$, $\psi(a\otimes m)=a\cdot m$, 满足下列条件:

$$\alpha(a)\cdot(b\cdot m)=(ab)\cdot\mu(m),\ 1_A\cdot m=\mu(m),\ \mu(a\cdot m)=\alpha(a)\cdot\mu(m),$$

设 (M,μ) 和 (N,ν) 为两左 (A,α)-Hom-模. 如果 $f(am)=af(m)$, 对任意的 $a\in A, m\in M$ 和 $f\circ\mu=\nu\circ f$, 则称态射 $f:M\to N$ 为左 A-线性的. 我们以 $\widetilde{\mathcal{H}}({}_A\mathcal{M})$ 表示左 (A,α)-Hom-模做成的范畴.

定义 1.3　一个monoidal Hom-余代数为 $\widetilde{\mathcal{H}}(\mathcal{M}_k)$ 中的余代数对象 (C,γ), 具体地, 其伴有线性映射 $\Delta: C\to C\otimes C$, $\Delta(c)=c_1\otimes c_2$ 和 $\varepsilon: C\to k$, 满足下列条件: 对任意的 $c\in C$, 有

$$g^{-1}(c_1)\otimes\Delta(c_2)=\Delta(c_1)\otimes\gamma^{-1}(c_2),\ \Delta(\gamma(c))=\gamma(c_1)\otimes\gamma(c_2),$$
$$c_1\varepsilon(c_2)=\varepsilon(c_1)c_2=\gamma^{-1}(c),\ \varepsilon(\gamma(c))=\varepsilon(c).$$

定义 1.4　设 (C,γ) 为 monoidal Hom-余代数. 一个左 (C,γ)-Hom-余模包含 $(M,\mu)\in\widetilde{\mathcal{H}}(\mathcal{M}_k)$ 和态射 $\rho_M: M\to C\otimes M$, $\rho_M(m)=m_{(-1)}\otimes m_0$, 满足下列条件: 对任意的 $m\in M$,

$$\Delta_C(m_{(-1)})\otimes\mu^{-1}(m_0)=\gamma^{-1}(m_{(-1)})\otimes(m_{0(-1)}\otimes m_{00}),$$
$$\rho_M(\mu(m))=\gamma(m_{(-1)})\otimes\mu(m_0),\ \varepsilon(m_{(-1)})m_0=\mu^{-1}(m).$$

如果 $g\circ\mu=\nu\circ g$ 和 $m_{(-1)}\otimes g(m_0)=g(m)_{(-1)}\otimes g(m)_0$, 对任意的 $m\in M$, 则称态射 $g: M\to N$ 为左 C-余线性的. 用 $\widetilde{\mathcal{H}}({}^C\mathcal{M})$ 表示所有的左 (C,γ)-Hom-余模范畴.

定义 1.5　一个monoidal Hom-双代数 $H=(H,\alpha,m,1_H,\Delta,\varepsilon)$ 是指 Hom-范畴 $\widetilde{\mathcal{H}}(\mathcal{M}_k)$ 中的双代数对象. 具体地, 其满足 $(H,\alpha,m,1_H)$ 为一个 monoidal Hom-代数, $(H,\alpha,\Delta,\varepsilon)$ 为一个 monoidal Hom-余代数且 Δ 和 ε 是 Hom-代数同态, 即对任意的 $h,g\in H$, 有

$$\Delta(hg)=\Delta(h)\Delta(g),\quad \Delta(1_H)=1_H\otimes 1_H,$$
$$\varepsilon(hg)=\varepsilon(h)\varepsilon(g),\qquad \varepsilon(1_H)=1_k.$$

定义 1.6　一个 monoidal Hom-双代数 (H,α) 称为monoidal Hom-Hopf 代数, 如果存在一个对极$S: H\to H\in\widetilde{\mathcal{H}}(\mathcal{M}_k)$ (如 $S\circ\alpha=\alpha\circ S$), 它是恒等映射 Id_H 的卷积逆 (即满足 $S*Id_H=\eta_H\circ\varepsilon_H=Id_H*S$), 也就是对任意的 $h\in H$, 有

$$S(h_1)h_2=\varepsilon(h)1_H=h_1S(h_2).$$

定义 1.7　设 (H,α) 为 monoidal Hom-Hopf 代数. 对象 $(M,\beta)\in\widetilde{\mathcal{H}}(\mathcal{M}_k)$ 称

为左–左-Hom-Yetter-Drinfeld 模, 若 (M,β) 既是左 (H,α)-Hom-模又是左 (H,α)-Hom-余模并满足下列条件: 对任意的 $h\in H$ 和 $m\in M$,

$$h_1m_{(-1)}\otimes h_2\cdot m_0=(h_1\cdot\beta^{-1}(m))_{(-1)}h_2\otimes\beta((h_1\cdot\beta^{-1}(m))_0).$$

应当注意到, 对任意的 $h\in H$ 和 $m\in M$, 上述等式和以下等式是等价的:

$$\rho(h\cdot m)=(h_{11}\alpha^{-1}(m_{(-1)}))S(h_2)\otimes\alpha(h_{12})\cdot m_0.$$

定义 1.8 设 (H,α) 为 monoidal Hom-Hopf 代数. 则 (H,α) 为 Hom-Yetter-Drinfeld 模, 其中左 (H,α)-作用为 $h\cdot g=(h_1\alpha^{-1}(g))S(\alpha(h_2))$ 和左 (H,α)-余作用为 Hom-余乘 Δ, 记为 $H_1=(H_1,\text{伴随},\Delta,\alpha)$. 对偶地, (H,α) 为 Hom-Yetter-Drinfeld 模, 其中左 (H,α)-作用为 Hom-乘法 m 和左 (H,α)-余作用为 $\rho(h)=h_{11}\alpha^{-1}(S(h_2))\otimes\alpha(h_{12})$, 记为 $H_2=(H_2,m,\text{余伴随},\alpha)$.

定义 1.9 设 (H,α) 为 monoidal Hom-Hopf 代数. 一个Hom-Yetter-Drinfeld 范畴 ${}^H_H\mathcal{HYD}$ 是一个辫子 monoidal 范畴, 它的对象为左–左 (H,α)-Hom-Yetter-Drinfeld 模, 态射既是左 (H,α)-线性的又是 (H,α)-余线性的, 辫子 $C_{-,-}$ 定义为: 对任意的 $m\in(M,\mu)\in{}^H_H\mathcal{HYD}$ 和 $n\in(N,\nu)\in{}^H_H\mathcal{HYD}$,

$$C_{M,N}(m\otimes n)=m_{(-1)}\cdot\nu^{-1}(n)\otimes\mu(m_{(0)}).$$

定义 1.10 设 $\mathcal{C}$ 为范畴, F: $\mathcal{C}\to\mathcal{C}$ 为函子. 则由文献 [32] 可知若存在自然变换 m: $FF\to F$, 和 η: $id_{\mathcal{C}}\to F$, 满足下列条件:

$$m\circ mF=m\circ Fm,\quad id_F=m\circ\eta F=m\circ F\eta,$$

则称三元组 (F,m,η) 为范畴 $\mathcal{C}$ 上的单子.

定义 1.11 设 $\mathcal{C}$ 为范畴, $A\in\mathcal{C}$, (F,m,η) 为 $\mathcal{C}$ 上的单子. 由文献 [32], 若存在态射 θ_A: $FA\to A$, 满足等式:

$$\theta_A\circ m_A=\theta_A\circ F(\theta_A),\quad \theta_A\circ\eta_A=id_A,$$

则称 (A,θ_A) 为单子 F 上的模, 简记为 F-模.

F-模同态f: $A\to A'$ 是指 $\mathcal{C}$ 中的态射 f, 满足 $\theta_{A'}\circ Ff=f\circ\theta_A$. 由 F-模和 F-模同态做成的范畴记为 $\mathcal{C}_F$.

定义 1.12 设 $(\mathcal{C},\otimes,I,a,l,r)$ 为张量范畴, (F,m,η) 为 $\mathcal{C}$ 上的单子且 F 同时为余张量函子, 即存在自然变换 F_2: $F\otimes\to F\otimes F$ 和 $\mathcal{C}$ 中的态射 F_0: $F(I)\to I$, 使

得对任意的 $X, Y, Z \in \mathcal{C}$, 下列等式成立:

$$
\begin{aligned}
&(id_{F(X)}\otimes F_2(Y,Z)) \circ F_2(X, Y\otimes Z) \circ F(a_{X,Y,Z}) \\
&\quad = a_{FX,FY,FZ} \circ (F_2(X,Y)\otimes id_{F(Z)}) \circ F_2(X\otimes Y, Z), \\
&r_{FX}\circ(id_{F(X)}\otimes F_0) \circ F_2(X, I) \circ F(r_X^{-1}) \\
&\quad = id_{F(X)} = l_{FX}(F_0\otimes id_{F(X)})F_2(I,X) \circ F(l_X^{-1}).
\end{aligned}
$$

此时由文献 [33] 和 [34], 我们称 F 为$\mathcal{C}$ 上的双单子, 若 F 满足下列条件:

$$
\begin{cases}
(M1)\ (m_X\otimes m_Y)\circ F_2(FX,FY)\circ F(F_2(X,Y)) = F_2(X,Y)\circ m_{X\otimes Y}; \\
(M2)\ F_2(X,Y)\circ \eta_{X\otimes Y} = \eta_X\otimes \eta_Y; \\
(M3)\ F_0\circ F(F_0) = F_0\circ m_I; \\
(M4)\ F_0\circ \eta_I = id_I.
\end{cases}
$$

由文献 [35], 我们称 F 为$\mathcal{C}$ 上的弱双单子, 若 F 满足下列条件:

$$
\begin{cases}
(W1)\ (m_X\otimes m_Y)\circ F_2(FX,FY)\circ F(F_2(X,Y)) = F_2(X,Y)\circ m_{X\otimes Y}; \\
(W2)\ m_X\circ F(r_{FX})\circ F(id_{FX}\otimes F_0)\circ F(id_{FX}\otimes m_I)\circ F(F_2(X,FI))\circ F(\eta_{X\otimes FI}) \\
\qquad = r_{FX}\circ (id_{FX}\otimes F_0)\circ (id_{FX}\otimes m_I)\circ F_2(X,FI); \\
(W3)\ m_X\circ F(l_{FX})\circ F(F_0\otimes id_{FX})\circ F(m_I\otimes id_{FX})\circ F(F_2(FI,X))\circ F(\eta_{FI\otimes X}) \\
\qquad = l_{FX}\circ (F_0\otimes id_{FX})\circ (m_I\otimes id_{FX})\circ F_2(FI,X); \\
(W4)\ a_{FX,FY,FZ}\circ (F_2(X,Y)\otimes id_{FZ})\circ F_2(X\otimes Y,Z)\circ \eta_{X\otimes Y\otimes Z} \\
\qquad = (id_{FX}\otimes m_Y\otimes id_{FZ})\circ (id_{FX}\otimes F_2(FY,Z))\circ (id_{FX}\otimes \eta_{FY\otimes Z})\circ a_{FX,FY,Z} \\
\qquad\quad \circ (F_2(X,Y)\otimes id_Z)\circ (\eta_{X\otimes Y}\otimes id_Z); \\
(W5)\ (F_2(X,Y)\otimes id_F Z)\circ F_2(X\otimes Y,Z)\circ \eta_{X\otimes Y\otimes Z}\circ a^{-1}_{X,Y,Z} \\
\qquad = (id_{FZ}\otimes m_Y\otimes id_{FZ})\circ (F_2(X,FY)\otimes id_{FZ})\circ (\eta_{X\otimes FY}\otimes id_{FZ})\circ a^{-1}_{X,FY,FZ} \\
\qquad\quad \circ (id_X\otimes F_2(Y,Z))\circ (id_X\otimes \eta_{Y\otimes Z}).
\end{cases}
$$

第 2 章　相关 Hom-Hopf 模与积分

2.1　函子与结构

定义 2.1　设 (H,α) 为 monoidal Hom-Hopf 代数, (A,β) 为 monoidal Hom-代数, 一个右 (H,α)-Hom-余模代数是一个 (H,α) Hom-余模 ($\rho_A: A\to A\otimes H$, $\rho_A(a)=a_{[0]}\otimes a_{[1]}$) 满足下列条件, 对任意的 $a,b\in A$,

$$\rho_A(ab)=a_{[0]}b_{[0]}\otimes a_{[1]}b_{[1]},$$

$$\rho_A(1_A)=1_A\otimes 1_H.$$

定义 2.2　设 (H,α) 为 monoidal Hom-Hopf 代数, (A,β) 为右 (H,α)-Hom-余模代数. 一个相关 Hom-Hopf 模 (M,μ) 既是 (A,β)-Hom-模又是右 (H,α)-Hom-模 ($\rho_M: M\to M\otimes H$, $\rho_M(m)=m_{[0]}\otimes m_{[1]}$) 满足下列条件: 对任意的 $m\in M, a\in A$,

$$\rho_M(ma)=m_{[0]}\cdot a_{[0]}\otimes m_{[1]}a_{[1]}.$$

用 $\widetilde{\mathscr{H}}(\mathscr{M}_k)_A^H$ 表示所有右相关 Hom-Hopf 模构成的范畴.

性质 2.1　忘却函子 $F:\widetilde{\mathscr{H}}(\mathscr{M}_k)_A^H\to\widetilde{\mathscr{H}}(\mathscr{M}_k)_A$ 存在右伴随函子 $G:\widetilde{\mathscr{H}}(\mathscr{M}_k)_A\to\widetilde{\mathscr{H}}(\mathscr{M}_k)_A^H$. G 定义如下:

$$G(M)=M\otimes H,$$

结构映射为: 对任意的 $a\in A, m\in M, h\in H$,

$$(m\otimes h)\cdot a=m\cdot a_{[0]}\otimes ha_{[1]},$$

$$\rho_{G(M)}(m\otimes h)=(\mu^{-1}(m)\otimes h_{(1)})\otimes\alpha(h_{(2)}),$$

证明　首先验证 $G(M)\in\widetilde{\mathscr{H}}(\mathscr{M}_k)_A^H$. 直接验证即可知 $G(M)$ 是右 (H,α)-Hom-余模和右 (A,β)-Hom-模. 我们在此仅验证结合条件, 事实上, 对任意的 $a\in A$, 有

$$\begin{aligned}&\rho_{G(M)}((m\otimes h)\cdot a)\\&=\rho_{G(M)}(m\cdot a_{[0]}\otimes ha_{[1]})\end{aligned}$$

$$
\begin{aligned}
&= \mu^{-1}(m)\cdot\beta^{-1}(a_{[0]})\otimes h_{(1)}a_{[1](1)}\otimes\alpha(h_{(2)}a_{[1](2)})\\
&= \mu^{-1}(m)\cdot a_{[0][0]}\otimes h_{(1)}a_{[0][1]}\otimes\alpha(h_{(2)})a_{[1]}\\
&= (m\otimes h)_{[0]}\cdot a_{[0]}\otimes(m\otimes h)_{(1)}a_{[1]}\\
&= \rho(m\otimes c)\cdot a.
\end{aligned}
$$

取一个 A-线性映射 $\varphi:(M,\mu)\to(N,\nu)$, 令

$$G(\varphi)=\varphi\otimes id_H: M\otimes H\to N\otimes H.$$

直接计算可以证明 $G(\varphi)$ 为右 (A,β)-Hom-模同态和右 (H,α)-Hom-余模同态. 对任意的 $M\in\widetilde{\mathscr{H}}(\mathscr{M}_k)_A^H$, 定义 $\eta_M: M\to M\otimes H$ 如下: 对任意的 $m\in M$,

$$\eta_M(m)=m_{[0]}\otimes m_{[1]}.$$

不难验证 $\eta_M\in\widetilde{\mathscr{H}}(\mathscr{M}_k)_A^H$. 对任意的 $N\in\widetilde{\mathscr{H}}(\mathscr{M}_k)_A$, 定义 $\delta_N: N\otimes H\to N$, 对任意的 $n\in N$ 和 $h\in H$,

$$\delta_N(n\otimes h)=\varepsilon(h)\nu(n),$$

δ_N 是 (A,β)-线性的. 不难验证 $\eta_M\in\widetilde{\mathscr{H}}(\mathscr{M}_k)_A^H$. 又易知 η 和 δ 均是自然变换, 并满足对任意的 $M\in\widetilde{\mathscr{H}}(\mathscr{M}_k)_A^H$ 和 $N\in\widetilde{\mathscr{H}}(\mathscr{M}_k)_A$, 有

$$G(\delta_N)\circ\eta_{G(N)}=I_{G(N)},$$

$$\delta_{F(M)}\circ F(\eta_M)=I_{F(M)}.$$

由于 (A,β) 为右 (A,β)-Hom-模, $G(A)$ 是相关 Hom-Hopf 模, 结构如下: 对任意的 $a,b\in A, h\in H$.

$$(a\otimes h)\cdot b=ab_{[0]}\otimes hb_{[1]};\tag{2-1}$$

$$\rho_{A\otimes H}(a\otimes h)=(\beta^{-1}(a)\otimes h_{(1)})\otimes\alpha(h_{(2)}),\tag{2-2}$$

注意到 $GFG(A)=A\otimes H\otimes H\in\widetilde{\mathscr{H}}(\mathscr{M}_k)^H$, 对任意的 $a,b\in A, h,g\in H$, 可得

$$
\begin{cases}
(a\otimes h\otimes g)\cdot b=ab_{[0][0]}\otimes hb_{[0][1]}\otimes gb_{[1]};\\
\rho_{A\otimes H\otimes H}(a\otimes h\otimes g)=(\beta^{-1}(a)\otimes\alpha^{-1}(h)\otimes g_{(1)})\otimes\alpha(g_{(2)}).
\end{cases}
$$

类似地, 可以验证 $\widetilde{F}:\widetilde{\mathscr{H}}(\mathscr{M}_k)_A^H\to\widetilde{\mathscr{H}}(\mathscr{M}_k)^H$ 具有左伴随, 结构如下:

$$\widetilde{G}:\widetilde{\mathscr{H}}(\mathscr{M}_k)^H\to\widetilde{\mathscr{H}}(\mathscr{M}_k)_A^H, \widetilde{G}(N)=A\otimes N,\ N\in\widetilde{\mathscr{H}}(\mathscr{M}_k)^H.$$

$\widetilde{G}(N)$ 上的相关 Hom-Hopf 模结构如下: 对任意的 $a \in A$ 和 $n \in N$,

$$\begin{cases} (a \otimes n) \cdot b = a\beta(b) \otimes \nu^{-1}(n), \\ \rho_{A\otimes N}(a \otimes n) = (a_{[0]} \otimes n_{[0]} \otimes) \otimes a_{[1]} n_{[1]}. \end{cases}$$

由于 (H,α) 为右 (H,α)-Hom-余模, 则 $\widetilde{G}(H) = A \otimes H$ 可以作为相关 Hom-Hopf 模, 结构如下: 对任意的 $a \in A, h \in H$,

$$(a \otimes h) \cdot b = a\beta(b) \otimes \alpha^{-1}(h); \tag{2-3}$$

$$\rho_{A\otimes H}(a \otimes h) = (a_{[0]} \otimes h_{(1)} \otimes) \otimes a_{[1]} h_{(2)}, \tag{2-4}$$

通过式 (2-1)~式 (2-4) 可知, $A \otimes H$ 上的相关 Hom-Hopf 模结构有两种类型且它们的关系如性质 2.2.

性质 2.2 $A \otimes H$ 上有两种相关 Hom-Hopf 模结构, 其关系如下:

$$G(A) \cong \widetilde{G}(H) \in \widetilde{\mathscr{H}}(\mathscr{M}_k)_A^H.$$

证明 对任意的 $a \in A, h \in H$, 构造两个映射 u 和 v 如下:

$$u : A \otimes H \to A \otimes H, u(a \otimes h) = \beta(a_{[0]}) \otimes h\alpha^{-1}(a_{[1]}),$$

$$v : A \otimes H \to A \otimes H, u(a \otimes h) = \beta(a_{[0]}) \otimes h\alpha^{-1}(S(a_{[1]})).$$

可以验证 $u \circ v = id_{A\otimes H}$. 事实上,

$$\begin{aligned} u \circ v(a \otimes h) &= u(\beta(a_{[0]}) \otimes h\alpha^{-1}(S(a_{[1]}))) \\ &= \beta^2(a_{[0][0]}) \otimes (h\alpha^{-1}(S(a_{[1]})))\alpha^{-1}(a_{[0][1]}) \\ &= \beta(a_{[0]}) \otimes (hS(a_{[1](2)}))\alpha^{-1}(a_{[1](1)}) \\ &= \beta(a_{[0]}) \otimes \alpha^{-1}(h)(S(a_{[1](2)})a_{[1](1)}) \\ &= \beta(a_{[0]}) \otimes \alpha^{-1}(h)\varepsilon(a_{[1]}) \\ &= a \otimes h. \end{aligned}$$

类似地, 可以验证 $v \circ u = id_{A\otimes H}$. 不难验证 u 是 $\widetilde{\mathscr{H}}(\mathscr{M}_k)_A^H$ 中的同态. □

2.2 自然变换与积分

定义 2.3 设 (H,α) 为 monoidal Hom-Hopf 代数, (A,β) 为右 (H,α)-Hom-余模代数. 称映射 $\phi : (H,\alpha) \to (A,\beta)$ 为整体积分需满足下列条件:

$$\rho_A \phi = (\phi \otimes id_H)\Delta_H, \quad \phi\alpha = \beta\phi, \quad \phi(1_H) = 1_A.$$

性质 2.3　(A,β) 为右 (H,α)-Hom-余模代数, $(M,\mu),(N,\nu)\in\widetilde{\mathscr{H}}(\mathscr{M}_k)_A^H$, $u:(N,\nu)\to(M,\mu)$ 是一个 k-线性映射且满足 $u\circ\nu=\mu\circ u$. 假设存在一个整体积分 $\phi:(H,\alpha)\to(A,\beta)$. 则

(1) 映射

$$\widetilde{u}:(N,\nu)\to(M,\mu),\ \widetilde{u}(n)=u(\nu(n_{[0]}))_{[0]}\cdot\phi(S(u(n_{[0]})_{[1]})\alpha^{-1}(n_{[1]})),\ \ n\in N$$

是右 (H,α)-余线性的.

(2) 若 $f:(M,\mu)\to(N,\nu)\in\widetilde{\mathscr{H}}(\mathscr{M}_k)_A^H$ 是 k-可裂单射 (k-可裂满射), 则 f 有 (H,α)-余线性收缩 (部分).

证明　对任意的 $n\in N$, 有

$$\begin{aligned}
&\rho_M\circ\widetilde{u}(n)\\
=&u(\nu(n_{[0]}))_{[0][0]}\cdot\phi(S(u(n_{[0]})_{[1]})\alpha^{-1}(n_{[1]}))_{[0]}\\
&\otimes u(\nu(n_{[0]}))_{[0][1]}\phi(S(u(n_{[0]})_{[1]})\alpha^{-1}(n_{[1]}))_{[1]}\\
=&u(n_{[0]})_{[0]}\cdot\phi(S(u(\nu(n_{[0]}))_{[1](2)})\alpha^{-1}(n_{[1]}))_{[0]}\\
&\otimes u(\nu(n_{[0]}))_{[1](1)}\phi(S(u(\nu(n_{[0]}))_{[1](2)})\alpha^{-1}(n_{[1]}))_{[1]}\\
=&u(n_{[0]})_{[0]}\cdot\phi(S(u(\nu(n_{[0]}))_{[1](2)(2)})\alpha^{-1}(n_{[1](1)}))\\
&\otimes u(\nu(n_{[0]}))_{[1](1)}S(u(\nu(n_{[0]}))_{[1](2)(1)})\alpha^{-1}(n_{[1](2)})\\
=&u(n_{[0]})_{[0]}\cdot\phi(S(u(n_{[0]})_{[1](2)})\alpha^{-1}(n_{[1](1)}))\\
&\otimes u(\nu^2(n_{[0]}))_{[1](1)(1)}S(u(\nu(n_{[0]}))_{[1](1)(2)})\alpha^{-1}(n_{[1](2)})\\
=&u(n_{[0]})_{[0]}\cdot\phi(S(u(n_{[0]})_{[1](2)})\alpha^{-1}(n_{[1](1)}))\\
&\otimes[u(\nu(n_{[0]}))_{[1](1)(1)}S(u(\nu(n_{[0]}))_{[1](1)(2)})]n_{[1](2)}\\
=&u(n_{[0]})_{[0]}\cdot\phi(S(u(\nu^{-1}(n_{[0]}))_{[1]})\alpha^{-1}(n_{[1](1)}))\otimes\alpha(n_{[1](2)})\\
=&u(\nu(n_{[0][0]}))_{[0]}\cdot\phi(S(u(n_{[0][0]})_{[1]})\alpha^{-1}(n_{[1](1)}))\otimes n_{[1](2)}\\
=&(\widetilde{u}\otimes id_H)\circ\rho_N(n).
\end{aligned}$$

因此 $\widetilde{u}$ 是右 (H,α)-余线性的.

设 $u:(N,\nu)\to(M,\mu)$ 为 k-线性的, 则 $\widetilde{u}:(N,\nu)\to(M,\mu)$ 是右 (H,α)-余线性的. 假设 u 是 f 的收缩, 对任意的 $m\in M$, 有

$$\begin{aligned}
(\widetilde{u}\circ f)(m)&=u(\nu(f(m)_{[0]}))_{[0]}\cdot\phi(S(u(f(m)_{[0]})_{[1]})\alpha^{-1}(f(m)_{[1]}))\\
&=u(\nu(f(m_{[0]})))_{[0]}\cdot\phi(S(u(f(m_{[0]}))_{[1]})\alpha^{-1}(m_{[1]}))
\end{aligned}$$

$$\begin{aligned}&=\nu(m_{[0][0]})\cdot\phi(S(m_{[0][1]})\alpha^{-1}(m_{[1]}))\\&=m_{[0]}\cdot\phi(S(m_{[1](1)})m_{[1](2)})\\&=m_{[0]}\varepsilon(m_{[1]})\cdot 1_A=m.\end{aligned}$$

则 $\widetilde{u}:(N,\nu)\to(M,\mu)$ 是 f 的右 (H,α)-余线性收缩. 另外, 如果 u 是 f 的部分, 对任意的 $n\in N$, 有

$$\begin{aligned}(f\circ\widetilde{u})(n)&=f(u(\nu(n_{[0]}))_{[0]})\cdot\phi(S(u(n_{[0]})_{[1]})\alpha^{-1}(n_{[1]}))\\&=f(u(\nu(n_{[0][0]})))\cdot\phi(S(u(n_{[0][1]}))\alpha^{-1}(n_{[1]}))\\&=\nu(n_{[0][0]})\cdot\phi(S(n_{[0][1]})\alpha^{-1}(n_{[1]}))\\&=n_{[0]}\cdot\phi(S(n_{[1](1)})n_{[1](2)})\\&=n_{[0]}\varepsilon(n_{[1]})\cdot 1_A=n.\end{aligned}$$

因此 $\widetilde{u}:(N,\nu)\to(M,\mu)$ 是 f 的右 H-余线性部分. □

性质 2.4 设 (A,β) 为右 (H,α)-Hom-余模代数. 则下列结论是等价的:

(1) 存在整体积分 $\phi:(H,\alpha)\to(A,\beta)$;

(2) 存在一个自然变换 $\lambda_A:\widetilde{F}\circ G\circ F\to F_A\circ 1_{\widetilde{\mathscr{H}}(\mathscr{M}_k)_A^H}$ 分裂 $\rho:\widetilde{F}\circ 1_{\widetilde{\mathscr{H}}(\mathscr{M}_k)_A^H}\to\widetilde{F}\circ G\circ F$;

(3) $\rho_A:A\to A\otimes H\in\widetilde{\mathscr{H}}(\mathscr{M}_k)^H$ 是可裂的.

因此, 如果上述任何一个条件成立, 则任何一个相关 Hopf 模作为 (H,α)-余模均是内射模.

证明 (1)⇒(2) 假定 $\phi:(H,\alpha)\to(A,\beta)$ 是整体积分. 可构造一个自然变换 λ 分裂 ρ. 设 $(M,\mu)\in\widetilde{\mathscr{H}}(\mathscr{M}_k)_A^H$ 和 $\varphi:M\otimes H\to M$ 是 $\rho_M:M\to M\otimes H$, $\varphi(m\otimes h)=\varepsilon(h)m$ 的 k-线性收缩. 定义

$$\begin{aligned}&\lambda_M:\widetilde{F}\circ G\circ F(M)\to\widetilde{F}(M),\\&\lambda_M(m\otimes h)=\mu(m_{[0]})\cdot\phi(S(m_{[1]})\alpha^{-1}(h)).\end{aligned}$$

由性质 2.3 可知, λ_M 是 ρ_M 的右 (H,α)-余线性收缩.

接下来验证 $\lambda_M\in\widetilde{\mathscr{H}}(\mathscr{M}_k)_A^H$ 是一个自然变换. 设 $f:(M,\mu)\to(N,\nu)$ 是 $\widetilde{\mathscr{H}}(\mathscr{M}_k)_A^H$ 中的同态, 验证

$$f\circ\lambda_M=\lambda_N\circ(f\otimes id_H).$$

由于 f 是右 (H,α)-余线性的, 有

$$\begin{aligned}\lambda_N \circ (f \otimes id_H)(m \otimes h) &= \lambda_N(f(m) \otimes h)\\ &= \nu(f(m)_{[0]}) \cdot \phi(S(f(m)_{[1]})\alpha^{-1}(h))\\ &= \nu(f(m_{[0]})) \cdot \phi(S(m_{[1]})\alpha^{-1}(h))\\ &= f \circ \lambda_M(m \otimes h).\end{aligned}$$

因此 λ_M 是一个自然变换且可分裂 ρ_M.

(2)⇒(3) 对任意的 $(M,\mu) \in \widetilde{\mathscr{H}}(\mathscr{M}_k)_A^H$, 假设 $\chi_M : \widetilde{F}(M) \to \widetilde{F} \circ G \circ F(M)$ 在右 H 余模范畴 $\widetilde{\mathscr{H}}(\mathscr{M}_k)^H$ 中是可裂的, 并且可裂的特征是函数式的. 特别地, 考虑相关 Hopf 模 (A,β), 则

$$\rho_A : A \to A \otimes H, \qquad \rho_A(a) = a_{[0]} \otimes a_{[1]}$$

在 $\widetilde{\mathscr{H}}(\mathscr{M}_k)^H$ 中是可裂的且令

$$\lambda_A : A \otimes H \to A$$

是它的右 (H,α)-余线性收缩.

(3)⇒(1) 假定映射 $\rho_A : A \to A \otimes H, \rho_A(a) = a_{[0]} \otimes a_{[1]}$ 在 $\widetilde{\mathscr{H}}(\mathscr{M}_k)^H$ 中是可裂的. 设映射 $\lambda_A : A \otimes H \to A$ 可裂 ρ_A. 定义

$$\phi : (H,\alpha) \to (A,\beta), \qquad \phi(h) = i_A^{-1}(\lambda_A(1_A \otimes h)),$$

其中 $i_A : A \to A$ 是自然同构. 由于 λ_A 是右 (H,α)-余线性的, 有

$$\lambda_A(1_A \otimes h_{(1)}) \otimes h_{(2)} = \lambda_A(1_A \otimes h)_{[0]} \otimes \lambda_A(1_A \otimes h)_{[1]}.$$

设 $\lambda_A(1_A \otimes h_{(1)}) = b$ 和 $\lambda_A(1_A \otimes h) = q$, 可得 $b \otimes h_{(2)} = q_{[0]} \otimes q_{[1]}$. 因此, ϕ 是 (H,α)-余线性的. 接下来只需验证 $\rho_A\phi = (\phi \otimes id_H)\Delta_H$. 对任意的 $h \in H$, 有

$$\rho_A \circ \phi(h) = \rho_A(i_A^{-1}(\lambda_A(1_A \otimes h))) = q_{[0]} \otimes q_{[1]}.$$

另外,

$$\begin{aligned}&(\phi \otimes id_H)\Delta_H(h) = \phi(h_{(1)}) \otimes h_{(2)}\\ &= i_A^{-1}(\lambda_A(1_A \otimes h_{(1)})) \otimes h_{(2)} = b \otimes h_{(2)}.\end{aligned}$$

注意 $\phi(1_H) = i_A^{-1}(\lambda_A(1_A \otimes 1_H)) = i_A^{-1}(\lambda_A(\rho_A(1_A))) = i_A^{-1}(1_A) = 1_A$. 容易验证 $\phi\alpha = \beta\phi$. 因此 ϕ 是整体积分. □

推论 2.1　设 $F : \widetilde{\mathscr{H}}(\mathscr{M}_k)_A^H \to \widetilde{\mathscr{H}}(\mathscr{M}_k)_A$ 和 $\widetilde{F} : \widetilde{\mathscr{H}}(\mathscr{M}_k)_A^H \to \widetilde{\mathscr{H}}(\mathscr{M}_k)^H$ 为忘却函子. 则 F 是 $\widetilde{F}$-可分的, 当且仅当存在整体积分 $\phi : (H,\alpha) \to (A,\beta)$.

定义 2.4 设 (H,α) 为伴有双射对极的 monoidal Hom-Hopf 代数, (A,β) 为右 (H,α)-Hom-余模代数. 称 k-线性映射 $\gamma: H \to \mathrm{Hom}(H,A)$ 为量子积分, 若对任意的 $g,h\in H$, 有 $\gamma(\alpha(g))(\alpha(h)) = \beta\circ\gamma(g)(h)$, 并且满足:

$$\begin{aligned}&\gamma(\alpha^{-1}(g))(h_{(1)})\otimes\alpha(h_{(2)})\\&=[\gamma(\alpha(g_{(2)}))(h)]_{[0]}\otimes g_{(1)}[\gamma(\alpha(g_{(2)}))(h)]_{[1]}.\end{aligned} \tag{2-5}$$

称量子积分 $\gamma: H \to \mathrm{Hom}(H,A)$ 为整体的, 若对任意的 $h\in H$, 有

$$\gamma(h_{(1)})(h_{(2)}) = \varepsilon(h)1_A. \tag{2-6}$$

注记 2.1 (1) 设 $\gamma: H \to \mathrm{Hom}(H,A)$ 为量子积分, 则

$$\phi: (H,\alpha)\to(A,\beta),\ \phi(h)=\gamma(1_H)(h)$$

满足条件:

$$\phi(h_{(1)})\otimes h_{(2)} = \phi(h)_{[0]}\otimes\phi(h)_{[1]},$$

对任意的 $h\in H$, 也就是说, $\phi:(H,\alpha)\to(A,\beta)$ 是右 (H,α)-余线性的.

(2) 反过来不一定成立, 一个右 (H,α)-余线性同态 $\phi:(H,\alpha)\to(A,\beta)$ 并不能构造量子积分. 若 $\phi:(H,\alpha)\to(A,\beta)$ 是 k-线性映射且满足一个更强的条件:

$$g\phi(h)_{[1]}\otimes\phi(h)_{[0]} = \phi(h)_{[1]}g\otimes\phi(h)_{[0]},\ h,g\in H.$$

则 $\gamma: H\to\mathrm{Hom}(H,A)$, $\gamma(g)(h)=\phi(hS^{-1}(g))$ 是量子积分.

例 2.1 (1) 由文献 [36] 可知, 设 $(M,\mu)\in\widetilde{\mathscr{H}}(\mathscr{M}_k)$, 并且 M 为有限维向量空间, 设 $\{e_1,e_2,\cdots,e_n\}$, $\{f_1,f_2,\cdots,f_n\}$ 为对偶空间 M^* 的一组对偶基, 即满足 $<f_i,e_j>=\delta_{ij}$. 则 $\{c_{ij}=f_i\otimes e_j|i,j=1,\cdots,n\}$ 是 $End_k(M)\cong M^*\otimes M$ 的自由基, 并且满足:

$$c_{ij}(e_k)=\delta_{ik}(e_j).$$

则 $(M^*\otimes M, \alpha=\mu^*\otimes\mu)$ 是 monoidal Hom-双代数, 结构如下:

$$\begin{aligned}c_{iu}c_{uj}=\delta_{ij}\alpha(c_{ij}),&\qquad\sum c_{ii}=1_H,\\ \Delta(c_{ij})=\alpha^{-1}(c_{iu})\otimes\alpha^{-1}(c_{uj}),&\qquad\varepsilon(c_{ij})=\delta_{ij},\end{aligned}$$

其同构于 $n\times n$ 矩阵 monoidal Hom-双代数 $M^n(k)$, 其中 α 是双代数同构.

设 (A,β) 为右 (H,α)-Hom-余模代数, $(M^n(k),A)$ 为相关 Hom-Hopf 数据, 并且 $B=A^{coH}=\{a\in A|\rho(a)=\beta^{-1}(a)\otimes 1_H\}$ 为 A 的不变子代数. 设 $\mu=(\mu_{ij})\in M^n(B)$ 为 B 上任意的 $n\times n$-矩阵. 则映射

$$\gamma: H \to \mathrm{Hom}(H,A),\ \gamma(c_{ij})(c_{rs}) = \delta_{is}\beta(\mu_{rj})$$

是 $(M^n(k), A)$ 的积分. 事实上, 对任意的 $h = c_{ij}$ 和 $g = c_{kl}$, 有

$$\gamma(\alpha^{-1}(g))(h_{(1)}) \otimes \alpha(h_{(2)}) = \gamma(\alpha^{-1}(c_{kl}))(\alpha^{-1}(c_{iu})) \otimes c_{uj} = \delta_{ku}\mu_{il} \otimes c_{uj} = \mu_{il} \otimes c_{kj}$$

且

$$\begin{aligned}&[\gamma(\alpha(g_{(2)}))(h)]_{[0]} \otimes g_{(1)}[\gamma(\alpha(g_{(2)}))(h)]_{[1]}\\ =&[\gamma(c_{ul})(c_{ij})]_{[0]} \otimes \alpha^{-1}(c_{ku})[\gamma(c_{ul})(c_{ij})]_{[1]}\\ =&\delta_{uj}\mu_{il} \otimes c_{ku} = \mu_{il} \otimes c_{kj}.\end{aligned}$$

因此 γ 是积分. 另外, 有

$$\gamma(h_{(1)})(h_{(2)}) = \gamma(c_{iu})(c_{uj}) = \delta_{ij}\beta(\mu_{uu}).$$

因此 γ 是整体积分, 当且仅当 $\beta(\mu_{uu}) = 1_A$.

(2) 另一个整体积分的例子来源于分次情形, 回顾文献 [18], 设 G 是有限群且 $H = kG$ 为 monoidal Hom-Hopf 代数, 结构如下: 对任意的双代数自同构 $\alpha: H \to H$,

$$\begin{aligned}&xy = \alpha(xy), 1x = \alpha(x), \varepsilon(x) = 1\\ &\Delta(x) = \alpha^{-1}(x) \otimes \alpha^{-1}(x),\ x, y \in G,\end{aligned}$$

设 (kG, A) 为相关 Hom-Hopf 数据, 并且 $\mu = (\mu_{xy})_{x,y\in G}$ 是 $B = A^{coH} = \{a \in A | \rho(a) = \beta^{-1}(a) \otimes 1_H\}$ 的一簇元素, 则映射

$$\gamma: H \to \mathrm{Hom}(H,A),\ \gamma(x)(y) = \delta_{xy}\beta(\mu_{xy})$$

是 (kG, A) 的积分. 事实上, 对任意的 $h = x$ 和 $g = y$, 有

$$\begin{aligned}&[\gamma(y)(x)]_{[0]} \otimes \alpha^{-1}(y)[\gamma(y)(x)]_{[1]}\\ =&\delta_{xy}\mu_{xy} \otimes y = \delta_{xy}\mu_{xy} \otimes x = \gamma(\alpha^{-1}(y))(\alpha^{-1}(x)) \otimes x.\end{aligned}$$

进一步, γ 是整体积分, 当且仅当 $\mu_{xx} = 1_A$, 对任意的 $x \in G$.

接下来给出整体量子积分的一些应用.

定理 2.1　设 (A, β) 为右 (H, α)-Hom-余模代数, $(M, \mu) \in \widetilde{\mathscr{H}}(\mathscr{M}_k)_A^H$. 假定存在整体量子积分 $\gamma: H \to \mathrm{Hom}(H, A)$, 则映射

$$\begin{aligned}&f: A \otimes H \otimes M \to M,\\ &f(a \otimes h \otimes m) = \mu(m_{[0]})\gamma(\alpha^{-1}(m_{[1]}))(\alpha^{-2}(h)S^{-1}(\alpha^{-1}(a_{[1]})))\beta(a_{[0]}),\end{aligned}$$

对任意的 $h\in H, a\in A$ 和 $m\in M$, 在 $\widetilde{\mathscr{H}}(\mathscr{M}_k)_A^H$ 中是 k-可裂满同态. 特别地, $A\otimes H$ 是 $\widetilde{\mathscr{H}}(\mathscr{M}_k)_A^H$ 范畴中的生成子.

证明 首先验证 $A\otimes H\otimes M\in\widetilde{\mathscr{H}}(\mathscr{M}_k)_A^H$, 结构如下:

$$(a\otimes h\otimes m)b=a\beta^{-1}(b_{[0]})\otimes h\alpha^{-1}(b_{[1]})\otimes\mu(m),$$
$$\rho_{A\otimes H\otimes M}(a\otimes h\otimes m)=\beta^{-1}(a)\otimes h_{(1)}\otimes\mu^{-1}(m)\otimes\alpha^2(h_{(2)}),$$

对任意的 $h\in H, a,b\in A, m\in M$. 直接验证 $A\otimes H\otimes M$ 是右 (H,α)-Hom-余模和右 (A,β)-Hom-模. 只验证结合性, 事实上, 对任意的 $a,b\in A$, 有

$$\begin{aligned}
&\rho_{A\otimes H\otimes M}((a\otimes h\otimes m)b)\\
=&\rho_{A\otimes H\otimes M}(a\beta^{-1}(b_{[0]})\otimes h\alpha^{-1}(b_{[1]})\otimes\mu(m))\\
=&\beta^{-1}(a)\beta^{-2}(b_{[0]})\otimes h_{(1)}\alpha^{-1}(b_{[1](1)})\otimes m\otimes\alpha^2(h_{(2)})\alpha(b_{[1](2)})\\
=&\beta^{-1}(a)\beta^{-1}(b_{[0][0]})\otimes h_{(1)}\alpha^{-1}(b_{[0][1]})\otimes m\otimes\alpha^2(h_{(2)})b_{[1]}\\
=&[\beta^{-1}(a)\otimes h_{(1)}\otimes\mu^{-1}(m)]b_{[0]}\otimes\alpha^2(h_{(2)})b_{[1]}\\
=&\rho_{A\otimes H\otimes M}(a\otimes h\otimes m)b.
\end{aligned}$$

接下来证明 f 是 k-可裂满射. 设 $g: M\to A\otimes H\otimes M, g(m)=1_A\otimes\alpha^{-1}(m_{[1]})\otimes m_{[0]}$, 对任意的 $m\in M$. 则 g 是右 (H,α)-余线性的, 并且对任意的 $m\in M$, 有

$$\begin{aligned}
(f\circ g)(m)&=f(1_A\otimes\alpha^{-1}(m_{[1]})\otimes m_{[0]})\\
&=\mu(m_{[0][0]})\gamma(m_{[0][1]})(\alpha^{-1}(m_{[1]}))\\
&=m_{[0]}\gamma(m_{[1](1)})(m_{[1](2)})\\
&=m.
\end{aligned}$$

对任意的 $a,b\in A, h\in H, m\in M$, 有

$$\begin{aligned}
&f((a\otimes h\otimes m)b)\\
=&f(a\beta^{-1}(b_{[0]})\otimes h\alpha^{-1}(b_{[1]})\otimes\mu(m))\\
=&\mu^2(m_{[0]})\gamma(m_{[1]})(\alpha^{-2}(h\alpha^{-1}(b_{[1]}))S^{-1}(\alpha^{-1}(a_{[1]}\alpha^{-1}(b_{[0][1]}))))\beta(a_{[0]}\beta^{-1}(b_{[0][0]}))\\
=&\mu^2(m_{[0]})\gamma(m_{[1]})(\alpha^{-2}(h)\alpha^{-3}(b_{[1]})S^{-1}(\alpha^{-2}(b_{[0][1]}))S^{-1}(\alpha^{-1}(a_{[1]})))[\beta(a_{[0]})b_{[0][0]}]\\
=&\mu^2(m_{[0]})\gamma(m_{[1]})(\alpha^{-1}(h)\{[\alpha^{-3}(b_{[1](2)})S^{-1}(\alpha^{-3}(b_{[1](1)}))]S^{-1}(\alpha^{-1}(a_{[1]}))\})\\
&[\beta(a_{[0]})\beta^{-1}(b_{[0]})]\\
=&\mu^2(m_{[0]})\gamma(m_{[1]})(\alpha^{-1}(h)S^{-1}(a_{[1]}))[\beta(a_{[0]})\beta^{-2}(b)]
\end{aligned}$$

$$=\mu^2(m_{[0]})\{[\gamma(\alpha^{-1}(m_{[1]}))(\alpha^{-2}(h)S^{-1}(\alpha^{-1}(a_{[1]})))\beta(a_{[0]})]\beta^{-1}(b)\}$$
$$=\{\mu(m_{[0]})[\gamma(\alpha^{-1}(m_{[1]}))(\alpha^{-2}(h)S^{-1}(\alpha^{-1}(a_{[1]})))\beta(a_{[0]})]\}b$$
$$=f(a\otimes h\otimes m)b.$$

则 f 是右 (A,β)-线性的. 接下来验证 f 也是右 (H,α)-余线性的. 为此, 计算如下:

$$(f\otimes id_H)\rho_{A\otimes H\otimes M}(a\otimes h\otimes m)$$
$$=(f\otimes id_H)(\beta^{-1}(a)\otimes h_{(1)}\otimes\mu^{-1}(m)\otimes\alpha^2(h_{(2)}))$$
$$=f(\beta^{-1}(a)\otimes h_{(1)}\otimes\mu^{-1}(m))\otimes\alpha^2(h_{(2)}))$$
$$=m_{[0]}\gamma(\alpha^{-2}(m_{[1]}))(\alpha^{-2}(h_{(1)})S^{-1}(\alpha^{-2}(a_{[1]})))a_{[0]}\otimes\alpha^2(h_{(2)})).$$

另一边,

$$\begin{aligned}
&\rho_{A\otimes H\otimes M}\circ f(a\otimes h\otimes m)\\
=\ &\rho_{A\otimes H\otimes M}(\mu(m_{[0]})\gamma(\alpha^{-1}(m_{[1]}))(\alpha^{-2}(h)S^{-1}(\alpha^{-1}(a_{[1]})))\beta(a_{[0]}))\\
=\ &\mu(m_{[0][0]})\gamma(\alpha^{-1}(m_{[1]}))(\alpha^{-2}(h)S^{-1}(\alpha^{-1}(a_{[1]})))_{[0]}\beta(a_{[0][0]})\\
&\otimes\mu(m_{[0][1]})\gamma(\alpha^{-1}(m_{[1]}))(\alpha^{-2}(h)S^{-1}(\alpha^{-1}(a_{[1]})))_{[1]}\beta(a_{[0][1]})\\
=\ &m_{[0]}\gamma(m_{[1](2)})(\alpha^{-2}(h)S^{-1}(\alpha^{-1}(a_{[1]})))_{[0]}\beta(a_{[0][0]})\\
&\otimes\mu(m_{[1](1)})\gamma(m_{[1](2)})(\alpha^{-2}(h)S^{-1}(\alpha^{-1}(a_{[1]})))_{[1]}\beta(a_{[0][1]})\\
=\ &m_{[0]}\gamma(m_{[1](2)})(\alpha^{-2}(h)S^{-1}(\alpha^{-1}(a_{[1]})))_{[0]}\beta(a_{[0][0]})\\
&\otimes[m_{[1](1)}\gamma(m_{[1](2)})(\alpha^{-2}(h)S^{-1}(\alpha^{-1}(a_{[1]})))_{[1]}]\alpha^2(a_{[0][1]})\\
\overset{(2\text{-}5)}{=}\ &m_{[0]}\gamma(\alpha^{-2}(m_{[1]}))(\alpha^{-2}(h_{(1)})S^{-1}(\alpha^{-1}(a_{[1](2)})))\beta(a_{[0][0]})\\
&\otimes\alpha(\alpha^{-1}(h_{(2)})S^{-1}(a_{[1](1)}))\alpha^2(a_{[0][1]})\\
=\ &m_{[0]}\gamma(\alpha^{-2}(m_{[1]}))(\alpha^{-2}(h_{(1)})S^{-1}(a_{[1](2)(2)}))a_{[0]})\\
&\otimes(h_{(2)}S^{-1}(\alpha^2(a_{[1](2)(1)})))\alpha^2(a_{[1](1)})\\
=\ &m_{[0]}\gamma(\alpha^{-2}(m_{[1]}))(\alpha^{-2}(h_{(1)})S^{-1}(\alpha^{-1}(a_{[1](2)})))a_{[0]})\\
&\otimes\alpha(h_{(2)})(S^{-1}(\alpha^2(a_{[1](1)(2)}))\alpha^2(a_{[1](1)(1)}))\\
=\ &m_{[0]}\gamma(\alpha^{-2}(m_{[1]}))(\alpha^{-2}(h_{(1)})S^{-1}(\alpha^{-2}(a_{[1]})))a_{[0]})\otimes\alpha^2(h_{(2)}).
\end{aligned}$$

因此 f 是 $\widetilde{\mathscr{H}}(\mathscr{M}_k)_A^H$ 中的满同态且有 (H,α)-余线性部分. 对任意的 (M,μ) 的 k-自由表示, $k^I\xrightarrow{\pi}M\to 0$, 存在 $\widetilde{\mathscr{H}}(\mathscr{M}_k)_A^H$ 中的满同态,

$$(A|oH)^I\cong A\otimes H\otimes k\xrightarrow{g}M\to 0,$$

其中 $g=f\circ(id_A\otimes id_H\otimes\pi)$. 因此 $A\otimes H$ 是 $\widetilde{\mathscr{H}}(\mathscr{M}_k)_A^H$ 中的生成子. □

2.3 仿射准则

定理 2.2 设 (H,α) 为伴有双射对极的 monoidal Hom-Hopf 代数, (A,β) 为右 (H,α)-Hom-余模代数. 假设存在整体量子积分 $\gamma:H\to\mathrm{Hom}(H,A)$, 则 $\widetilde{\rho}:A\to A\otimes H,\widetilde{\rho}(a)=a_{[0]}\otimes a_{[1]}$ 在 $\widetilde{\mathscr{H}}(\mathscr{M}_k)_A^H$ 中可裂的.

证明 对任意的 $a\in A,h\in H$, 考虑映射

$$\lambda:A\otimes H\to A\qquad\lambda(a\otimes h)=\beta(a_{[0]})\gamma(a_{[1]})(\alpha^{-1}(h))$$

是 $\widetilde{\rho}$ 的右 (H,α)-余线性收缩, 特别地, 可得 $\lambda(1_A\otimes 1_H)=1_A$ 且

$$\lambda(1_A\otimes h_{(1)})\otimes h_{(2)}=\lambda(1_A\otimes h)_{[0]}\otimes\lambda(1_A\otimes h)_{[1]}.\tag{2-7}$$

事实上, 由

$$\lambda(1_A\otimes 1_H)=1_A\gamma(1_H)(1_H)=1_A,$$

和

$$\begin{aligned}\lambda(1_A\otimes h)_{[0]}\otimes\lambda(1_A\otimes h)_{[1]}&=\rho\circ\lambda(1_A\otimes h)\\&=\rho(1_A\gamma(1_H)(\alpha^{-1}(h)))\\&=\rho(\gamma(1_H)(h))\\&=\gamma(1_H)(h)_{[0]}\otimes\gamma(1_H)(h)_{[1]}\\&\overset{(2\text{-}7)}{=}\gamma(1_H)(h_{(1)})\otimes h_{(2)}\\&=\lambda(1_A\otimes h_{(1)})\otimes h_{(2)},\end{aligned}$$

对任意的 $h\in H$ 和 $a\in A$, 定义

$$\Lambda:A\otimes H\to A,\quad\Lambda(a\otimes h)=\lambda(1_A\otimes\alpha^{-1}(h)S^{-1}(a_{[1]}))\beta(a_{[0]}),$$

则有

$$\begin{aligned}(\Lambda\circ\widetilde{\rho})(a)&=\Lambda(a_{[0]}\otimes a_{[1]})\\&=\lambda(1_A\otimes\alpha^{-1}(a_{[1]})S^{-1}(a_{[0][1]}))\beta(a_{[0][0]})\\&=\lambda(1_A\otimes a_{[1](2)}S^{-1}(a_{[1](1)}))a_{[0]}\\&=\lambda(1_A\otimes 1_H)\beta^{-1}(a)=a,\end{aligned}$$

等价于 Λ 是 $\widetilde{\rho}$ 的收缩. 现在, 对任意的 $h\in H, a,b\in A$, 有

$$\begin{aligned}\Lambda((a\otimes h)b)&=\Lambda(ab_{[0]}\otimes hb_{[1]})\\&=\lambda(1_A\otimes\alpha^{-1}(hb_{[1]})S^{-1}(a_{[1]}b_{[0][1]}))\beta(a_{[0]}b_{[0][0]})\\&=\lambda(1_A\otimes h[\alpha^{-1}(b_{[1](2)})S^{-1}(\alpha^{-1}(b_{[1](1)}))]S^{-1}(a_{[1]}))\beta(a_{[0]})b_{[0]}\\&=\lambda(1_A\otimes hS^{-1}(\alpha(a_{[1]})))[\beta(a_{[0]})\beta^{-1}(b)]\\&=\lambda(1_A\otimes\alpha^{-1}(h)S^{-1}(a_{[1]}))\beta(a_{[0]})b\\&=\Lambda(a\otimes h)b.\end{aligned}$$

因此, Λ 是右 (A,β)-线性的. 需要验证 Λ 也是 (H,α)-余线性的, 有

$$\begin{aligned}&\widetilde{\rho}\Lambda(a\otimes h)\\=&\ \widetilde{\rho}(\lambda(1_A\otimes\alpha^{-1}(h)S^{-1}(a_{[1]}))\beta(a_{[0]}))\\=&\ \lambda(1_A\otimes\alpha^{-1}(h)S^{-1}(a_{[1]}))_{[0]}\beta(a_{[0][0]})\otimes\lambda(1_A\otimes\alpha^{-1}(h)S^{-1}(a_{[1]}))_{[1]}\alpha(a_{[0][1]})\\\overset{(2\text{-}7)}{=}&\ \lambda(1_A\otimes\alpha^{-1}(h_{(1)})S^{-1}(a_{[1](2)}))\beta(a_{[0][0]})\otimes[\alpha^{-1}(h_{(2)})S^{-1}(a_{[1](1)})]\alpha(a_{[0][1]})\\=&\ \lambda(1_A\otimes\alpha^{-1}(h_{(1)})S^{-1}(a_{[1](2)}))\beta(a_{[0][0]})\otimes h_{(2)}[S^{-1}(a_{[1](1)})a_{[0][1]}]\\=&\ \lambda(1_A\otimes\alpha^{-1}(h_{(1)})S^{-1}(\alpha(a_{[1](2)(2)})))a_{[0]}\otimes h_{(2)}[S^{-1}(\alpha(a_{[1](2)(1)}))a_{[1](1)}]\\=&\ \lambda(1_A\otimes\alpha^{-1}(h_{(1)})S^{-1}(a_{[1](2)}))a_{[0]}\otimes h_{(2)}[S^{-1}(\alpha(a_{[1](1)(2)}))\alpha(a_{[1](1)(1)})]\\=&\ \lambda(1_A\otimes\alpha^{-1}(h_{(1)})S^{-1}(\alpha^{-1}(a_{[1]})))a_{[0]}\otimes\alpha(h_{(2)})\\=&\ (\Lambda\otimes id_H)\rho_{A\otimes H}(a\otimes h),\end{aligned}$$

等价于在 $\widetilde{\mathscr{H}}(\mathscr{M}_k)_A^H$ 中 Λ 是 $\widetilde{\rho}$ 的收缩. □

考虑 A 的不变子空间

$$B=A^{coH}=\{a\in A|\widetilde{\rho}(a)=\beta^{-1}(a)\otimes 1_H\}.$$

则 B 是 A 的 Hom 子代数.

定理 2.3 设 (H,α) 为伴有双射对极的 monoidal Hom-Hopf 代数, (A,β) 为右 (H,α)-Hom-余模代数. 假设存在一个整体量子积分 $\gamma: H\to \mathrm{Hom}(H,A)$, 则

(1) 作为左 B 子模, B 是 A 的直和项;

(2) 作为右 B 子模, B 是 A 的直和项.

证明 首先证明存在一个良定义的左迹映射, 结构如下: 对任意的 $a\in A$,

$$t^l:(A,\beta)\to(B,\beta),\quad t^l(a)=a_{[0]}\gamma(a_{[1]})(1_H),$$

由式 (2-7) 可得 $\widetilde{\rho}(t^l(a)) = t^l(a) \otimes 1_H$, 等价于 $t^l(a) \in B$, 对任意的 $a \in A$. 现在对任意的 $b \in B$ 和 $a \in A$, 有

$$\begin{aligned} t^l(ba) &= (b_{[0]}a_{[0]})\gamma(b_{[1]}a_{[1]})(1_H) \\ &= \beta^{-1}(b)a_{[0]}\gamma(\alpha(a_{[1]}))(1_H) \\ &= ba_{[0]}\gamma(a_{[1]})(1_H) \\ &= bt^l(a), \end{aligned}$$

因此 t^l 是左 (B,β)-模同态, 最后可得

$$t^l(1_A) = 1_A\gamma(1_H)(1_H) = 1_A.$$

因此 t^l 是 $B \subset A$ 的左 (B,β)-模收缩.

类似地, 对任意的 $a \in A$, 定义映射结构如下:

$$t^r : (A,\beta) \to (B,\beta), \qquad t^r(a) = \gamma(1_H)(S^{-1}(\alpha^2(a_{[1]})))\beta(a_{[0]}).$$

知 t^r 是 $B \subset A$ 的右 (B,β)-模收缩. □

定义 2.5 设 (H,α) 为伴有双射对极的 monoidal Hom-Hopf 代数, (A,β) 为右 (H,α)-Hom-余模代数. 假定存在整体量子积分 $\gamma : H \to \mathrm{Hom}(H,A)$, 则称映射

$$t^l : (A,\beta) \to (B,\beta), \qquad t^l(a) = a_{[0]}\gamma(a_{[1]})(1_H)$$

为量子迹映射.

现在, 构造函子连接 $\widetilde{\mathscr{H}}(\mathscr{M}_k)_A^H$ 和 $\widetilde{\mathscr{H}}(\mathscr{M}_k)_B$. 首先, 若 $(M,\mu) \in \widetilde{\mathscr{H}}(\mathscr{M}_k)_A^H$, 则

$$M^{coH} = \{m \in M | \widetilde{\rho}(m) = \mu^{-1}(m) \otimes 1_H\}.$$

是右 B-模 M 的不变子空间. 进一步, $M \to M^{coH}$ 给出不变函子

$$(-)^{coH} : \widetilde{\mathscr{H}}(\mathscr{M}_k)_A^H \to \widetilde{\mathscr{H}}(\mathscr{M}_k)_B.$$

对任意的 $(N,\nu) \in \widetilde{\mathscr{H}}(\mathscr{M}_k)_B, N \otimes_B A \in \widetilde{\mathscr{H}}(\mathscr{M}_k)_A^H$ 结构如下:

$$\begin{aligned} (a \otimes_B n)a' &= a\beta^{-1}(a') \otimes_B \nu(n), \\ \rho_{A\otimes_B N}(a \otimes_B n) &= a_{[0]} \otimes \nu^{-1}(n) \otimes \alpha(a_{[1]}). \end{aligned}$$

对任意的 $n \in N, a, a' \in A$. 构造的不变函子称为诱导函子(或归纳函子):

$$A \otimes_B - : \widetilde{\mathscr{H}}(\mathscr{M}_k)_B \to \widetilde{\mathscr{H}}(\mathscr{M}_k)_A^H.$$

性质 2.5　设 (H,α) 为伴有双射对极的 monoidal Hom-Hopf 代数, (A,β) 为右 (H,α)-Hom-余模代数. 则诱导函子 $A\otimes_B - : \widetilde{\mathscr{H}}(\mathscr{M}_k)_B \to \widetilde{\mathscr{H}}(\mathscr{M}_k)_A^H$ 是不变函子 $(-)^{coH}$ 的右伴随: $\widetilde{\mathscr{H}}(\mathscr{M}_k)_A^H \to \widetilde{\mathscr{H}}(\mathscr{M}_k)_B$.

证明　与文献 [37] 的证明过程类似. □

考虑 $A\otimes H\in\widetilde{\mathscr{H}}(\mathscr{M}_k)_A^H$, 结构如下: 对任意的 $a,b\in A$ 和 $h\in H$,

$$\begin{cases}(a\otimes h)\cdot b=ab_{[0]}\otimes hb_{[1]};\\ \rho_{A\otimes H}(a\otimes h)=(\beta^{-1}(a)\otimes h_{(1)})\otimes\alpha(h_{(2)}),\end{cases}$$

且 $(A\otimes H)^{coH}\cong A, a\otimes 1_H\mapsto a$. 则伴随映射可看作 $\widetilde{\mathscr{H}}(\mathscr{M}_k)_A^H$ 中的映射, 作为

$$\psi: A\otimes_B A\to A\otimes H,\quad \psi(a\otimes b)=ab_{[0]}\otimes b_{[1]}$$

对任意的 $a,b\in A$. 这里 $A\otimes_B A\in\widetilde{\mathscr{H}}(\mathscr{M}_k)_A^H$ 结构如下: 对任意的 $a,a',b\in A$,

$$\begin{cases}(a\otimes_B b)\cdot a'=\beta(a)\otimes_B b\beta^{-1}(a');\\ \rho_{A\otimes_B A}(a\otimes_B b)=(\beta^{-1}(a)\otimes b_{[0]})\otimes\alpha(b_{[1]}).\end{cases}$$

定义 2.6　设 (H,α) 为伴有双射对极的 monoidal Hom-Hopf 代数, (A,β) 为右 (H,α)-Hom-余模代数且 $B=A^{coH}$. 则称 A/B 为 Galois 扩张, 如果自然映射

$$\psi: A\otimes_B A\to A\otimes H,\quad \psi(a\otimes b)=\beta^{-1}(a)b_{[0]}\otimes\alpha(b_{[1]})$$

是双射.

定理 2.4　设 (H,α) 为伴有双射对极的 monoidal Hom-Hopf 代数, (A,β) 为右 (H,α)-Hom-余模代数且 $B=A^{coH}$. 假定存在整体量子积分 $\gamma: H\to\mathrm{Hom}(H,A)$, 则

$$\eta_N: N\to(A\otimes_B N)^{coH},\qquad \eta_N(n)=1_A\otimes_B n$$

是右 (B,β)-模同构, 对任意的 $(N,\nu)\in\widetilde{\mathscr{H}}(\mathscr{M}_k)_B$.

证明　利用左量子迹映射 $t^l:(A,\beta)\to(B,\beta)$, 可以构造 η_N 的逆, 定义如下:

$$\theta_N:(A\otimes_B N)^{coH}\to N,\qquad \theta_N(a_i\otimes_B n_i)=\sum t^l(a_i)n_i$$

对任意的 $a_i\otimes_B n_i\in(A\otimes_B N)^{coH}$. 由于 $t^l(1_A)=1_A$, 容易验证 $\theta_N\circ\eta_N=id_N$. 此时, 令 $a_i\otimes_B n_i\in(A\otimes_B N)^{coH}$. 则

$$\alpha^{-1}(a_i)\otimes_B\nu^{-1}(n_i)\otimes 1_H=a_{[0]}\otimes_B\nu^{-1}(n_i)\otimes\alpha(a_{[1]}).$$

接下来

$$\alpha^{-1}(a_i)\otimes_B \nu^{-1}(n_i)\otimes 1_A = a_{[0]}\otimes_B \nu^{-1}(n_i)\otimes \gamma(a_{[1]})(1_H).$$

进一步, 有

$$\alpha^{-1}(a_i)1_A\otimes_B \nu^{-1}(n_i) = a_{[0]}\gamma(a_{[1]})(1_H)\otimes_B \nu^{-1}(n_i).$$

则有

$$a_i\otimes_B n_i = t^l(a_i)\otimes_B n_i.$$

因此, 有

$$(\eta_N\circ\theta_N)(a_i\otimes_B n_i) = \sum 1_A\otimes_B t^l(a_i)n_i = \sum t^l(a_i)\otimes_B n_i = a_i\otimes_B n_i,$$

则 θ_N 是 η_N 的逆. □

接下来验证这部分的主要结果, 即相关 Hom-Hopf 模的仿射准则.

定理 2.5 设 (H,α) 为伴有双射对极的 monoidal Hom-Hopf 代数, (A,β) 为右 (H,α)-Hom-余模代数且 $B=A^{coH}$. 假设:

(1) 存在整体量子积分 $\gamma: H\to \mathrm{Hom}(H,A)$;

(2) 自然映射

$$\beta: A\otimes_B A\to A\otimes H,\ \ a\otimes_B b\mapsto \beta^{-1}(a)b_{[0]}\otimes\alpha(b_{[1]})$$

是满射. 则诱导函子 $A\otimes_B -: \widetilde{\mathscr{H}}(\mathscr{M}_k)_B\to\widetilde{\mathscr{H}}(\mathscr{M}_k)_A^H$ 是范畴等价.

证明 定理 2.4 已经验证伴随映射 $\eta_N: N\to(A\otimes_B N)^{coH}$ 是同构, 对任意的 $(N,\nu)\in\widetilde{\mathscr{H}}(\mathscr{M}_k)_B$. 接下来验证另一个伴随映射, 即 $\beta_M: M^{coH}\otimes_B A\to M$ 也是同构的, 对任意的 $(M,\mu)\in\widetilde{\mathscr{H}}(\mathscr{M}_k)_A^H$.

设 $(V,\otimes mega)$ 为 k-模. 则 $A\otimes V\in\widetilde{\mathscr{H}}(\mathscr{M}_k)_A^H$, 结构如下:

$$(a\otimes v)a' = a\beta^{-1}(a')\otimes\omega(v)$$

$$\rho_{A\otimes V}(a\otimes v) = a_{[0]}\otimes\omega^{-1}(v)\otimes\alpha(a_{[1]})$$

对任意的 $a,b\in A$ 和 $v\in V$. 特别地, 对 $V=A, A\otimes A\in\widetilde{\mathscr{H}}(\mathscr{M}_k)_A^H$,

$$(a\otimes b)\cdot a' = a\beta^{-1}(a')\otimes\beta(b); \tag{2-8}$$

$$\rho_{A\otimes A}(a\otimes b) = a_{[0]}\otimes\beta^{-1}(b)\otimes\alpha(a_{[1]}) \tag{2-9}$$

对任意的 $a,b,a'\in A$. 首先验证伴随映射 $\beta_{A\otimes V}:(A\otimes V)^{coH}\otimes_B A\to A\otimes V$ 是同构对任意的 k-模 V.

首先, $V\otimes B$ 和 $B\otimes V\in\widetilde{\mathscr{H}}(\mathscr{M}_k)_B$ 上的 B-作用如下: $(v\otimes a)\cdot b=\omega(v)\otimes a\beta^{-1}(b)$, 和 $a'\cdot(b'\otimes v')=\beta^{-1}(a')b'\otimes\omega(v')$, 对任意的 $a,b,a',b'\in B$ 和 $v,v'\in V$. 映射 $\tau:V\otimes B\to B\otimes V$, $\tau(v\otimes b)=b\otimes v$, 对任意的 $b\in B$ 和 $v\in V$, 在 $\widetilde{\mathscr{H}}(\mathscr{M}_k)_B$ 中是同构的. 另外, $A\otimes V\in\widetilde{\mathscr{H}}(\mathscr{M}_k)_A^H$ 的结构如下:

$$(v\otimes a)\cdot b=\omega(v)\otimes a\beta^{-1}(b),$$
$$\rho_{V\otimes A}(v\otimes a)=\omega^{-1}(v)\otimes a_{[0]}\otimes\alpha(a_{[1]}),$$

容易验证 $\tau:A\otimes V\to V\otimes A$, $\tau(a\otimes v)=v\otimes a$ 在 $\widetilde{\mathscr{H}}(\mathscr{M}_k)_A^H$ 中是同构的. 对 $N=V\otimes B\cong B\otimes V$ 应用定理 2.4, 可得 $\mathcal{M}_B$ 中的同构:

$$B\otimes V\cong V\otimes B\cong(V\otimes B\otimes_B A)^{coH}\cong(V\otimes A)^{coH}\cong(A\otimes V)^{coH}.$$

因此, $(A\otimes V)^{coH}\otimes_B A\cong A\otimes V$.

定义

$$\widetilde{\psi}:A\otimes_B A\to A\otimes H,\quad a\otimes_B b\mapsto\beta^{-1}(a)b_{[0]}\otimes\alpha(b_{[1]}),$$

对任意的 $a,b\in A$. 由于 ψ 是满射, 则 $\widetilde{\psi}$ 是满射, 因为 $\widetilde{\psi}=\psi\circ can$, 其中 $can: A\otimes A\to A\otimes_B A$ 是自然满射.

定义

$$\xi:A\otimes A\to A\otimes H,\quad \xi(a\otimes b)=(\widetilde{\psi}\circ\tau)(a\otimes b)=\beta^{-1}(b)a_{[0]}\otimes\alpha(a_{[1]}),$$

对任意的 $a,b\in A$. 由于 $\widetilde{\psi}$ 和 τ 是满射, 则映射 ξ 是满射. 接下来验证 ξ 是 $\widetilde{\mathscr{H}}(\mathscr{M}_k)_A^H$ 中的同态. 其中 $A\otimes A$ 和 $A\otimes H$ 是相关 Hom-Hopf 模, 事实上,

$$\begin{aligned}\xi((a\otimes b)c)&=\xi(a\beta^{-1}(c)\otimes\beta(b))=b[a_{(-1)}\beta^{-1}(c_{(-1)})]\otimes\alpha(a_{(1)})(c_{(1)})\\&=[\beta^{-1}(b)a_{(-1)}]c_{(-1)}\otimes\alpha(a_{(1)})(c_{(1)})\\&=\xi(a\otimes b)c,\end{aligned}$$

和

$$\begin{aligned}\rho_{A\otimes H}\xi(a\otimes b)&=\rho_{A\otimes H}(\beta^{-1}(b)a_{[0]}\otimes\alpha(a_{[1]}))\\&=[\beta^{-2}(b)\beta^{-1}(a_{[0]})\otimes\alpha(a_{[1](1)})]\otimes\alpha^2(a_{[1](2)})\\&=[\beta^{-2}(b)a_{[0]}\otimes\alpha(a_{[0][1]})]\otimes\alpha(a_{[1]})\\&=(\xi\otimes id)(a_{[0]}\otimes\beta^{-1}(b)\otimes\beta^{-1}(a_{[1]}))\\&=(\xi\otimes id_H)\rho_{A\otimes A}(a\otimes b).\end{aligned}$$

因此, ξ 是 $\widetilde{\mathscr{H}}(\mathscr{M}_k)_A^H$ 中的满射同态. $A\otimes H$ 作为 A-模是投射的, 其中 $A\otimes H$ 是左 A-模. 另外, 可得映射

$$u: A\otimes H\to A\otimes H,\quad a\otimes h\mapsto \beta(a_{[0]})\otimes h\alpha^{-1}(a_{[1]})$$

是左 A-模同构. 接着存在 $\zeta: A\otimes H\to A\otimes A$ 使得 $\xi\circ\zeta=id_{H\otimes A}$, 由于 $A\otimes A\to A\otimes H$ 是满射. 因此, ξ 在右 A-模范畴中是可裂的. 特别地, ξ 是 $\widetilde{\mathscr{H}}(\mathscr{M}_k)_A^H$ 中的 k-可裂满同态.

设 $(M,\mu)\in\widetilde{\mathscr{H}}(\mathscr{M}_k)_A^H$. 则 $A\otimes A\otimes M\in\widetilde{\mathscr{H}}(\mathscr{M}_k)_A^H$, 结构如下:

$$(a\otimes b\otimes m)\cdot c=a\beta^{-2}(c)\otimes\beta(b)\otimes\mu(m); \tag{2-10}$$

$$\rho_{A\otimes A\otimes M}(a\otimes b\otimes m)=\beta^{-1}(a)\otimes b_{[0]}\otimes\mu^{-1}(m)\otimes\alpha^2(b_{[1]}), \tag{2-11}$$

对任意的 $a,b,c\in A$ 和 $m\in M$. 另外, $A\otimes H\otimes M\in\widetilde{\mathscr{H}}(\mathscr{M}_k)_A^H$ 的结构如下:

$$(a\otimes h\otimes m)b=a\beta^{-1}(b_{[0]})\otimes h\alpha^{-1}(b_{[1]})\otimes\mu(m),$$

$$\rho_{A\otimes H\otimes M}(a\otimes h\otimes m)=\beta^{-1}(a)\otimes h_{(1)}\otimes\mu^{-1}(m)\otimes\alpha^2(h_{(2)}).$$

对任意的 $a,b\in A,h\in H$ 和 $m\in M$. 可得

$$\xi\otimes id_M: A\otimes A\otimes M\to A\otimes H\otimes M$$

是 $\widetilde{\mathscr{H}}(\mathscr{M}_k)_A^H$ 中的 k-可裂满同态.

由定理 2.1 可得映射

$$f: A\otimes H\otimes M\to M,$$
$$a\otimes h\otimes m\mapsto\mu(m_{[0]})\gamma(\alpha^{-1}(m_{[1]}))(\alpha^{-2}(h)S^{-1}(\alpha^{-1}(a_{[1]})))\beta(a_{[0]})$$

$\widetilde{\mathscr{H}}(\mathscr{M}_k)_A^H$ 中的 k-可裂满同态. 因此, 合成映射:

$$g=f\circ(\xi\otimes id_M): A\otimes A\otimes M\to M,$$

$$a\otimes b\otimes m\mapsto\mu(m_{[0]})\gamma(\alpha^{-1}(m_{[1]}))(S^{-1}(b_{[1]}))b_{[0]}\beta^{-1}(a)$$

是 $\widetilde{\mathscr{H}}(\mathscr{M}_k)_A^H$ 中的 k-可裂满同态. 注意 $A\otimes A\otimes M$ 是 $\widetilde{\mathscr{H}}(\mathscr{M}_k)_A^H$ 中的对象.

已经构造出 $\widetilde{\mathscr{H}}(\mathscr{M}_k)_A^H$ 中的 k-可裂满同态:

$$A\otimes A\otimes M=(M_1,\pi)\xrightarrow{g}(M,\mu)\longrightarrow 0$$

使得伴随映射 ψ_{M_1} 是双射. 由于 g 是 k-可裂的且存在整体量子积分 $\gamma: H \to Hom(H, A)$, 可得 g 在 $\widetilde{\mathscr{H}}(\mathscr{M}_k)^H$ 中也是可裂的. 特别地, 序列

$$(M_1^{coH}, \pi) \stackrel{g^{coH}}{\longrightarrow} (M^{coH}, \mu) \longrightarrow 0$$

是正合的. Ker(g) 的预解式替换 M, 可得 $\widetilde{\mathscr{H}}(\mathscr{M}_k)_A^H$ 中的正合列,

$$(M_2, P) \longrightarrow (M_1, \pi) \longrightarrow (M, \mu) \longrightarrow 0$$

在 $\widetilde{\mathscr{H}}(\mathscr{M}_k)^H$ 中是可裂的, 对任意的 (M_1, π) 和 (M_2, P) 且伴随映射是双射, 利用五引理, 对任意的 (M, μ), 可得伴随映射是双射. □

令 $A = H$, 则 (A, β) 是右 H-余模代数, 定义 (H, α) 不变子空间如下:

$$B = H^{coH} = \{h \in H | \tilde{\rho}(h) = \alpha^{-1}(h) \otimes 1_H\}$$

则 (B, α) 是 (H, α) 的 Hom 子代数. 因此可得如下结果.

推论 2.2　设 (H, α) 为伴有双射对极的 monoidal Hom-Hopf 代数, (A, β) 为右 (H, α)-Hom-余模代数且 $B = A^{coH}$. 假设:

(1) 存在整体量子积分 $\gamma: H \to Hom(H, H)$;

(2) 自然映射

$$\psi: H \otimes_B H \to H \otimes H, \quad h \otimes_B g \mapsto \alpha^{-1}(h) g_{(1)} \otimes \alpha(g_{(2)})$$

是满射. 则诱导函子 $- \otimes_B H: \widetilde{\mathscr{H}}(\mathscr{M}_k)_B \to \widetilde{\mathscr{H}}(\mathscr{M}_k)_H^H$ 是范畴等价.

2.4　Maschke 型定理

引理 2.1　设 (H, α) 为 monoidal Hom-Hopf 代数, (A, β) 为右 (H, α)-Hom-余模代数, $\phi: (H, \alpha) \to (A, \beta)$ 为整体积分和 $M \in \widetilde{\mathscr{H}}(\mathscr{M}_k)_A^H$,

$$\lambda_M: M \otimes H \to M, \quad m \otimes h \mapsto \mu^{-1}(m_{[0]}) \cdot \phi(S(m_{[1]})\alpha(h)).$$

则下列条件成立:

(1) $\lambda_M \rho_M = id_M$,

(2) λ_M 为右 (H, α)-Hom-余模同态, $M \otimes H$ 的右 (H, α)-Hom 余作用为 $\rho(m \otimes h) = (\mu(m) \otimes h_{(1)}) \otimes \alpha^{-1}(h_{(2)})$, 对任意的 $m \in M$ 和 $h \in H$,

(3) 如果 $\phi: (H, \alpha) \to (Z(A), \beta)$ (A 的中心) 是乘法同态, 则 $\lambda_M \in \widetilde{\mathscr{H}}(\mathscr{M}_k)_A^H$.

证明 (1) 对任意的 $m \in M$, 有

$$
\begin{aligned}
&\lambda_M \rho_M(m)\\
=&\lambda_M(m_{[0]} \otimes m_{[1]})\\
=&\mu^{-1}(m_{[0][0]}) \cdot \phi(S(m_{[0][1]})\alpha(m_{[1]}))\\
=&m_{[0]} \cdot \phi(S(m_{[1](1)})m_{[1](2)})\\
=&m_{[0]} \cdot \phi(\varepsilon(m_{[1]}))\\
=&\mu^{-1}(m) \cdot 1_A = m.
\end{aligned}
$$

(2) 对任意的 $m \in M, h \in H$, 有

$$
\begin{aligned}
&\rho_M \lambda_M(m \otimes h)\\
=&\rho_M(\mu^{-1}(m_{[0]}) \cdot \phi(S(m_{[1]})\alpha(h)))\\
=&\mu^{-1}(m_{[0][0]}) \cdot \phi(S(m_{[1](2)})\alpha(h_{(1)})) \otimes \alpha^{-1}(m_{[0][1]})(S(m_{[1](1)})\alpha(h_{(2)}))\\
=&\mu^{-2}(m_{[0]}) \cdot \phi(\alpha(S(m_{[1](2)(2)}))\alpha(h_{(1)}))\\
&\otimes\alpha^{-1}(m_{[1](1)})(\alpha(S(m_{[1](2)(1)}))\alpha(h_{(2)})\\
=&\mu^{-2}(m_{[0]}) \cdot \phi(S(m_{[1](2)})\alpha(h_{(1)})) \otimes m_{[1](1)(1)}(\alpha(S(m_{[1](1)(2)}))\alpha(h_{(2)}))\\
=&\mu^{-2}(m_{[0]}) \cdot \phi(S(m_{[1](2)})\alpha(h_{(1)})) \otimes (\alpha(m_{[1](1)(1)})\alpha(S(m_{[1](1)(2)})))h_{(2)}\\
=&\mu^{-2}(m_{[0]}) \cdot \phi(\alpha^{-1}(S(m_{[1]}))\alpha(h_{(1)})) \otimes \alpha(h_{(2)})\\
=&(\lambda_M \otimes id_H)((\mu^{-1}(m) \otimes h_{(1)}) \otimes \alpha(h_{(2)}))\\
=&(\lambda_M \otimes id_H)\rho_{M\otimes H}(m \otimes h).
\end{aligned}
$$

(3) 对任意的 $m \in M,\ h \in H, b \in A$, 有

$$
\begin{aligned}
&\lambda_M((m \otimes h) \cdot b)\\
=&\lambda_M(m \cdot b_{[0]} \otimes hb_{(1)})\\
=&\mu^{-1}(m_{[0]} \cdot b_{[0][0]}) \cdot \phi(S(m_{[1]}b_{[0][1]})\alpha(hb_{[1]}))\\
=&\mu^{-1}(m_{[0]} \cdot b_{[0][0]}) \cdot \phi(S(m_{[1]})S(b_{[0][1]})\alpha(hb_{[1]}))\\
=&\mu^{-1}(m_{[0]} \cdot b_{[0][0]}) \cdot \phi(\alpha(S(m_{[1]})[S(b_{[0][1]})hb_{[1]}])\\
=&\mu^{-1}(m_{[0]} \cdot b_{[0][0]}) \cdot \phi(\alpha(S(m_{[1]})[S(b_{[0][1]})(b_{[1]}h)])\\
=&\mu^{-1}(m_{[0]} \cdot b_{[0][0]}) \cdot \phi(\alpha(S(m_{[1]})[(\alpha^{-1}(S(b_{[0][1]}))b_{[1]})\alpha(h)])\\
=&(\mu^{-1}(m_{[0]}) \cdot b_{[0]}) \cdot \phi(\alpha(S(m_{[1]})[(\alpha^{-1}(S(b_{[1](1)}))\alpha^{-1}(b_{[1](2)}))\alpha(h)])\\
=&(\mu^{-1}(m_{[0]}) \cdot \beta^{-1}(b)) \cdot \phi(\alpha(S(m_{[1]})\alpha^2(h))
\end{aligned}
$$

$$
\begin{aligned}
&= m_{[0]} \cdot (\beta^{-1}(b)\phi(S(m_{[1]})\alpha(h))) \\
&= m_{[0]} \cdot (\phi(\alpha^{-4}(S(m_{[1]}))\alpha^{-3}(h))\beta^{-1}(b)) \\
&= (\mu^{-1}(m_{[0]}) \cdot \phi(S(m_{[1]})\alpha(h))) \cdot b \\
&= \lambda_M(m \otimes h) \cdot b.
\end{aligned}
$$

证毕. □

性质 2.6　设 (H,α) 为 monoidal Hom-Hopf 代数, (A,β) 为右 (H,α)-Hom-余模代数, $\phi:(H,\alpha)\to(A,\beta)$ 为整体积分. 则 $M\in\widetilde{\mathscr{H}}(\mathscr{M}_k)_A^H$ 作为右 (H,α)-Hom-余模是内射的.

如果 H 为 Hopf 代数, 则此时即可得文献 [39] 的主要结果.

推论 2.3　设 H 为 monoidal Hom-Hopf 代数, A 为右 H-余模代数. 如果存在一个右 H-余模同态 $\phi:(H,\alpha)\to(A,\beta)$ 使得 $\phi(1_H)=1_A$, 则每一个相关 (H,A)-Hopf-模作为右 H-余模是内射的.

设 M 为相关 Hom-Hopf 模, 令

$$M_0=\{m\in M \mid \rho_M(m)=\mu^{-1}(m)\otimes 1_H\}$$

为 M 的不变子空间, 并且 M_0 是右 (C,β)-Hom-模, 其中,

$$C=\{b\in A \mid \rho_A(b)=\beta^{-1}(b)\otimes 1_H\}$$

为 A 的子代数.

性质 2.7　设 (H,α) 为 monoidal Hom-Hopf 代数, (A,β) 为右 (H,α)-Hom-余模代数, $\phi:(H,\alpha)\to(A,\beta)$ 为整体积分和 $M\in\widetilde{\mathscr{H}}(\mathscr{M}_k)_A^H$. 假设 ϕ 是乘法同态, 令

$$\tau_M:(M,\mu)\to(M,\mu)$$

为迹映射, 定义为

$$m\mapsto m_{[0]}\cdot\phi(S(m_{[1]})).$$

则下列结论成立:

(1) $\tau_M(m)\in M_0$ and $\tau\,|_{M_0}=id$,

(2) $\tau_A:(A,\beta)\to(C,\beta)$, 定义为 $b\mapsto b_{[0]}\phi(S(b_{[1]}))$, 左 (C,β)-Hom-模同态, 则 (C,β) 作为 (C,β)-Hom 模是 (A,β) 的直和项,

(3) 如果 $Im\phi\subseteq Z(A)$, 则 $\tau_M:(M,\mu)\to(M,\mu)$ 右 (C,β)-Hom-模同态.

正合列

$$(M,\mu)\xrightarrow{\tau_M}(M_0,\mu)\longrightarrow 0,$$

作为右 (C,β)-Hom-模的序列是可裂的.

证明 (1) 对任意的 $m\in M$, 有

$$\begin{aligned}&\rho(\tau_M(m))\\ =&\rho(m_{[0]}\phi(S(m_{[1]})))\\ =&m_{[0][0]}\phi(S(m_{[1](2)}))\otimes m_{[0][1]}\phi(S(m_{[1](1)}))\\ =&\mu^{-1}(m_{[0]})\phi(\alpha(S(m_{[1](2)(2)})))\otimes m_{[1](1)}\phi(\alpha(S(m_{[1](2)(1)})))\\ =&\mu^{-1}(m_{[0]})\phi(S(m_{[1](2)}))\otimes\alpha(m_{[1](1)(1)})\phi(\alpha(S(m_{[1](1)(2)})))\\ =&\mu^{-1}(m_{[0]})\phi(\alpha^{-1}(S(m_{[1]})))\otimes 1_H\\ =&\mu^{-1}(\tau_M(m))\otimes 1_H.\end{aligned}$$

对任意的 $n\in M_0$,

$$\begin{aligned}\tau_M(n)=&n_{[0]}\phi(S(n_{[1]}))\\ =&\mu^{-1}(n)1_A=n.\end{aligned}$$

(2) 对任意的 $c\in C, a\in A$,

$$\begin{aligned}&\tau_A(ca)\\ =&(c_{[0]}a_{[0]})\phi(S(c_{[1]}a_{[1]}))\\ =&(\beta^{-1}(c)a_{[0]})\phi(\alpha(S(a_{[1]})))\\ =&c(a_{[0]}\cdot\phi(S(a_{[1]})))=c\tau_A(a),\end{aligned}$$

因此, $\tau_A:(A,\beta)\to(C,\beta)$ 是左 (C,β)-Hom-模同态, 由 (1) 可知, (C,β) 作为左 (C,β)-Hom 模的和是 (A,β) 的直和项.

(3) 对任意的 $c\in C, m\in M$,

$$\begin{aligned}&\tau_M(m\cdot c)\\ =&(m_{[0]}\cdot c_{[0]})\phi(S(m_{[1]}c_{[1]}))\\ =&(m_{[0]}\cdot\beta^{-1}(c))\phi(\alpha(S(m_{[1]})))\\ =&\mu(m_{[0]})\cdot(\beta^{-1}(c))\phi(S(m_{[1]}))\\ =&\mu(m_{[0]})\cdot(\phi(S(m_{[1]}))\beta^{-1}(c))\\ =&(m_{[0]}\cdot\phi(S(m_{[1]})))\cdot c=\tau_M(m)\cdot c.\end{aligned}$$

因此, τ_M 是右 (C,β)-Hom-模同态, 由 (1) 可知, 正合列

$$(M,\mu)\xrightarrow{\tau_M}(M_0,\mu)\longrightarrow 0.$$

作为右 (C,β)-Hom-模的序列是可裂的. □

定义 2.7　设 (H,α) 为 monoidal Hom-Hopf 代数, (A,β) 为右 (H,α)-Hom-余模代数, 一个 k-线性映射

$$\theta:(H,\alpha)\otimes(H,\alpha)\to(A,\beta)$$

使得 $\theta\circ(\alpha\otimes\alpha)=\beta\circ\theta$ 称为正规化 (A,β)-积分, 如果 θ 满足下列条件:

(1) 对任意的 $h,g\in H$,

$$\begin{aligned}&\theta(\alpha^{-1}(g)\otimes h_{(1)})\otimes\alpha(h_{(2)})\\=&\beta(\theta(g_{(2)}\otimes\alpha^{-1}(h))_{[0]})\otimes g_{(1)}\theta(g_{(2)}\otimes\alpha^{-1}(h))_{[1]}.\end{aligned}\tag{2-12}$$

(2) 对任意的 $h\in H$,

$$\theta(h_{(1)}\otimes h_{(2)})=1_A\varepsilon(h).\tag{2-13}$$

(3) 对任意的 $a\in A,h,g\in H$,

$$\beta^2(a_{[0][0]})\theta(\alpha^{-1}(g)a_{[0][1]}\otimes\alpha^{-1}(h)\alpha^{-1}(a_{[1]}))=\theta(g\otimes h)a.\tag{2-14}$$

定理 2.6　设 (H,α) 为 monoidal Hom-Hopf 代数, (A,β) 为右 (H,α)-Hom-余模代数, 则下列结论是等价的,

(1) 左伴随 F 是可分的,

(2) 存在正规化 (A,β)-积分 $\theta:(H,\alpha)\otimes(H,\alpha)\to(A,\beta)$.

证明　(2) ⇒ (1). 对任意的相关 Hom-Hopf 模 M, 对任意的 $m\in M,h\in H$, 定义

$$\begin{aligned}&\nu_M:M\otimes H\to M,\\&\nu_M(m\otimes h)\\=&\mu(m_{[0]})\theta(m_{[1]}\otimes\alpha^{-1}(h)).\end{aligned}$$

首先验证 $\nu_M\in\widetilde{\mathscr{H}}(\mathscr{M}_k)_A^H$. 事实上, 对任意的 $m\in M$, $h\in H,a\in A$, 容易得

$$\nu_M(\mu(m)\otimes\alpha(h))=\mu(\nu_M(m\otimes h)).$$

也有

$$\begin{aligned}&\nu_M((m\otimes h)\cdot a)\\=&\nu_M(ma_{[0]}\otimes ha_{[1]})\end{aligned}$$

$$
\begin{aligned}
&= (\mu(m_{[0]})\cdot\beta(a_{[0][0]}))\theta(m_{[1]}a_{[0][1]}\otimes\alpha^{-1}(h)\alpha^{-1}(a_{[1]}))\\
&= \mu^2(m_{[0]})\cdot(\beta(a_{[0][0]})\beta^{-1}(\theta(m_{[1]}a_{[0][1]}\otimes\alpha^{-1}(h)\alpha^{-1}(a_{[1]}))))\\
&= \mu^2(m_{[0]})\cdot(\beta(a_{[0][0]})\theta(\alpha^{-1}(m_{[1]}\alpha^{-1}(a_{[0][1]})\otimes\alpha^{-2}(h)\alpha^{-2}(a_{[1]}))))\\
&\overset{(2\text{-}14)}{=} \mu^2(m_{[0]})\cdot(\theta(m_{[1]}\otimes\alpha^{-1}(h))\beta^{-1}(a))\\
&= (\mu(m_{[0]})\cdot\theta(m_{[1]}\otimes\alpha^{-1}(h)))\cdot a\\
&= (\nu_M(m\otimes h))\cdot a.
\end{aligned}
$$

因此它是 (A,β)-Hom-模同态. 接下来验证 ν_M 是 (H,α) 上的 Hom-余模同态. 只需验证

$$\rho_M\circ\nu_M=(\nu_M\otimes id_H)\circ\rho_M$$

成立. 对任意的 $m\in M,h\in H$, 有

$$
\begin{aligned}
&\rho_M\circ\nu_M(m\otimes h)\\
&= \rho_M(\mu(m_{[0]})\theta(m_{[1]}\otimes\alpha^{-1}(h)))\\
&= (\mu(m_{[0]})\theta(m_{(1)}\otimes\alpha^{-1}(h))_{[0]}\otimes(\mu(m_{[0]})\theta(m_{[1]}\otimes\alpha^{-1}(h)))_{[1]}\\
&= \mu(m_{[0][0]})\theta(m_{[1]}\otimes\alpha^{-1}(h))_{[0]}\otimes\alpha(m_{[0][1]})\theta(m_{(1)}\otimes\alpha^{-1}(h))_{[1]}\\
&= m_{[0]}\theta(\alpha(m_{[1](2)})\otimes\alpha^{-1}(h))_{[0]}\otimes\alpha(m_{[1](1)})\theta(\alpha(m_{[1](2)})\otimes\alpha^{-1}(h))_{[1]}\\
&\overset{(2\text{-}12)}{=} m_{[0]}\beta^{-1}(\theta(m_{[1]}\otimes h_{(1)}))\otimes\alpha(h_{(2)})\\
&= m_{[0]}\theta(\alpha^{-1}(m_{[1]})\otimes\alpha^{-1}(h_{(1)}))\otimes\alpha(h_{(2)})\\
&= (\nu_M\otimes id_H)\circ\rho_M(m\otimes h).
\end{aligned}
$$

对任意的 $m\in M$, 由于

$$
\begin{aligned}
&\nu_M\circ\eta_M(m)=\nu_M(m_{[0]}\otimes m_{[1]})\\
&= \mu(m_{[0][0]})\theta(m_{[0][1]}\otimes\alpha^{-1}(m_{[1]}))\\
&= m_{[0]}\theta(m_{[1](1)}\otimes m_{[1](2)})\\
&\overset{(2\text{-}13)}{=} m.
\end{aligned}
$$

则通过 Rafael 定理可知 F 是可分的.

(1) ⇒ (2). 考虑相关 Hom-Hopf 模 $A\otimes H$, 其上的 (A,β)-作用和 (H,α)-余作用定义如下:

$$
\begin{cases}
(a\otimes h)\cdot b=ab_{[0]}\otimes hb_{[1]};\\
\rho_{A\otimes H}(a\otimes h)=(\beta^{-1}(a)\otimes h_{(1)})\otimes\alpha(h_{(2)}),
\end{cases}
$$

对任意的 $a,b\in A$ 和 $h\in H$.

令 ν 为 η 的收缩, 应用 ν 到 $A\otimes H$ 上, 可得

$$\nu_{A\otimes H}:(A\otimes H)\otimes H\to A\otimes H$$

由 $\nu\circ\eta=id$, 对任意的 $a\in A,h\in H$, 可得

$$\nu_{A\otimes H}((a\otimes h_{(1)})\otimes h_{(2)})=a\otimes h.$$

构造 θ 如下:

$$\theta:H\otimes H\to A,$$

$$\theta(h\otimes g)=r_A(id_A\otimes\varepsilon)\nu_{A\otimes H}((1_A\otimes h)\otimes g),$$

其中 r 是右单位约束. 对任意的 $h\in H$, 由于

$$\begin{aligned}&\theta(h_{(1)}\otimes h_{(2)})\\=&r_A(id_A\otimes\varepsilon)\nu_{A\otimes H}((1_A\otimes h_{(1)})\otimes h_{(2)})\\=&r_A(id_A\otimes\varepsilon)(1_A\otimes h)=1_A\varepsilon(h).\end{aligned}$$

因此可得式 (2-13). 利用 ν 的自然性和 (A,β) 线性, 可得式 (2-14).

证明式 (2-12) 比较困难, 需要采用一些技巧, 对任意的右 (H,α)-Hom-余模 M, 考虑相关 Hom-Hopf 模 $M\otimes A$, 其上 (A,β)-作用和 (H,α)-余作用定义如下: 对任意的 $m\in M$ 和 $a,b\in A$,

$$\begin{cases}(m\otimes a)\cdot b=\mu^{-1}(m)\otimes a\beta(b);\\ \rho_{M\otimes A}(m\otimes a)=(m_{[0]}\otimes a_{[0]})\otimes m_{[1]}a_{[1]}.\end{cases}$$

特别地, 对于 Hom-余代数 C, 便有相关 Hom-Hopf 模 $H\otimes A$ 且线性映射

$$\xi:H\otimes A\to A\otimes H$$

$$\xi(h\otimes a)=\beta(a_{[0]})\otimes\alpha^{-1}(h)a_{[1]}.$$

由于 ξ 既是 (A,β)-线性的又是 (H,α)-余线性的, 有

$$\begin{aligned}\xi(\nu_{H\otimes A}((h\otimes a)\otimes g))&=\nu_{A\otimes H}((\xi\otimes id_H)((h\otimes a)\otimes g))\\&=\nu_{A\otimes H}((\beta(a_{[0]})\otimes\alpha^{-1}(h)a_{[1]})\otimes g).\end{aligned}\tag{2-15}$$

不难验证 $GF(H\otimes A)=(H\otimes A)\otimes H\in{}^H\widetilde{\mathscr{H}}(\mathscr{M}_k)_A^H$, 并且它的左 (H,α)-Hom 余模结构如下:

$$(h\otimes a)\otimes g\mapsto\alpha(h_{(1)})\otimes((h_{(2)}\otimes\beta^{-1}(a))\otimes\alpha^{-1}(g)).$$

和 $H\otimes A\in {}^H\widetilde{\mathscr{H}}(\mathscr{M}_k)_A^H$, $H\otimes A$ 的左 (H,α)-余作用如下:

$$h\otimes a\mapsto \alpha(h_{(1)})\otimes(h_{(2)}\otimes\beta^{-1}(a)).$$

也可以得到 $\nu_{H\otimes A}:(H\otimes A)\otimes H\to H\otimes A$ 是 ${}^H\widetilde{\mathscr{H}}(\mathscr{M}_k)_A^H$ 中的 Hom-同态, 其中,

$$\begin{aligned}&\nu_{H\otimes A}((h\otimes a)\otimes g)_{[-1]}\otimes\nu_{H\otimes A}((h\otimes a)\otimes g)_{[0]}\\&\quad=\alpha(h_{(1)})\otimes\nu_{H\otimes A}((h_{(2)}\otimes\beta^{-1}(a))\otimes\alpha^{-1}(g)).\end{aligned}$$

因此 $\nu_{H\otimes A}$ 是左右 (H,α)-余线性的. 对 $h,g\in H$ 且令

$$\nu_{A\otimes H}((1_A\otimes h)\otimes g)=\sum_i a_i\otimes q_i\in A\otimes H, \tag{2-16}$$

$$\nu_{H\otimes A}((h\otimes 1_A)\otimes g)=\sum_i p_i\otimes b_i\in H\otimes A,$$

可得

$$\begin{aligned}&\beta(\theta(h_{(2)}\otimes\alpha^{-1}(g))_{[0]})\otimes h_{(1)}\theta(h_{(2)}\otimes\alpha^{-1}(g))_{[1]}\\
=\ &\beta(r_A(id_A\otimes\varepsilon)\nu_{A\otimes H}((1_A\otimes h_{(2)})\otimes\alpha^{-1}(g))_{[0]})\otimes h_{(1)}\\
&\cdot(r_A(id_A\otimes\varepsilon)\nu_{A\otimes H}((1_A\otimes h_{(2)})\otimes\alpha^{-1}(g)))_{[1]}\\
\overset{(2\text{-}15)}{=}&\beta(r_A(id_A\otimes\varepsilon)\xi\nu_{H\otimes A}((h_{(2)}\otimes 1_A)\otimes\alpha^{-1}(g))_{[0]})\otimes h_{(1)}\\
&\cdot(r_A(id_A\otimes\varepsilon)\xi\nu_{H\otimes A}((h_{(2)}\otimes 1_A)\otimes\alpha^{-1}(g))_{[1]})\\
\overset{(2\text{-}16)}{=}&\sum_i\beta(r_A(id_A\otimes\varepsilon)\xi(p_{i(2)}\otimes\beta^{-1}(b_i))_{[0]})\otimes p_{i(1)}(r_A(id_A\otimes\varepsilon)\xi(p_{i(2)}\otimes\beta^{-1}(b_i))_{[1]})\\
=\ &\sum_i\beta(r_A(id_A\otimes\varepsilon)(b_{i[0]}\otimes\alpha^{-1}(p_{i(2)})b_{i[1]})_{[0]})\\
&\otimes p_{i(1)}(r_A(id_A\otimes\varepsilon)(b_{i[0]}\otimes\alpha^{-1}(p_{i(2)})b_{i[1]})_{[1]})\\
=\ &\sum_i\beta(b_{i[0]})\otimes p_{i(1)}\varepsilon(p_{i(2)})(b_{i[1]})\\
=\ &\sum_i\xi(p_i\otimes b_i)=\xi(\nu_{H\otimes A}((h\otimes 1_A)\otimes g)).\end{aligned}$$

利用 $\nu_{A\otimes H}$ 是 (H,α)-Hom 余模同态, 有

$$\begin{aligned}&\theta(\alpha^{-1}(h)\otimes g_{(1)})\otimes\alpha(g_{(2)})\\
&=r_A(id_A\otimes\varepsilon)\nu_{A\otimes H}((1_A\otimes\alpha^{-1}(h))\otimes g_{(1)})\otimes\alpha(g_{(2)})\\
&=\sum_i r_A(id_A\otimes\varepsilon)(\beta^{-1}(a_i)\otimes q_{i(1)})\otimes\alpha(q_{i(2)})\end{aligned}$$

$$
\begin{aligned}
&=\sum_i a_i\otimes q_i=\nu_{A\otimes H}((1_A\otimes h)\otimes g)\\
&=\xi(\nu_{H\otimes A}((h\otimes 1_A)\otimes g)).
\end{aligned}
$$

因此, 可得式 (2-12). □

性质 2.8　设 (H,α) 为 monoidal Hom-Hopf 代数, (A,β) 为右 (H,α)-Hom-余模代数. 若 $\theta:(H,\alpha)\otimes(H,\alpha)\to(A,\beta)$ 是正规化的 (A,β)-积分, 则 k-线性映射

$$
\phi:(H,\alpha)\to(A,\beta),\ \ \phi(h)=\theta(1_H\otimes h),
$$

是一个整体积分.

证明　首先注意到 $\phi(1_H)=\theta(1_H\otimes 1_H)=\varepsilon_H(1_H)1_A=1_A$. 于是有

$$
\begin{aligned}
&\theta(\alpha^{-1}(g)\otimes\alpha^{-1}(h_{(1)}))\otimes\alpha(h_{(2)})\\
&=(\theta(\alpha(g_{(2)})\otimes\alpha^{-1}(h)))_{(0)}\otimes\alpha(g_{(1)})(\theta(\alpha(g_{(2)})\otimes\alpha^{-1}(h)))_{(1)}.
\end{aligned}
$$

令 $g=1_H$, 可得

$$
\theta(1_H\otimes\alpha^{-1}(h_1))\otimes\alpha(h_2)=\theta(1_H\otimes\alpha^{-1}(h))_{[0]}\otimes\alpha(\theta(1_H\otimes\alpha^{-1}(h))_{[1]}),
$$

应用 $\alpha\otimes\alpha^{-1}$ 到上述等式上, 有

$$
\theta(1_H\otimes\alpha^{-1}(h_1))\otimes h_2=\theta(1_H\otimes\alpha^{-1}(h))_{[0]}\otimes\theta(1_H\otimes\alpha^{-1}(h))_{[1]}.
$$

因此可得

$$
\phi(h_1)\otimes h_2=\phi(h)_{[0]}\otimes\phi(h)_{[1]}.
$$

容易验证 $\phi\alpha=\beta\phi$. 因此 ϕ 是一个整体积分.

设 $\phi:(H,\alpha)\to(A,\beta)$ 是一个整体积分, 对右 (H,α)-Hom-余模代数 (A,β) 且定义

$$
\theta:(H,\alpha)\otimes(H,\alpha)\to(A,\beta),\quad \theta(g\otimes h)=\phi(hS^{-1}(g)),
$$

对任意的 $g,h\in H$.

定理 2.7　设 (H,α) 为 monoidal Hom-Hopf 代数, (A,β) 为右 (H,α)-Hom-余模代数, 并且 $\phi:(H,\alpha)\to(A,\beta)$ 是一个整体积分. 若

$$
g\phi(h)_{[1]}\otimes\phi(h)_{[0]}=\phi(h)_{[1]}g\otimes\phi(h)_{[0]},\quad \phi(h)\in Z(A).
$$

则 θ 是一个正规化的 (A,β)-积分.

证明　对任意的 $h,g\in H$ 和 $a\in A$, 有

$$\begin{aligned}
&\beta^2(a_{[0][0]})\theta(\alpha^{-1}(g)a_{[0][1]}\otimes\alpha^{-1}(h)\alpha^{-1}(a_{[1]}))\\
=&\beta(a_{[0]})\theta(\alpha^{-1}(g)a_{[1](1)}\otimes\alpha^{-1}(h)a_{[1](2)})\\
=&\beta(a_{[0]})\phi(\alpha^{-1}(h)a_{[1](2)}S^{-1}(\alpha^{-1}(g)a_{[1](1)}))\\
=&\beta(a_{[0]})\phi(h[(\alpha^{-1}(a_{[1](2)}S^{-1}(\alpha^{-1}(a_{[1](1)}))))S^{-1}(\alpha^{-1}(g))])\\
=&a\phi(hS^{-1}(g))\\
=&\theta(g\otimes h)a,
\end{aligned}$$

且

$$\begin{aligned}
&\beta(\theta(g_{(2)}\otimes\alpha^{-1}(h))_{[0]})\otimes g_{(1)}\theta(g_{(2)}\otimes\alpha^{-1}(h))_{[1]}\\
=&\beta(\phi(\alpha^{-1}(h)S^{-1}(g_{(2)}))_{[0]})\otimes\phi(\alpha^{-1}(h)S^{-1}(g_{(2)}))_{[1]}g_{(1)}\\
=&\phi(h_{(1)}S^{-1}(\alpha(g_{(2)(2)})))\otimes(\alpha^{-1}(h_{(2)})S^{-1}(g_{(2)(1)}))g_{(1)}\\
=&\phi(h_{(1)}S^{-1}(g_{(2)}))\otimes(\alpha^{-1}(h_{(2)})S^{-1}(g_{(1)(2)}))\alpha(g_{(1)(1)})\\
=&\phi(h_{(1)}S^{-1}(g_{(2)}))\otimes h_{(2)}(S^{-1}(g_{(1)(2)})g_{(1)(1)})\\
=&\phi(h_{(1)}S^{-1}(\alpha^{-1}(g)))\otimes\alpha(h_{(2)})\\
=&\theta(\alpha^{-1}(g)\otimes h_{(1)})\otimes\alpha(h_{(2)}),\\
&\theta(h_1\otimes h_2)=\varphi(h_2S^{-1}(h_1))=\varepsilon_H(h)1_A.
\end{aligned}$$

容易验证 $\phi\alpha=\beta\phi$. 因此 θ 是一个正规化的 (A,β)-积分. □

由于可分函子较好反映出范畴对象的半单性, 接下来验证相关 Hom-Hopf 模的 Maschke 型定理.

引理 2.2 设 (H,α) 为 monoidal Hom-Hopf 代数, (A,β) 为右 (H,α)-Hom-余模代数, $\phi:(H,\alpha)\to(A,\beta)$ 为整体积分和 $(M,\mu),(N,\nu)\in\widetilde{\mathscr{H}}(\mathscr{M}_k)_A^H$, $f:(N,\nu)\to(M,\mu)$ 为 Hom-同态. 设

$$f_\phi:N\xrightarrow{\rho_N}N\otimes H\xrightarrow{f\otimes id_H}M\otimes H\xrightarrow{\tau}M,$$

$$f_\phi(n)=\mu^{-1}(f(n_{[0]})_{[0]})\cdot\phi(S(f(n_{[0]})_{[1]})\alpha(n_{[1]})),$$

对任意的 $n\in N$. 则下列结论成立:

(1) f_ϕ 是右 (H,α)-Hom-余模同态,

(2) 若 $f:(N,\nu)\to(M,\mu)$ 是右 (A,β)-Hom-模同态, 并且 $\phi:(H,\alpha)\to(Z(A),\beta)$ 是乘法同态, 则 f_ϕ 是右 (A,β)-Hom-模同态.

证明 (1) 对任意的 $n\in N$, 有

$$
\begin{aligned}
&\rho_M(f_\phi(n))\\
=&\rho_M(\mu^{-1}(f(n_{[0]})_{[0]})\cdot\phi(S(f(n_{[0]})_{[1]})\alpha(n_{[1]})))\\
=&\mu^{-1}(f(n_{[0]})_{[0][0]})\cdot\phi(S(f(n_{[0]})_{[1](2)})\alpha(n_{[1](1)}))\\
&\otimes\alpha^{-1}(f(n_{[0]})_{[0][1]})(S(f(n_{[0]})_{[1](1)})\alpha(n_{[1](2)}))\\
=&\mu^{-2}(f(n_{[0]})_{[0]})\cdot\phi(\alpha(S(f(n_{[0]})_{[1](2)(2)}))\alpha(n_{[1](1)}))\\
&\otimes\alpha^{-1}(f(n_{[0]})_{[1](1)})(\alpha(S(f(n_{[0]})_{[1](2)(1)}))\alpha(n_{[1](2)}))\\
=&\mu^{-2}(f(n_{[0]})_{[0]})\cdot\phi(S(f(n_{[0]})_{[1](2)})\alpha(n_{[1](1)}))\\
&\otimes f(n_{[0]})_{[1](1)(1)}(\alpha(S(f(n_{[0]})_{[1](1)(2)}))\alpha(n_{[1](2)}))\\
=&\mu^{-2}(f(n_{[0]})_{[0]})\cdot\phi(S(f(n_{[0]})_{[1](2)})\alpha(n_{[1](1)}))\\
&\otimes(\alpha(f(n_{[0]})_{[1](1)(1)})\alpha(S(f(n_{[0]})_{[1](1)(2)})))n_{[1](2)}\\
=&\mu^{-2}(f(n_{[0]})_{[0]})\cdot\phi(\alpha^{-1}(S(f(n_{[0]})_{[1]}))\alpha(n_{[1](1)}))\otimes\alpha(n_{[1](2)})\\
=&\mu^{-1}(f(n_{[0][0]})_{[0]})\cdot\phi(S(f(n_{[0][0]})_{[1]})\alpha(n_{[0][1]}))\otimes n_{[1]}\\
=&(f_\phi\otimes id_H)\rho_N(n).
\end{aligned}
$$

(2) 对任意的 $n\in N$ 和 $b\in A$, 有

$$
\begin{aligned}
&f_\phi(n\cdot b)\\
=&\mu^{-1}(f(n_{[0]})_{[0]}\cdot b_{[0][0]})\cdot\phi(S(f(n_{[0]})_{[1]}b_{[0][1]})\alpha(n_{[1]}b_{[1]}))\\
=&\mu^{-1}(f(n_{[0]})_{[0]}\cdot b_{[0][0]})\cdot\phi([S(f(n_{[0]})_{[1]}b_{[0][1]})][\alpha(b_{[1]})\alpha(n_{[1]})])\\
=&\mu^{-1}(f(n_{[0]})_{[0]}\cdot b_{[0][0]})\cdot\phi(\alpha(S(f(n_{[0]})_{[1]})[S(b_{[0][1]})(b_{[1]}n_{[1]})])\\
=&\mu^{-1}(f(n_{[0]})_{[0]}\cdot b_{[0][0]})\cdot\phi(\alpha(S(f(n_{[0]})_{[1]})[(\alpha^{-1}(S(b_{[0][1]}))b_{[1]})\alpha(n_{[1]})])\\
=&(\mu^{-1}(f(n_{[0]})_{[0]})\cdot b_{[0]})\cdot\phi(\alpha(S(f(n_{[0]})_{[1]})[(\alpha^{-1}(S(b_{[1](1)}))\alpha^{-1}(b_{[1](2)}))\alpha(n_{[1]})])\\
=&(\mu^{-1}(f(n_{[0]})_{[0]})\cdot\beta^{-1}(b))\cdot\phi(\alpha(S(f(n_{[0]})_{[1]}))\alpha^2(n_{[1]}))\\
=&f(n_{[0]})_{[0]}\cdot(\beta^{-1}(b)\phi(S(f(n_{[0]})_{[1]})\alpha(n_{[1]})))\\
=&f(n_{[0]})_{[0]}\cdot(\phi(S(f(n_{[0]})_{[1]})\alpha(n_{[1]}))\beta^{-1}(b))\\
=&(\mu^{-1}(f(n_{[0]})_{[0]})\cdot\phi(S(f(n_{[0]})_{[1]})\alpha(n_{[1]})))\cdot b=f_\phi(n)\cdot b.
\end{aligned}
$$

□

定理 2.8　设 (H,α) 为 monoidal Hom-Hopf 代数, (A,β) 为右 (H,α)-Hom-余模代数, $\phi:(H,\alpha)\to(A,\beta)$ 为整体积分. 若 $\phi:(H,\alpha)\to(Z(A),\beta)$ 是乘法同态, 相

关 Hom-Hopf 模的每一个短正合列:

$$0 \longrightarrow (M,\mu) \xrightarrow{f} (N,\nu) \xrightarrow{g} (P,\pi) \longrightarrow 0$$

作为 (A,β)-Hom-模的序列是可裂的, 则作为相关 Hom-Hopf 模的序列也是可裂的.

有关 Hom-Hopf 模、仿射性质、Maschke 型定理及其应用的等方面的最新研究成果, 可见文献 [38] $\sim$ [43] 等.

第 3 章　Doi Hom-Hopf 模的可分函子与整体积分

3.1　伴随函子的建立

定义 3.1　设 (H,α) 为 monoidal Hom-Hopf 代数, 称 monoidal Hom-余代数 (C,γ) 为右 (H,α) Hom-模余代数, 如果 (C,γ) 为右 (H,α) Hom- 模 ($\phi: C\otimes H\to C$, $\phi(c\otimes h)=c\cdot h$) 且满足下列条件: 对任意的 $c\in C$ 和 $g,h\in H$,

$$\Delta(c\cdot h)=c_{(1)}\cdot h_{(1)}\otimes c_{(2)}\cdot h_{(2)},$$

$$\varepsilon(c\cdot h)=\varepsilon(c)\varepsilon(h).$$

一个Doi Hom-Hopf 数据是一个三元组 (H,A,C), 其中 H 为 monoidal Hom-Hopf 代数, A 为右 (H,α)-Hom 余模代数, (C,γ) 为右 (H,α)-Hom 模余代数.

定义 3.2　给定 Doi Hom-Hopf 数据 (H,A,C). 一个Doi Hom-Hopf 模 (M,μ) 既是 (A,β)-Hom-模又是右 (C,γ)-Hom-余模 ($\rho_M: M\to M\otimes C$, $\rho_M(m)=m_{[0]}\otimes m_{[1]}$), 满足下列条件: 对任意的 $m\in M$ 和 $a\in A$,

$$\rho_M(m\cdot a)=m_{[0]}\cdot a_{[0]}\otimes m_{[1]}a_{[1]}.$$

用 $\widetilde{\mathscr{H}}(\mathscr{M}_k)(H)_A^C$ 表示由所有右 Doi Hom-Hopf 模构成的范畴.

性质 3.1　忘却函子 $F:\widetilde{\mathscr{H}}(\mathscr{M}_k)(H)_A^C\to\widetilde{\mathscr{H}}(\mathscr{M}_k)_A$ 存在右伴随函子 $G:\widetilde{\mathscr{H}}(\mathscr{M}_k)_A\to\widetilde{\mathscr{H}}(\mathscr{M}_k)(H)_A^C$. G 定义如下:

$$G(N)=N\otimes C,$$

结构为: 对任意的 $a\in A$ 和 $n\in N, c\in C$,

$$(n\otimes c)\cdot a=n\cdot a_{[0]}\otimes c\cdot a_{[1]},$$

$$\rho_{G(M)}(n\otimes c)=(\nu^{-1}(n)\otimes c_{(1)})\otimes\gamma(c_{(2)}).$$

证明　首先验证 $G((N,\nu))=(N\otimes C,\nu\otimes\gamma)\in\widetilde{\mathscr{H}}(\mathscr{M}_k)(H)_A^C$. 直接验证 $G((N,\nu))$ 是右 (C,γ)-Hom-余模和右 (A,β)-Hom-模. 现在验证结合条件, 对任意的 $a\in A$ 和 $c\in C$,

$$\begin{aligned}\rho_{G((N,\nu))}((n\otimes c)\cdot a)&=\rho_{G((N,\nu))}(n\cdot a_{[0]}\otimes c\cdot a_{[1]})\\&=\nu^{-1}(n)\cdot\beta^{-1}(a_{[0]})\otimes c_{(1)}\cdot a_{[1](1)}\otimes\gamma(c_{(2)}\cdot a_{[1](2)})\end{aligned}$$

$$
\begin{aligned}
&= \nu^{-1}(n) \cdot a_{[0][0]} \otimes c_{(1)} \cdot a_{[0][1]} \otimes \gamma(c_{(2)}) \cdot a_{[1]} \\
&= (n \otimes c)_{[0]} \cdot a_{[0]} \otimes (n \otimes c)_{[1]} \cdot a_{[1]} \\
&= \rho_{G(M)}(n \otimes c) \cdot a.
\end{aligned}
$$

取一个 (A,β)-线性映射 $\varphi:(M,\mu)\to(N,\nu)$, 令

$$G(\varphi) = \varphi \otimes id_C : M \otimes C \to N \otimes C.$$

直接计算可以证明 $G(\varphi)$ 既是右 (A,β)-Hom-模又是 (C,γ)-Hom-余模. 取 $(M,\mu) \in \widetilde{\mathscr{H}}(\mathscr{M}_k)(H)_A^C$, 定义 $\eta_M : M \to M \otimes C$ 如下: 对任意的 $m \in M$,

$$\eta_M(m) = m_{[0]} \otimes m_{[1]}.$$

容易验证 $\eta_M \in \widetilde{\mathscr{H}}(\mathscr{M}_k)(H)_A^C$. 事实上, 对任意的 $m \in M$, 有

$$
\begin{aligned}
\eta_M(m \cdot a) &= (m \cdot a)_{[0]} \otimes (m \cdot a)_{[1]} \\
&= m_{[0]} \cdot a_{[0]} \otimes m_{[1]} a_{[1]} \\
&= (m_{[0]} \otimes m_{[1]}) \cdot a = \eta_M(m) \cdot a, \\
\rho_{M\otimes C} \circ \eta_M(m) &= \rho_{M \otimes C}(m_{[0]} \otimes m_{[1]}) \\
&= (\mu^{-1}(m_{[0]}) \otimes m_{[1](1)}) \otimes \gamma(m_{[1](2)}) \\
&= (m_{[0][0]} \otimes m_{[0][1]}) \otimes m_{[1]} \\
&= (\eta_M \otimes id_C)(m_{[0]} \otimes m_{[1]}) \\
&= (\eta_M \otimes id_C) \circ \rho_M(m).
\end{aligned}
$$

取 $(N,\nu) \in \widetilde{\mathscr{H}}(\mathscr{M}_k)_A$, 定义 $\delta_N : N \otimes C \to N$, 对任意的 $n \in N$ 和 $c \in C$,

$$\delta_N(n \otimes c) = \varepsilon(c)\nu(n),$$

易验证 δ_N 是 (A,β)-线性的. 事实上, 对任意的 $n \in N$, 有

$$
\begin{aligned}
\delta_N((n \otimes c) \cdot a) &= \delta_N(n \cdot a_{[0]} \otimes c \cdot a_{[1]}) \\
&= \varepsilon(c \cdot a_{[1]})\nu(n \cdot a_{[0]}) \\
&= \varepsilon(c)\nu(n) \cdot a = \delta_N(n \otimes c) \cdot a.
\end{aligned}
$$

容易验证 η 和 δ 均是自然变换且满足:

$$m \xrightarrow{F(\eta_M)} m_{[0]} \otimes m_{[1]} \xrightarrow{\delta F_M} \varepsilon_C(m_{[1]})\mu(m_{[0]}) = m, \qquad (\text{composite: } id_{FM})$$

$$n\otimes c\xrightarrow{\eta_{GN}}(\nu^{-1}(n)\otimes c_{(1)})\otimes\gamma(c_{(2)})\xrightarrow{G(\delta_N)}\varepsilon_C(c_{(1)})n\otimes\gamma(c_{(2)})=n\otimes c,$$

$$\text{(composite arrow: } id_{GN}\text{)}$$

其中, $(M,\mu)\in\widetilde{\mathscr{H}}(\mathscr{M}_k)(H)_A^C$, $(N,\nu)\in\widetilde{\mathscr{H}}(\mathscr{M}_k)_A$, $m\in M$, $n\in N$, $c\in C$. □

3.2 可 分 性

定义 3.3 设 (H,A,C) 为 Doi Hom-Hopf 数据. k-线性映射

$$\theta:(C,\gamma)\otimes(C,\gamma)\to(A,\beta)$$

$\theta\circ(\gamma\otimes\gamma)=\beta\circ\theta$ 称为正规化 (A,β)-积分, 如果 θ 满足下列条件:

(1) 对任意的 $c,d\in C$,

$$\begin{aligned}&\theta(\gamma^{-1}(d)\otimes c_{(1)})\otimes\gamma(c_{(2)})\\=&\beta(\theta(d_{(2)}\otimes\gamma^{-1}(c))_{[0]})\otimes d_{(1)}\cdot\theta(d_{(2)}\otimes\gamma^{-1}(c))_{[1]}.\end{aligned}\tag{3-1}$$

(2) 对任意的 $c\in C$,

$$\theta(c_{(1)}\otimes c_{(2)})=1_A\varepsilon(c).\tag{3-2}$$

(3) 对任意的 $a\in A,c,d\in C$,

$$\beta^2(a_{[0][0]})\theta(\gamma^{-1}(d)\cdot a_{[0][1]}\otimes\gamma^{-1}(c)\cdot\alpha^{-1}(a_{[1]}))=\theta(d\otimes c)a.\tag{3-3}$$

定理 3.1 对任意的 Doi Hom-Hopf 数据 (H,A,C), 下列结论是等价的,

(1) 伴随函子 F 是可分的;

(2) 存在正规化 (A,β)-积分 $\theta:(C,\gamma)\otimes(C,\gamma)\to(A,\beta)$.

证明 (2) $\Longrightarrow$ (1). 对任意的 Doi Hom-Hopf 模 (M,μ), 定义: 对任意的 $m\in M$ 和 $c\in C$,

$$\begin{aligned}&\nu_M:M\otimes C\to M,\\&\qquad m\otimes c\mapsto\mu(m_{[0]})\theta(m_{[1]}\otimes times\gamma^{-1}(c)),\end{aligned}$$

可以验证 $\nu_M\in\widetilde{\mathscr{H}}(\mathscr{M}_k)(H)_A^C$. 事实上, 对任意的 $m\in M$, $c\in C$ 和 $a\in A$,

$$\nu_M(\mu(m)\otimes\gamma(c))=\mu(\nu_M(m\otimes c)),$$

还可得

$$
\begin{aligned}
& \nu_M((m\otimes c)\cdot a) \\
= & \ \nu_M(m\cdot a_{[0]}\otimes c\cdot a_{[1]}) \\
= & \ (\mu(m_{[0]})\cdot\beta(a_{[0][0]}))\theta(m_{[1]}a_{[0][1]}\otimes\gamma^{-1}(c)\cdot\alpha^{-1}(a_{[1]})) \\
= & \ \mu^2(m_{[0]})\cdot(\beta(a_{[0][0]})\beta^{-1}(\theta(m_{[1]}a_{[0][1]}\otimes\gamma^{-1}(c)\cdot\alpha^{-1}(a_{[1]})))) \\
= & \ \mu^2(m_{[0]})\cdot(\beta(a_{[0][0]})\theta(\gamma^{-1}(m_{[1]})\gamma^{-1}(a_{[0][1]})\otimes\gamma^{-2}(c)\cdot\alpha^{-2}(a_{[1]}))) \\
\overset{(3\text{-}3)}{=} & \ \mu^2(m_{[0]})\cdot(\theta(m_{[1]}\otimes\gamma^{-1}(c))\cdot\beta^{-1}(a)) \\
= & \ (\mu(m_{[0]})\cdot\theta(m_{[1]}\otimes\gamma^{-1}(c)))\cdot a \\
= & \ (\nu_M(m\otimes c))\cdot a.
\end{aligned}
$$

因此, 它是 (A,β)-Hom-模同态. 接着验证 ν_M 是余模同态, 只需验证

$$\rho_M\circ\nu_M=(\nu_M\otimes id_C)\circ\rho_M$$

成立. 对任意的 $m\in M$ 和 $c\in C$, 有

$$
\begin{aligned}
& \rho_M\circ\nu_M(m\otimes c) \\
= & \ \rho_M(\mu(m_{[0]})\theta(m_{[1]}\otimes\gamma^{-1}(c))) \\
= & \ (\mu(m_{[0]})\cdot\theta(m_{[1]}\otimes\gamma^{-1}(c))_{[0]}\otimes(\mu(m_{[0]})\cdot\theta(m_{[1]}\otimes\gamma^{-1}(c)))_{[1]} \\
= & \ \mu(m_{[0][0]})\cdot\theta(m_{[1]}\otimes\gamma^{-1}(c))_{[0]}\otimes\gamma(m_{[0][1]})\cdot\theta(m_{(1)}\otimes\gamma^{-1}(c))_{[1]} \\
= & \ m_{[0]}\cdot\theta(\gamma(m_{[1](2)})\otimes\gamma^{-1}(c))_{[0]}\otimes\gamma(m_{[1](1)})\cdot\theta(\gamma(m_{[1](2)})\otimes\gamma^{-1}(c))_{[1]} \\
\overset{(3\text{-}1)}{=} & \ m_{[0]}\cdot\beta^{-1}(\theta(m_{[1]}\otimes c_{(1)}))\otimes\gamma(c_{(2)}) \\
= & \ m_{[0]}\cdot\theta(\gamma^{-1}(m_{[1]})\otimes\gamma^{-1}(c_{(1)}))\otimes\gamma(c_{(2)}) \\
= & \ (\nu_M\otimes id_C)\circ\rho_M(m\otimes c).
\end{aligned}
$$

对任意的 $m\in M$, 有

$$
\begin{aligned}
& \nu_M\circ\eta_M(m) \\
& =\nu_M(m_{[0]}\otimes m_{[1]}) \\
& =\mu(m_{[0][0]})\cdot\theta(m_{[0][1]}\otimes\gamma^{-1}(m_{[1]})) \\
& =m_{[0]}\cdot\theta(m_{[1](1)}\otimes m_{[1](2)}) \\
& \overset{(3\text{-}2)}{=} m.
\end{aligned}
$$

因此, 根据 Rafael 定理 [44] 可知左伴随函子 F 是可分的.

(1) $\Longrightarrow$ (2). 考虑 Doi Hom-Hopf 模 $(A\otimes C,\beta\otimes\gamma)$, 其上的 (A,β)-作用和 (C,γ)-作用定义如下: 对任意的 $a,b\in A$ 和 $c\in C$,

$$\begin{cases} (a\otimes c)\cdot b = ab_{[0]}\otimes c\cdot b_{[1]}; \\ \rho_{A\otimes C}(a\otimes c) = (\beta^{-1}(a)\otimes c_{(1)})\otimes\gamma(c_{(2)}), \end{cases}$$

令 ν 为 η 的收缩, 可得

$$\nu_{A\otimes C}:(A\otimes C)\otimes C\to A\otimes C$$

由 $\nu\circ\eta=id$, 对任意的 $a\in A, c\in C$, 可得

$$\nu_{A\otimes C}((\beta^{-1}(a)\otimes c_{(1)})\otimes\gamma(c_{(2)})) = a\otimes c.$$

构造 θ 如下:

$$\theta: C\otimes C\to A,$$

$$\theta(c\otimes d) = \widetilde{r}_A(id_A\otimes\varepsilon_C)\nu_{A\otimes C}((1_A\otimes c)\otimes times\gamma(d)),$$

其中, r 是右单位约束. 对任意的 $c\in C$, 由于

$$\begin{aligned}&\theta(c_{(1)}\otimes c_{(2)})\\ =&\widetilde{r}_A(id_A\otimes\varepsilon_C)\nu_{A\otimes C}((1_A\otimes c_{(1)})\otimes\gamma(c_{(2)}))\\ =&\widetilde{r}_A(id_A\otimes\varepsilon_C)(1_A\otimes c) = 1_A\varepsilon_C(c).\end{aligned}$$

因此式 (3-2) 成立.

为了验证式 (3-3), 对任意的右 (A,β)-Hom-模 (M,μ), 只需给出 $(M\otimes C,\mu\otimes\gamma)$ 上新的 (A,β)-作用和右 (C,γ)-余作用如下: 对任意的 $m\in M$, $a\in A$, $c\in C$,

$$(m\otimes c)\leftharpoonup a = m\cdot a_{[0]}\otimes c\cdot\alpha(a_{[1]}),$$

$$\varrho^{M\otimes C}(m\otimes c) = (m\otimes c)_{\{0\}}\otimes(m\otimes c)_{\{1\}} = \mu^{-1}(m)\otimes c_{(1)}\otimes c_{(2)}.$$

定义 $((A\otimes C)\otimes C,(\beta\otimes\gamma)\otimes\gamma)$ 上的左 (H,α)-Hom-模结构如下:

$$h\rightharpoonup((a\otimes c)\otimes d) = (\beta^{-2}(h)a\otimes\gamma(c))\otimes\gamma(d),\qquad h\in H, a\in A, c,d\in C,$$

定义 $(A\otimes C,\beta\otimes\gamma)$ 上的左 (H,α)-Hom-模结构如下:

$$h\rightharpoondown(a\otimes c) = \beta^{-1}(h)a\otimes\gamma(c),$$

则容易验证:

$$\eta_{A\otimes C}: A\otimes C\to(A\otimes C)\otimes C,\qquad a\otimes c\mapsto(\beta^{-1}(a)\otimes c_1)\otimes\gamma(c_2),$$

是 (A,β)-Hom-模同态. 因此 $\nu_{A\otimes C}$ 也是左 (A,β)-线性的.

进一步, 显然

$$\widetilde{r}_A \circ (id_A \otimes \varepsilon_C) : A \otimes C \to A, \qquad a \otimes c \mapsto \beta(a)\varepsilon(c),$$

既是左 (A,β)-Hom-同态又是右 (A,β)-Hom-模同态.

则可得

$$\begin{aligned}
&\beta^2(a_{[0][0]})\theta(\gamma^{-1}(d)\cdot a_{[0][1]} \otimes \gamma^{-1}(c)\cdot \alpha^{-1}(a_{[1]}))\\
=&\beta^2(a_{[0][0]})((\widetilde{r}_A \circ (id_A \otimes \varepsilon_C))(\nu_{A\otimes C}((1_A \otimes \gamma^{-1}(d)\cdot a_{[0][1]}) \otimes c\cdot a_{[1]})))\\
=&(\widetilde{r}_A \circ (id_A \otimes \varepsilon_C))(\beta^2(a_{[0][0]}) \rightharpoondown \nu_{A\otimes C}((1_A \otimes \gamma^{-1}(d)\cdot a_{[0][1]}) \otimes c\cdot a_{[1]}))\\
=&(\widetilde{r}_A \circ (id_A \otimes \varepsilon_C))(\nu_{A\otimes C}(\beta^2(a_{[0][0]}) \rightharpoonup ((1_A \otimes \gamma^{-1}(d)\cdot a_{[0][1]}) \otimes c\cdot a_{[1]})))\\
=&(\widetilde{r}_A \circ (id_A \otimes \varepsilon_C))(\nu_{A\otimes C}((\beta(a_{[0][0]}) \otimes d\cdot \alpha(a_{[0][1]})) \otimes \gamma(c)\cdot \alpha(a_{[1]})))\\
=&(\widetilde{r}_A \circ (id_A \otimes \varepsilon_C))(\nu_{A\otimes C}(((1_A \otimes d) \otimes \gamma(c)) \leftharpoonup a))\\
=&(\widetilde{r}_A \circ (id_A \otimes \varepsilon_C))((\nu_{A\otimes C}((1_A \otimes d) \otimes \gamma(c))) \leftharpoonup a)\\
=&((\widetilde{r}_A \circ (id_A \otimes \varepsilon_C))(\nu_{A\otimes C}((1_A \otimes d) \otimes \gamma(c))))a\\
=&\theta(d \otimes c)a.
\end{aligned}$$

直接验证式 (3-1) 比较困难, 为此需要一些技巧.对任意的右 (H,α)-余模 (M,μ), 考虑 Doi Hom-Hopf 模 $(M \otimes A, \mu \otimes \beta)$, 其上的 (A,β)-作用和 (C,γ)-余作用定义如下: 对任意的 $m \in M$ 和 $a, b \in A$,

$$\begin{cases}
(m \otimes a)\cdot b = \mu^{-1}(m) \otimes a\beta(b),\\
\rho_{M\otimes A}(m \otimes a) = (m_{[0]} \otimes a_{[0]}) \otimes m_{[1]}\cdot a_{[1]}.
\end{cases}$$

特别地, 存在 Doi Hom-Hopf 模 $(C \otimes A, \gamma \otimes \beta)$ 和映射:

$$\xi : C \otimes A \to A \otimes C$$

$$\xi(c \otimes a) = \beta(a_{[0]}) \otimes \gamma^{-1}(c)\cdot a_{[1]}.$$

由于 ξ 既是右 (A,β)-线性的又是右 (C,γ)-余线性的, 有

$$\begin{aligned}
\xi(\nu_{C\otimes A}((c \otimes a) \otimes d)) &= \nu_{A\otimes C}((\xi \otimes id_C)((c \otimes a) \otimes d))\\
&= \nu_{A\otimes C}((\beta(a_{[0]}) \otimes \gamma^{-1}(c)\cdot a_{[1]}) \otimes d). \qquad (3\text{-}4)
\end{aligned}$$

不难验证 $GF((C \otimes A, \gamma \otimes \beta)) = ((C \otimes A) \otimes C, (\gamma \otimes \beta) \otimes \gamma) \in {}^C\widetilde{\mathscr{H}}(\mathscr{M}_k)(H)_A^C$, 并且它的左 (C,γ)-Hom 余模结构如下:

$$(c \otimes a) \otimes d \mapsto \gamma^2(c_{(1)}) \otimes ((c_{(2)} \otimes \beta^{-1}(a)) \otimes \gamma^{-1}(d)).$$

也有 $(C\otimes A,\gamma\otimes\beta)\in {}^C\widetilde{\mathscr{H}}(\mathscr{M}_k)(H)_A^C$, 并且 $(C\otimes A,\gamma\otimes\beta)$ 上的左 (C,γ)-余作用如下:

$$c\otimes a\mapsto\gamma(c_{(1)})\otimes(c_{(2)}\otimes\beta^{-1}(a)).$$

也可得 $\nu_{C\otimes A}:(C\otimes A)\otimes C\to C\otimes A$ 是 ${}^C\widetilde{\mathscr{H}}(\mathscr{M}_k)(H)_A^C$ 的同态, 也就是

$$\begin{aligned}&\nu_{C\otimes A}((c\otimes a)\otimes d)_{[-1]}\otimes\nu_{C\otimes A}((c\otimes a)\otimes d)_{[0]}\\=&\gamma^2(c_{(1)})\otimes\nu_{C\otimes A}((c_{(2)}\otimes\beta^{-1}(a))\otimes\gamma^{-1}(d)).\end{aligned}$$

因此可得 $\nu_{C\otimes A}$ 是左右 (C,γ)-余线性的. 固定 $c,d\in C$, 令

$$\nu_{A\otimes C}((1_A\otimes c)\otimes\gamma(d))=\sum_i a_i\otimes q_i\in A\otimes C,$$

$$\nu_{C\otimes A}((c\otimes 1_A)\otimes\gamma(d))=\sum_i p_i\otimes b_i\in C\otimes A,\tag{3-5}$$

可得

$$\begin{aligned}&\beta(\theta(c_{(2)}\otimes\gamma^{-1}(d))_{[0]})\otimes c_{(1)}\cdot\theta(c_{(2)}\otimes\gamma^{-1}(d))_{[1]}\\
=&\beta(\widetilde{r}_A(id_A\otimes\varepsilon_C)\nu_{A\otimes C}((1_A\otimes c_{(2)})\otimes d)_{[0]})\otimes c_{(1)}\\
&\cdot(\widetilde{r}_A(id_A\otimes\varepsilon_C)\nu_{A\otimes C}((1_A\otimes c_{(2)})\otimes d))_{[1]}\\
\overset{(3\text{-}4)}{=}&\beta(\widetilde{r}_A(id_A\otimes\varepsilon_C)\xi\nu_{C\otimes A}((c_{(2)}\otimes 1_A)\otimes d)_{[0]})\otimes c_{(1)}\\
&\cdot(\widetilde{r}_A(id_A\otimes\varepsilon_C)\xi\nu_{C\otimes A}((c_{(2)}\otimes 1_A)\otimes d)_{[1]})\\
\overset{(3\text{-}5)}{=}&\sum_i\beta(r_A(id_A\otimes\varepsilon_C)\xi(p_{i(2)}\otimes\beta^{-1}(b_i))_{[0]})\\
&\otimes\gamma^{-1}(p_{i(1)})(\widetilde{r}_A(id_A\otimes\varepsilon_C)\xi(p_{i(2)}\otimes\beta^{-1}(b_i))_{[1]})\\
=&\sum_i\beta(\widetilde{r}_A(id_A\otimes\varepsilon_C)(b_{i[0]}\otimes\gamma^{-1}(p_{i(2)}\cdot b_{i[1]}))_{[0]})\otimes\gamma^{-1}(p_{i(1)})(\widetilde{r}_A(id_A\otimes\varepsilon_C)\\
&(b_{i[0]}\otimes\gamma^{-1}(p_{i(2)}\cdot b_{i[1]})_{[1]}))\\
=&\sum_i\beta(b_{i[0]})\otimes\gamma^{-1}(p_{i(1)})\varepsilon_C(p_{i(2)})\cdot b_{i[1]}\\
=&\sum_i\xi(\gamma^{-1}(p_i)\otimes b_i)=\xi(\nu_{C\otimes A}((\gamma^{-1}(c)\otimes 1_A)\otimes\gamma(d))).\end{aligned}$$

利用 $\nu_{A\otimes C}$ 是右 (C,γ)-Hom 余模同态, 有

$$\begin{aligned}&\theta(\gamma^{-1}(c)\otimes d_{(1)})\otimes\gamma(d_{(2)})\\=&\widetilde{r}_A(id_A\otimes\varepsilon_C)\nu_{A\otimes C}((1_A\otimes\gamma^{-1}(c))\otimes\gamma(d_{(1)}))\otimes\gamma(d_{(2)})\end{aligned}$$

$$
\begin{aligned}
&=\sum_i \widetilde{r}_A(id_A\otimes\varepsilon_C)(\beta^{-1}(a_i)\otimes q_{i(1)})\otimes q_{i(2)}\\
&=\sum_i a_i\otimes\gamma^{-1}(q_i)=\nu_{A\otimes C}((1_A\otimes\gamma^{-1}(c))\otimes\gamma(d))\\
&=\xi(\nu_{C\otimes A}((\gamma^{-1}(c)\otimes 1_A)\otimes\gamma(d))).
\end{aligned}
$$

因此可得式 (3-1). □

3.3 应　用

推论 3.1 设 (H,A,C) 为 Doi Hom-Hopf 数据且 $(M,\mu),(N,\nu)\in\widetilde{\mathscr{H}}(\mathscr{M}_k)(H)_A^C$. 假设存在一个正规化 (A,β)-积分 $\theta:(C,\gamma)\otimes(C,\gamma)\to(A,\beta)$. 如果单同态 (满同态) $f:(M,\mu)\to(N,\nu)$ 作为 (A,β)-线性同态是可裂的, 则单同态 (满同态) f 在 $\widetilde{\mathscr{H}}(\mathscr{M}_k)(H)_A^C$ 中是可裂的,

推论 3.2 设 (H,α) 为 monoidal Hom-Hopf 代数且 (A,β) 为右 (H,α)-Hom-余模代数. 则下列结论是等价的:

(1) 忘却函子 $F:\widetilde{\mathscr{H}}(\mathscr{M}_k)_A^H\to\widetilde{\mathscr{H}}(\mathscr{M}_k)_A$ 是可分的;

(2) 存在正规化 (A,β)-积分 $\theta:(H,\alpha)\otimes(H,\alpha)\to(A,\beta)$.

定义 3.4 设 (H,α) 为 monoidal Hom-Hopf 代数, 称 $(M,\beta)\in\widetilde{\mathscr{H}}(\mathscr{M}_k)$ 为右–右 (H,α)-Hom-Yetter-Drinfeld 模, 如果 (M,β) 是右 (H,α)-Hom-模和右 (H,α)-Hom-余模且满足下列结合条件: 对任意的 $h\in H$ 和 $m\in M$,

$$
m_{[0]}\cdot h_{(1)}\otimes m_{[1]}\cdot h_{(2)}=\mu((\mu^{-1}(m)\cdot h_{(2)})_{[0]})\otimes h_{(1)}(\mu^{-1}(m)\cdot h_{(2)})_{[1]}\tag{3-6}
$$

用 $\mathscr{HYD}_H^H$ 表示所有右–右 (H,α)-Hom-Yetter-Drinfeld 模构成的范畴.

性质 3.2 式 (3-6) 成立, 当且仅当

$$
\rho(m\cdot h)=m_{[0]}\cdot\alpha(h_{(2)(1)})\otimes S(h_{(1)})(\alpha^{-1}(m_{[1]})h_{(2)(2)}),\tag{3-7}
$$

对任意的 $h\in H$ 和 $m\in M$.

证明 式 (3-6)⇒ 式 (3-7): 对任意的 $h\in H, m\in M$, 有

$$
\begin{aligned}
&m_{[0]}\cdot\alpha(h_{(2)(1)})\otimes S(h_{(1)})(\alpha^{-1}(m_{[1]})h_{(2)(2)})\\
=\ &\mu(\mu^{-1}(m_{[0]})\cdot h_{(2)(1)})\otimes S(h_{(1)})(\alpha^{-1}(m_{[1]})h_{(2)(2)})\\
\overset{(3\text{-}6)}{=}\ &\mu^2((\mu^{-2}(m)\cdot h_{(2)(2)})_{[0]})\otimes S(h_{(1)})(h_{(2)(1)}((\mu^{-2}(m)\cdot h_{(2)(2)})_{[1]}))\\
=\ &\mu^2((\mu^{-2}(m)\cdot\alpha^{-1}(h_{(2)}))_{[0]})\otimes(S(h_{(1)(1)})h_{(1)(2)})\alpha((\mu^{-2}(m)\cdot\alpha^{-1}(h_{(2)}))_{[1]})
\end{aligned}
$$

$$=\mu^2((\mu^{-2}(m)\cdot\alpha^{-2}(h))_{[0]})\otimes\alpha^2((\mu^{-2}(m)\cdot\alpha^{-2}(h))_{[1]})$$
$$=(m\cdot h)_{[0]}\otimes(m\cdot h)_{[1]}.$$

式 (3-7)⇒ 式 (3-6): 计算如下

$$\begin{aligned}
&\mu((\mu^{-1}(m)\cdot h_{(2)})_{[0]})\otimes h_{(1)}(\mu^{-1}(m)\cdot h_{(2)})_{[1]}\\
\overset{(3\text{-}7)}{=}&\ \mu(\mu^{-1}(m_{[0]})\cdot\alpha(h_{(2)(2)(1)}))\otimes h_{(1)}(S(h_{(2)(1)})(\alpha^{-2}(m_{[1]})h_{(2)(2)(2)}))\\
=&\ m_{[0]}\cdot\alpha^2(h_{(2)(2)(1)})\otimes(\alpha^{-1}(h_{(1)})S(h_{(2)(1)}))(\alpha^{-1}(m_{[1]})\alpha(h_{(2)(2)(2)}))\\
=&\ m_{[0]}\cdot\alpha(h_{(2)(1)})\otimes(h_{(1)(1)}S(h_{(1)(2)}))(\alpha^{-1}(m_{[1]})h_{(2)(2)})\\
=&\ m_{[0]}\cdot h_{(1)}\otimes m_{[1]}\cdot h_{(2)}.
\end{aligned}$$

证毕. □

定理 3.2 设 (H,α) 为伴有双射对极的 monoidal Hom-Hopf 代数.

(1) (H,α) 被视为 $H^{op}\otimes H$-Hom-余模代数. 余作用 $H\to H\otimes(H^{op}\otimes H)$ 为

$$h\mapsto\alpha(h_{(2)(1)})\otimes(h_{(2)(2)}\otimes S(\alpha^{-1}(h_{(1)}))).$$

(2) (H,α) 被视为右 $(H^{op}\otimes H,\alpha\otimes\alpha)$-Hom-模余代数. (H,α) 上的 $(H^{op}\otimes H,\alpha\otimes\alpha)$ 作用为:

$$c\triangleleft(h\otimes k)=\alpha(k)(\alpha^{-1}(c)h).$$

(3) Hom-Yetter-Drinfeld 模范畴 $\mathscr{HYD}_H^H$ 同构于 Doi Hom-Hopf 模范畴 $\widetilde{\mathscr{H}}(\mathscr{M}_k)(H^{op}\otimes H)_H^H$.

证明 (1) 首先, 验证 (H,α) 是右 $H^{op}\otimes H$-Hom-余模. 对任意的 $h\in H$,

$$\begin{aligned}
&(\alpha^{-1}\otimes\Delta_{H^{op}\otimes H})\rho_H(h)\\
=&\,h_{(2)(1)}\otimes\Delta_{H^{op}\otimes H}(h_{(2)(2)}\otimes S(\alpha^{-1}(h_{(1)})))\\
=&\,h_{(2)(1)}\otimes h_{(2)(2)(1)}\otimes S(\alpha^{-1}(h_{(1)(2)}))\otimes h_{(2)(2)(2)}\otimes S^{-1}(\alpha^{-1}(h_{(1)(1)}))\\
=&\,\alpha(h_{(2)(1)(1)})\otimes h_{(2)(1)(2)}\otimes S(\alpha^{-1}(h_{(1)(2)}))\otimes\alpha^{-1}(h_{(2)(2)})\otimes S(\alpha^{-1}(h_{(1)(1)}))\\
=&\,\alpha^2(h_{(2)(2)(1)(1)})\otimes\alpha(h_{(2)(2)(1)(2)})\otimes S(\alpha^{-1}(h_{(2)(1)}))\otimes h_{(2)(2)(2)}\otimes S(\alpha^{-2}(h_{(1)}))\\
=&\,\alpha^2(h_{(2)(1)(2)(1)})\otimes\alpha(h_{(2)(1)(2)(2)})\otimes S(h_{(2)(1)(1)})\otimes\alpha^{-1}(h_{(2)(2)})\otimes S^{-1}(\alpha^{-2}(h_{(1)}))\\
=&\,\rho(\alpha(h_{(2)(1)}))\otimes\alpha^{-1}(h_{(2)(2)})\otimes S(\alpha^{-2}(h_{(1)}))\\
=&\,(\rho_H\otimes\alpha^{-1})\rho_H(h).
\end{aligned}$$

因此 (H,α) 是右 $(H^{op}\otimes H,\alpha\otimes\alpha)$-Hom-余模.

其次, 验证 (H,α) 是右 $(H^{op}\otimes H,\alpha\otimes\alpha)$-Hom-余模代数, 事实上, 有

$$\begin{aligned}&\rho(hg)\\&=\alpha(h_{(2)(1)}g_{(2)(1)})\otimes(h_{(2)(2)}g_{(2)(2)}\otimes S(\alpha^{-1}(h_{(1)}g_{(1)}))\otimes)\\&=\alpha(h_{(2)(1)})\alpha(g_{(2)(1)})\otimes(g_{(2)(2)}h_{(2)(2)}\otimes S(\alpha^{-1}(g_{(1)}))S(\alpha^{-1}(h_{(1)})))\\&=(\alpha(h_{(2)(1)})\otimes(h_{(2)(2)}\otimes S(\alpha^{-1}(h_{(1)}))))(\alpha(g_{(2)(1)})\otimes(g_{(2)(2)}\otimes S(\alpha^{-1}(g_{(1)}))))\\&=\rho_H(h)\rho_H(g).\end{aligned}$$

(2) 验证 (H,α) 为 $(H^{op}\otimes H,\alpha\otimes\alpha)$-Hom-模. 对任意的 $h,l,k,m,c\in H$, 有

$$\begin{aligned}&[c\triangleleft(h\otimes k)]\triangleleft(\alpha(l)\otimes\alpha(m))\\&=[\alpha(k)(\alpha^{-1}(c)h)]\triangleleft(\alpha(l)\otimes\alpha(m))\\&=\alpha^2(m)[[k(\alpha^{-2}(c)\alpha^{-1}(h))]\alpha(l)]\\&=\alpha^2(m)[[(\alpha^{-1}(k)\alpha^{-2}(c))h]\alpha(l)]\\&=\alpha^2(m)[(k\alpha^{-1}(c))(hl)]\\&=[c(mk)](\alpha(h)\alpha(l))\\&=\alpha(c)\triangleleft(hl\otimes mk)=\alpha(c)\triangleleft[(h\otimes k)(l\otimes m)],\end{aligned}$$

因此 (H,α) 是 $(H^{op}\otimes H,\alpha\otimes\alpha)$-Hom-模.

容易得 (H,α) 是左 $(H^{op}\otimes H,\alpha\otimes\alpha)$-Hom-模余代数.

(3) 设 $((M,\mu),\mu,\cdot,\rho_M)$ 使得 $((M,\mu),\cdot)$ 为右 (H,α)-模和 $((M,\mu),\rho_M)$ 为右 (H,α)-余模. 则 $(M,\mu)\in\widetilde{\mathscr{H}}(\mathscr{M}_k)(H^{op}\otimes H)^H_H$, 当且仅当

$$\begin{aligned}\rho_M(m\cdot h)&=m_{[0]}\cdot\alpha(h_{(2)(1)})\otimes m_{[1]}\triangleleft(h_{(2)(2)}\otimes S(\alpha^{-1}(h_{(1)})))\\&=m_{[0]}\cdot\alpha(h_{(2)(1)})\otimes S(h_{(1)})(\alpha^{-1}(m_{[1]})h_{(2)(2)})\end{aligned}$$

对任意的 $h\in H$ 和 $m\in M$. 即 $\widetilde{\mathscr{H}}(\mathscr{M}_k)(H^{op}\otimes H)^H_H$ 同构于 $\mathscr{HYD}^H_H$. □

推论 3.3 设 (H,α) 为伴有双射对极的 monoidal Hom-Hopf 代数. 则下列结论等价:

(1) 忘却函子 $F:\mathscr{HYD}^H_H\to\widetilde{\mathscr{H}}(\mathscr{M}_k)_H$ 是可分的;

(2) 存在正规化 (H,α)-积分 $\theta:(H,\alpha)\otimes(H,\alpha)\to(H,\alpha)$.

设 (H,α) 为有限维 monoidal Hom-Hopf 代数. 回顾 Chen 等的研究 [18], 如果对任意的 $h^*\in H^*$, 有 $\varphi*h^*=<h^*,1_H>\varphi$ 和 $\alpha^*\varphi=\varphi$, 或者 $\varphi:H\to k$ 是

右 (H,α)-余线性的, 则 $\varphi\in H^*$ 称为H^* 上的右积分, 假设存在一个正规化 k-积分 $\theta:(H,\alpha)\otimes(H,\alpha)\to k$. 映射 φ 定义为 $<\varphi,h>=\theta(1_H\otimes h)$ 是右积分. 反过来, 如果 $\varphi\in\int_{H*}^{l}$, 则 $\theta(h\otimes g)=\varphi(gS^{-1}(h))$ 是 k-积分. 则下列结论可直接验证.

推论 3.4 如上述概念, 则下列结论等价:

(1) 忘却函子 $F:\widetilde{\mathscr{H}}(\mathscr{M}_k)^H\to\widetilde{\mathscr{H}}(\mathscr{M}_k)_k$ 是可分的.

(2) 存在正规化 k-积分 $\theta:(H,\alpha)\otimes(H,\alpha)\to k$ 满足下列条件:

$$\alpha(h_{(2)})\theta(\alpha^{-1}(g)\otimes h_{(1)})=\alpha(g_{(1)})\theta(g_{(2)}\otimes\alpha^{-1}(h)),$$

$$\theta(h_{(1)}\otimes h_{(2)})=\varepsilon_H(h).$$

推论 3.5 如果 (H,α) 为有限维余半单 monoidal Hom-Hopf 代数, 则忘却函子 $F:\widetilde{\mathscr{H}}(\mathscr{M}_k)^H\to\widetilde{\mathscr{H}}(\mathscr{M}_k)_k$ 是可分的.

3.4 Doi Hom-Hopf 模的整体积分

Doi Hom-Hopf 数据是指三元数组 (H,A,C), 其中, H 为 monoidal Hom-Hopf 代数, A 为右 (H,α)-Hom 余模代数, (C,γ) 为右 (H,α)-Hom 模余代数.

由文献 [45] 可知, 一个右–右 Doi Hom-Hopf 模(M,μ) 是指其同时具有右 (A,β)-Hom-模和右 (C,γ)-Hom-余模 (其余模作用定义为 $\rho_M:M\to M\otimes C$, $\rho_M(m)=m_{[0]}\otimes m_{[1]}$), 并且满足以下兼容条件的二元数组 (M,μ): 对任意的 $m\in M$, $a\in A$, 有

$$\rho_M(m\cdot a)=m_{[0]}\cdot a_{[0]}\otimes m_{[1]}a_{[1]}.$$

Doi Hom-Hopf 模同态是指同时为 k-线性映射且为范畴 $\widetilde{\mathscr{H}}(\mathscr{M}_k)_A$ 和范畴 $\widetilde{\mathscr{C}}(\mathscr{M}_k)^C$ 中的态射. 我们用 $\widetilde{\mathscr{H}}(\mathscr{M}_k)(H)_A^C$ 来表示由右 Doi Hom-Hopf 模和 Doi Hom-Hopf 模同态构成的范畴.

由文献 [46] 可知, 忘却函子 $F:\widetilde{\mathscr{H}}(\mathscr{M}_k)(H)_A^C\to\widetilde{\mathscr{H}}(\mathscr{M}_k)_A$ 的右伴随为 $G:\widetilde{\mathscr{H}}(\mathscr{M}_k)_A\to\widetilde{\mathscr{H}}(\mathscr{M}_k)(H)_A^C$. G 的定义如下:

$$G(M)=M\otimes C,$$

满足对任意的 $a\in A$, $m\in M,c\in C$, 有

$$(m\otimes c)\cdot a=m\cdot a_{[0]}\otimes c\cdot a_{[1]},$$

$$\rho_{G(M)}(m\otimes c)=(\mu^{-1}(m)\otimes c_{(1)})\otimes\gamma(c_{(2)}).$$

现在考虑上述伴随对的单位 η 和余单位 δ. 知单位 η 可由如下余作用来表示: 对任意的 $M \in \widetilde{\mathscr{H}}(\mathscr{M}_k)(H)_A^C$, 定义 $\eta_M : M \to M \otimes C$ 为

$$\eta_M(m) = m_{[0]} \otimes m_{[1]},\ m \in M.$$

易证 $\eta_M \in \widetilde{\mathscr{H}}(\mathscr{M}_k)(H)_A^C$. 类似地, 对任意的 $N \in \widetilde{\mathscr{H}}(\mathscr{M}_k)_A$, 定义

$$\delta_N : N \otimes C \to N,\ \delta_N(n \otimes c) = \varepsilon(c)\nu(n),\ n \in N, c \in C.$$

易证 $\delta_N \in \widetilde{\mathscr{H}}(\mathscr{M}_k)(H)_A^C$. 显然上述 η 和 δ 均为自然变换, 并且满足对任意的 $M \in \widetilde{\mathscr{H}}(\mathscr{M}_k)(H)_A^C$, $N \in \widetilde{\mathscr{H}}(\mathscr{M}_k)_A$, 有

$$G(\delta_N) \circ \eta_{G(N)} = I_{G(N)},\ \delta_{F(M)} \circ F(\eta_M) = I_{F(M)}.$$

由于 (A, β) 可视为自身的 Hom-模, 故 $G(A)$ 亦为 Doi Hom-Hopf 模, 其结构为

$$(a \otimes c) \cdot b = ab_{[0]} \otimes c \cdot b_{[1]}, \tag{3-8}$$

$$\rho_{A\otimes C}(a \otimes c) = (\beta^{-1}(a) \otimes c_{(1)}) \otimes \gamma(c_{(2)}), \tag{3-9}$$

其中, $a, b \in A$, $c \in C$. 又由 $GFG(A) = A \otimes C \otimes C$ 为 $\widetilde{\mathscr{H}}(\mathscr{M}_k)^C$ 中的对象, 可知对任意的 $a, b \in A$,$c, d \in C$, 总有

$$\begin{cases} (a \otimes c \otimes d) \cdot b = ab_{[0][0]} \otimes cb_{[0][1]} \otimes db_{[1]}; \\ \rho_{A\otimes C\otimes C}(a \otimes h \otimes g) = (\beta^{-1}(a) \otimes \gamma^{-1}(c) \otimes d_{(1)}) \otimes \gamma(d_{(2)}). \end{cases}$$

类似于文献 [46], 易验证忘却函子 $\widetilde{F} : \widetilde{\mathscr{H}}(\mathscr{M}_k)(H)_A^C \to \widetilde{\mathscr{H}}(\mathscr{M}_k)^C$ 有左伴随:

$$\widetilde{G} : \widetilde{\mathscr{H}}(\mathscr{M}_k)^C \to \widetilde{\mathscr{H}}(\mathscr{M}_k)(H)_A^C,\ \widetilde{G}(N) = A \otimes N,\ N \in \widetilde{\mathscr{H}}(\mathscr{M}_k)^C.$$

此时 $\widetilde{G}(N)$ 的 Doi Hom-Hopf 模结构定义为

$$\begin{cases} (a \otimes n) \cdot b = a\beta(b) \otimes \nu^{-1}(n); \\ \rho_{A\otimes N}(a \otimes n) = (a_{[0]} \otimes n_{[0]} \otimes) \otimes a_{[1]}n_{[1]}, \end{cases}$$

其中, $a \in A$, $n \in N$. 又由 (C, γ) 为右 (H, α)-Hom-余模, 可知 $\widetilde{G}(C) = A \otimes C$ 亦为 Doi Hom-Hopf 模, 对任意的 $a \in A$, $h \in H$, 其结构为

$$(a \otimes c) \cdot b = a\beta(b) \otimes \gamma^{-1}(c), \tag{3-10}$$

$$\rho_{A\otimes C}(a \otimes c) = (a_{[0]} \otimes c_{(1)}) \otimes a_{[1]}c_{(2)}. \tag{3-11}$$

由式 (3-8) 和式 (3-9), 或由式 (3-10) 和式 (3-11), 可得到 $A\otimes C$ 的两种 Doi Hom-Hopf 模结构, 分别将之记为 $G(A)$ 和 $\widetilde{G}(C)$. 下面将描述它们之间的关系.

命题 3.1 在范畴 $\widetilde{\mathscr{H}}(\mathscr{M}_k)(H)_A^C$ 中有同构:

$$G(A)\cong\widetilde{G}(C).$$

证明 对任意的 $a\in A$, $c\in C$, 我们构造映射 u 和 v 如下:

$$u:A\otimes C\to A\otimes C, u(a\otimes c)=\beta(a_{[0]})\otimes c\alpha^{-1}(a_{[1]}),$$
$$v:A\otimes C\to A\otimes C, u(a\otimes c)=\beta(a_{[0]})\otimes c\alpha^{-1}(S(a_{[1]})).$$

首先证明 $u\circ v=id_{A\otimes C}$. 事实上,

$$\begin{aligned}u\circ v(a\otimes c)=&u(\beta(a_{[0]})\otimes c\alpha^{-1}(S(a_{[1]})))\\=&\beta^2(a_{[0][0]})\otimes(c\alpha^{-1}(S(a_{[1]})))\alpha^{-1}(a_{[0][1]})\\=&\beta(a_{[0]})\otimes(cS(a_{[1](2)}))\alpha^{-1}(a_{[1](1)})\\=&\beta(a_{[0]})\otimes\gamma^{-1}(c)(S(a_{[1](2)})a_{[1](1)})\\=&\beta(a_{[0]})\otimes\gamma^{-1}(c)\varepsilon(a_{[1]})\\=&a\otimes c.\end{aligned}$$

同理可证 $v\circ u=id_{A\otimes C}$.

又易验证 u 为 $\widetilde{\mathscr{H}}(\mathscr{M}_k)(H)_A^C$ 中的态射. 由此知结论成立. □

定义 3.5 设 (H,A,C) 为 Doi Hom-Hopf 数据. 称 k-线性映射 $\Upsilon:C\to Hom(C,A)$ (要求其满足 $\Upsilon(\gamma(d))(\gamma(c))=\beta\circ\Upsilon(d)(c)$) 为量子积分, 若对任意的 $g,h\in H$, 总有

$$\Upsilon(\alpha^{-1}(d))(c_{(1)})\otimes\gamma(c_{(2)})=[\Upsilon(\alpha(d_{(2)}))(c)]_{[0]}\otimes d_{(1)}[\Upsilon(d_{(2)})(\alpha^{-1}(c))]_{[1]},\tag{3-12}$$

称积分 $\Upsilon:C\to Hom(C,A)$ 为整体的, 若对任意的 $c\in C$, 有

$$\Upsilon(c_{(1)})(c_{(2)})=\varepsilon(c)1_A.\tag{3-13}$$

上述 Hom 化的积分定义是在文献 [40] 的启发下引入的. 类似于文献 [40] 中的定义 2.6, 我们也可以定义 Doi Hom-Hopf 数据上的 (A,β)-积分, 即满足如下条件的整体积分

$$\beta^2(a_{[0][0]})\Upsilon(\gamma^{-1}(d)a_{[0][1]})(\gamma^{-1}(c)\gamma^{-1}(a_{[1]}))=\Upsilon(d)(c)a.$$

其中, $a\in A$, $c,d\in C$.

例 3.1　(1) 由文献 [18] 可知, 以 $C = M^n(k)$ 表示具有如下结构的 $n \times n$ 矩阵 monoidal Hom-Hopf 代数:

$$c_{iu}c_{uj} = \delta_{ij}\gamma(c_{ij}), \qquad \sum c_{ii} = 1_H,$$
$$\Delta(c_{ij}) = \gamma^{-1}(c_{iu}) \otimes \gamma^{-1}(c_{uj}), \qquad \varepsilon(c_{ij}) = \delta_{ij}.$$

设 $(H, A, M^n(k))$ 为 Doi Hom-Hopf 数据, $B = A^{coH} = \{a \in A|\rho(a) = \beta^{-1}(a) \otimes 1_H\}$ 为 A 的余不变量子代数. 令 $\mu = (\mu_{ij}) \in M^n(B)$ 为 B 上任一 $n \times n$-矩阵. 则如下映射:

$$\Upsilon : C \to Hom(C, A),\ \gamma(c_{ij})(c_{rs}) = \delta_{is}\beta(\mu_{rj})$$

为 $(H, A, M^n(k))$ 的积分. 事实上, 对任意的 $c = c_{ij}$, $d = c_{kl}$, 有

$$\Upsilon\gamma^{-1}(d))(c_{(1)}) \otimes \gamma(c_{(2)}) = \Upsilon(\gamma^{-1}(c_{kl}))(\gamma^{-1}(c_{iu})) \otimes c_{uj} = \delta_{ku}\mu_{il} \otimes c_{uj} = \mu_{il} \otimes c_{kj}$$

且有

$$\begin{aligned}&[\Upsilon(\gamma(d_{(2)}))(c)]_{[0]} \otimes d_{(1)}[\Upsilon(d_{(2)}(\gamma^{-1}(c))]_{[1]}\\ =&[\Upsilon(c_{ul})(c_{ij})]_{[0]} \otimes \alpha^{-1}(c_{ku})[\Upsilon(\gamma^{-1}(c_{ul}))(\gamma^{-1}(c_{ij}))]_{[1]}\\ =&\delta_{uj}\mu_{il} \otimes c_{ku} = \mu_{il} \otimes c_{kj}.\end{aligned}$$

故 Υ 为积分. 另外, 由于

$$\gamma(c_{(1)})(c_{(2)}) = \gamma(c_{iu})(c_{uj}) = \delta_{ij}\beta(\mu_{uu}).$$

因而 Υ 为整体积分, 当且仅当 $\beta(\mu_{uu}) = 1_A$.

(2) 另一个整体积分的例证来自分次情形. 由文献 [18] 可知, 若 G 为有限群, $C = kG$ 为伴有如下结构的 monoidal Hom-Hopf 代数:

$$xy = \gamma(xy), 1x = \gamma(x), \varepsilon(x) = 1$$
$$\Delta(x) = \gamma^{-1}(x) \otimes \gamma^{-1}(x),\ x, y \in G.$$

设 (H, A, kG) 为 Doi Hom-Hopf 数据, $\mu = (\mu_{xy})_{x,y\in G}$ 为 $B = A^{coH} = \{a \in A|\rho(a) = \beta^{-1}(a) \otimes 1_H\}$ 中的元素. 则映射

$$\Upsilon : C \to Hom(C, A),\ \gamma(x)(y) = \delta_{xy}\beta(\mu_{xy})$$

为 (H, A, kG) 的积分. 事实上, 对任意的 $c = x$, $d = y$, 有

$$\begin{aligned}&[\Upsilon(y)(x)]_{[0]} \otimes \gamma^{-1}(y)[\Upsilon(\gamma^{-1}(y)(\gamma^{-1}(x))]_{[1]}\\ =&\delta_{xy}\mu_{xy} \otimes y = \delta_{xy}\mu_{xy} \otimes x = \Upsilon(\gamma^{-1}(y))(\alpha^{-1}(x)) \otimes x.\end{aligned}$$

此时 Υ 为整体积分, 当且仅当对任意的 $x\in G$, 总有 $\mu_{xx}=1_A$.

命题 3.2　设 (H,A,C) 为 Doi Hom-Hopf 数据. $(M,\mu)\in\widetilde{\mathscr{H}}(\mathscr{M}_k)(H)_A^C$, $(N,\nu)\in\widetilde{\mathscr{H}}(\mathscr{M}_k)(H)^C$, $u:(N,\nu)\to(M,\mu)$ 为 k-线性映射. 设存在积分 $\Upsilon:C\to Hom(C,A)$. 则

(1) 映射

$$\widetilde{u}:(N,\nu)\to(M,\mu),\ \widetilde{u}(n)=u(\nu(n_{[0]}))_{[0]}\cdot\Upsilon(u(n_{[0]})_{[1]})\gamma^{-1}(n_{[1]}),\ n\in N$$

为右 (C,γ)-余线性的.

(2) 设 Υ 为整体积分且 $f:(M,\mu)\to(N,\nu)$ 为范畴 $\widetilde{\mathscr{H}}(\mathscr{M}_k)(H)_A^C$ 中的态射. 若 f 为 k-可裂单射, 则 f 有 (C,γ)-余线性收缩. 若 f 为 k-可裂满射, 则 f 有 (C,γ)-余线性截面.

证明　对任意的 $n\in N$, 有

$$\begin{aligned}
&\rho_M\circ\widetilde{u}(n)\\
=&u(\nu(n_{[0]}))_{[0][0]}\cdot\Upsilon(u(n_{[0]})_{[1]})\gamma^{-1}(n_{[1]})_{[0]}\\
&\otimes u(\nu(n_{[0]}))_{[0][1]}\Upsilon(u(n_{[0]})_{[1]})\gamma^{-1}(n_{[1]})_{[1]}\\
=&u(n_{[0]})_{[0]}\cdot\Upsilon(u(\nu(n_{[0]}))_{[1](2)})\gamma^{-1}(n_{[1]})_{[0]}\\
&\otimes u(\nu(n_{[0]}))_{[1](1)}\Upsilon(u(\nu(n_{[0]}))_{[1](2)})\gamma^{-1}(n_{[1]})_{[1]}\\
=&u(n_{[0]})_{[0]}\cdot\Upsilon(u(\nu^{-1}(n_{[0]}))_{[1]})\gamma^{-1}(n_{[1](1)})\otimes\gamma^{-1}(n_{[1](2)})\\
=&u(\nu(n_{[0][0]}))_{[0]}\cdot\Upsilon(u(n_{[0][0]})_{[1]})\gamma^{-1}(n_{[0][1]})\otimes n_{[1]}\\
=&(\widetilde{u}\otimes id_C)\circ\rho_N(n).
\end{aligned}$$

故 $\widetilde{u}$ 为右 (C,γ)-余线性的.

令 $u:(N,\nu)\to(M,\mu)$ 为 k-线性映射, 则 $\widetilde{u}:(N,\nu)\to(M,\mu)$ 为右 (C,γ)-余线性的. 设 u 为 f 的收缩, 此时对任意的 $m\in M$, 有

$$\begin{aligned}
(\widetilde{u}\circ f)(m)&=u(\nu(f(m)_{[0]}))_{[0]}\cdot\Upsilon(u(f(m)_{[0]})_{[1]}))(\gamma^{-1}(f(m)_{[1]}))\\
&=u(\nu(f(m_{[0]})))_{[0]}\cdot\Upsilon(u(f(m_{[0]})_{[1]}))(\gamma^{-1}(m_{[1]}))\\
&=\nu(m_{[0][0]})\cdot\Upsilon(m_{[0][1]})(\gamma^{-1}(m_{[1]}))\\
&=m_{[0]}\cdot\Upsilon(m_{[1](1)})(m_{[1](2)})\\
&=m_{[0]}\varepsilon(m_{[1]})\cdot1_A=m.
\end{aligned}$$

因而 $\widetilde{u}:(N,\nu)\to(M,\mu)$ 为 f 的 (C,γ)-余线性收缩.

又若 u 为 f 的截面, 此时对任意的 $n\in N$, 有

$$\begin{aligned}(f\circ\widetilde{u})(n)&=f(u(\nu(n_{[0]}))_{[0]})\cdot\Upsilon(u(n_{[0]})_{[1]})(\gamma^{-1}(n_{[1]}))\\&=f(u(\nu(n_{[0]}))_{[0]})\cdot\Upsilon(u(n_{[0]})_{[1]})(\gamma^{-1}(n_{[1]}))\\&=\nu(n_{[0][0]})\cdot\Upsilon(n_{[0][1]})(\gamma^{-1}(n_{[1]}))\\&=n_{[0]}\cdot\Upsilon(n_{[1](1)})(n_{[1](2)})\\&=n_{[0]}\varepsilon(n_{[1]})\cdot 1_A=n.\end{aligned}$$

则 $\widetilde{u}:(N,\nu)\to(M,\mu)$ 为 f 的右 (C,γ)-余线性截面. □

定理 3.3　设 (H,A,C) 为 Doi Hom-Hopf 数据. 则下列命题等价:

(1) 整体积分 $\Upsilon: C\to Hom(C,A)$ 存在;

(2) 自然变换 $\rho:\widetilde{F}\circ id_{\widetilde{\mathscr{H}}(\mathscr{M}_k)(H)_A^C}\to\widetilde{F}\circ G\circ F$ 有满足自然性的收缩;

(3) $\rho^r_{A\otimes C}: A\otimes C\to A\otimes C\otimes C$ 在 Hom-(C,γ)-双余模范畴 ${}^C\widetilde{\mathscr{H}}(\mathscr{M}_k)^C$ 中可裂.

在上述条件之一成立时, 任一 Doi Hom-Hopf 模作为右 (C,γ)-余模均为相关内射的.

证明　(1)⇒(2) 设 $\Upsilon: C\to Hom(C,A)$ 为整体积分. 下面构造自然变换 λ 使得 ρ 可裂. 令 $(M,\mu)\in\widetilde{\mathscr{H}}(\mathscr{M}_k)(H)_A^C$, $\varphi: M\otimes C\to M$ 为 $\rho_M: M\to M\otimes C$, $\varphi(m\otimes c)=\varepsilon(c)m$ 的 k-线性收缩. 此时定义映射:

$$\lambda_M:\widetilde{F}\circ G\circ F(M)\to\widetilde{F}(M),$$
$$\lambda_M(m\otimes c)=\mu(m_{[0]})\cdot\Upsilon(m_{[1]})(\gamma^{-1}(c)).$$

则由命题 3.2 可知, λ_M 为 ρ_M 的右 (C,γ)-余线性收缩.

下证 $\lambda_M\in\widetilde{\mathscr{H}}(\mathscr{M}_k)(H)_A^C$ 为自然变换. 设 $f:(M,\mu)\to(N,\nu)$ 为范畴 $\widetilde{\mathscr{H}}(\mathscr{M}_k)(H)_A^C$ 中的态射, 只需证:

$$f\circ\lambda_M=\lambda_N\circ(f\otimes id_C).$$

此时由于 f 为右 (C,γ)-余线性的, 有

$$\begin{aligned}\lambda_N\circ(f\otimes id_C)(m\otimes c)&=\lambda_N(f(m)\otimes c)\\&=\nu(f(m)_{[0]})\cdot\Upsilon(f(m)_{[1]})(\gamma^{-1}(c))\\&=\nu(f(m_{[0]}))\cdot\Upsilon(m_{[1]})(\gamma^{-1}(c))\\&=f\circ\lambda_M(m\otimes c).\end{aligned}$$

故 λ_M 即为所求的自然变换.

(2)⇒(3) 设对任意的 $(M,\mu)\in\widetilde{\mathscr{H}}(\mathscr{M}_k)(H)_A^C$, $\chi_M:\widetilde{F}(M)\to\widetilde{F}\circ G\circ F(M)$ 在右 (C,γ)-余模范畴 $\widetilde{\mathscr{H}}(\mathscr{M}_k)^C$ 中可裂, 并且其分裂满足自然性. 特别地, $\rho^r_{A\otimes C}: A\otimes C\to A\otimes C\otimes C$ 在 $\widetilde{\mathscr{H}}(\mathscr{M}_k)^C$ 中亦可裂. 设 $\lambda_{A\otimes C}: A\otimes C\otimes C\to A\otimes C$ 为分裂 $\rho_{A\otimes C}$ 的映射. 于是由 λ 的自然性, 可知 λ 亦为左 (C,γ)-余线性的.

首先, 设 (P,π) 为 k-模, 且 $M\in\widetilde{\mathscr{H}}(\mathscr{M}_k)(H)_A^C$. 则 $M\otimes P\in\widetilde{\mathscr{H}}(\mathscr{M}_k)(H)_A^C$, 其模结构和余模结构定义为

$$(m\otimes p)a=m\beta^{-1}(a)\otimes\pi(p),\quad \rho_{M\otimes P}(m\otimes p)=m_{[0]}\otimes\pi^{-1}(p)\otimes\gamma(m_{[1]}),$$

其中, $m\in M$, $a\in A, p\in P$. 由 λ 的自然性, 可得:

$$\lambda_{M\otimes P}(m\otimes p\otimes c)=\lambda_M(m\otimes\gamma^{-1}(c))\otimes\pi(p).$$

特别地, 取 $M=A\otimes C$, $P=C$. 则 $A\otimes C\otimes C\in\widetilde{\mathscr{H}}(\mathscr{M}_k)(H)_A^C$:

$$(a\otimes c\otimes d)b=a\beta^{-1}(b_{[0]})\otimes c\gamma^{-1}(b_{[1]})\otimes\gamma(d),$$
$$\rho_{A\otimes C\otimes C}(a\otimes c\otimes d)=\beta^{-1}(a)\otimes c_{(1)}\otimes\gamma^{-1}(d)\otimes\gamma^2(c_{(2)}),$$

其中, $a\in A$, $c,d\in C$. 此时映射

$$f=\rho^l_{A\otimes C}: A\otimes C\to C\otimes A\otimes C$$
$$f(a\otimes c)=\gamma^{-1}(c_{(1)})S^{-1}(\alpha^{-1}(a_{[1]}))\otimes a_{[0]}\otimes\gamma(c_{(2)})$$

为 $\widetilde{\mathscr{H}}(\mathscr{M}_k)(H)_A^C$ 中的态射. 于是由 λ 的自然性, 知 $\lambda_{A\otimes C}$ 为左 (C,γ)-余线性的.

(3)⇒(1) 知 (C,γ) 的右余作用 $\rho^r_{A\otimes C}: A\otimes C\to A\otimes C\otimes C$ 为 (C,γ)-双余模同态. 设 $\lambda_{A\otimes C}: A\otimes C\otimes C\to A\otimes C$ 使得 $\rho^r_{A\otimes C}$ 在范畴 ${}^C\widetilde{\mathscr{H}}(\mathscr{M}_k)^C$ 中可裂. 此时对任意的 $a\in A, c\in C$, 有

$$\lambda_{A\otimes C}((a\otimes c_{(1)})\otimes c_{(2)})=\beta(a)\otimes c.$$

进而可构造 Υ 如下:

$$\Upsilon: C\to Hom(C,A),$$
$$\Upsilon(c)(d)=r_A(id_A\otimes\varepsilon_C)\nu_{A\otimes C}((1_A\otimes c)\otimes d),$$

下证 Υ 为整体积分. 首先,

$$\begin{aligned}&\Upsilon(c_{(1)})(c_{(2)})\\&=(id_A\otimes\varepsilon_C)\lambda_{A\otimes C}((1_A\otimes c_{(1)})\otimes c_{(2)})\\&=(id_A\otimes\varepsilon_C)(1_A\otimes c)=1_A\varepsilon_C(c).\end{aligned}$$

即式 (3-13) 成立.

式 (3-12) 亦成立. 事实上, 对任意的右 (C,γ)-余模 M, 考虑 Doi Hom-Hopf 模 $M\otimes A$, 其 (A,β)-作用和 (C,γ)-余作用定义如下: 对任意的 $m\in M$, $a,b\in A$,

$$\begin{cases}(m\otimes a)\cdot b=\mu^{-1}(m)\otimes a\beta(b),\\ \rho_{M\otimes A}(m\otimes a)=(m_{[0]}\otimes a_{[0]})\otimes m_{[1]}\cdot a_{[1]}.\end{cases}$$

特别地, 考虑 Doi Hom-Hopf 模 $C\otimes A$, 和映射

$$\xi: C\otimes A\to A\otimes C$$

$$\xi(c\otimes a)=\beta(a_{[0]})\otimes\gamma^{-1}(c)\cdot a_{[1]}.$$

由于 ξ 既为右 (A,β)-线性, 又为右 (C,γ)-余线性, 故

$$\begin{aligned}\xi(\lambda_{C\otimes A}((c\otimes a)\otimes d))&=\lambda_{A\otimes C}((\xi\otimes id_C)((c\otimes a)\otimes d))\\&=\lambda_{A\otimes C}((\beta(a_{[0]})\otimes\gamma^{-1}(c)\cdot a_{[1]})\otimes d).\end{aligned}$$

此时取 $c,d\in C$, 由

$$\lambda_{A\otimes C}((1_A\otimes c)\otimes d)=\sum_i a_i\otimes q_i\in A\otimes C,$$

$$\lambda_{C\otimes A}((h\otimes 1_A)\otimes g)=\sum_i p_i\otimes b_i\in C\otimes A,$$

可知

$$\begin{aligned}&[\Upsilon(\alpha(c_{(2)}))(d)]_{[0]}\otimes c_{(1)}[\Upsilon(c_{(2)})(\alpha^{-1}(d))]_{[1]},\\
=&\beta((id_A\otimes\varepsilon_C)\lambda_{A\otimes C}((1_A\otimes c_{(2)})\otimes\gamma^{-1}(d))_{[0]})\otimes c_{(1)}\\
&\cdot((id_A\otimes\varepsilon_C)\lambda_{A\otimes C}((1_A\otimes c_{(2)})\otimes\gamma^{-1}(d)))_{[1]}\\
=&\beta((id_A\otimes\varepsilon_C)\xi\lambda_{C\otimes A}((c_{(2)}\otimes 1_A)\otimes\gamma^{-1}(d))_{[0]})\otimes c_{(1)}\\
&\cdot((id_A\otimes\varepsilon_C)\xi\lambda_{C\otimes A}((c_{(2)}\otimes 1_A)\otimes\gamma^{-1}(d))_{[1]})\\
=&\sum_i\beta((id_A\otimes\varepsilon_C)\xi(p_{i(2)}\otimes\beta^{-1}(b_i))_{[0]})\otimes p_{i(1)}((id_A\otimes\varepsilon_C)\xi(p_{i(2)}\otimes\beta^{-1}(b_i))_{[1]})\\
=&\sum_i\beta((id_A\otimes\varepsilon_C)(b_{i[0]}\otimes\gamma^{-1}(p_{i(2)})b_{i[1]})_{[0]})\\
&\otimes p_{i(1)}((id_A\otimes\varepsilon_C)(b_{i[0]}\otimes\gamma^{-1}(p_{i(2)})b_{i[1]})_{[1]})\\
=&\sum_i\beta(b_{i[0]})\otimes p_{i(1)}\varepsilon_C(p_{i(2)})(b_{i[1]})\\
=&\sum_i\xi(p_i\otimes b_i)=\xi(\nu_{C\otimes A}((h\otimes 1_A)\otimes g)).\end{aligned}$$

注意 $\nu_{A\otimes C}$ 为右 (C,γ)-Hom 余模同态, 可知

$$
\begin{aligned}
&\Upsilon(\alpha^{-1}(c))(d_{(1)})\otimes\gamma(d_{(2)})\\
=&(id_A\otimes\varepsilon_C)\lambda_{A\otimes C}((1_A\otimes\gamma^{-1}(c))\otimes d_{(1)})\otimes\gamma(d_{(2)})\\
=&\sum_i(id_A\otimes\varepsilon_C)(\beta^{-1}(a_i)\otimes q_{i(1)})\otimes\gamma(q_{i(2)})\\
=&\sum_i a_i\otimes q_i=\lambda_{A\otimes C}((1_A\otimes c)\otimes d)\\
=&\xi(\lambda_{C\otimes A}((c\otimes 1_A)\otimes d)).
\end{aligned}
$$

故结论成立. □

推论 3.6 设 (H,A,C) 为 Doi Hom-Hopf 数据. 则下列命题等价:

(1) 整体积分 $\Upsilon: C\to Hom(C,A)$ 存在;

(2) $\rho:\widetilde{F}\circ id_{\widetilde{\mathscr{H}}(\mathscr{M}_k)(H)_A^C}\to\widetilde{F}\circ G\circ F$ 有自然收缩;

(3) $\lambda': A\otimes C\otimes C\to A\otimes C$ 为 (C,γ)-双余模同态.

由定理 3.2, 可得如下结论

推论 3.7 设 $F:\widetilde{\mathscr{H}}(\mathscr{M}_k)(H)_A^C\to\widetilde{\mathscr{H}}(\mathscr{M}_k)_A$ 和 $\widetilde{F}:\widetilde{\mathscr{H}}(\mathscr{M}_k)(H)_A^C\to\widetilde{\mathscr{H}}(\mathscr{M}_k)^C$ 均为忘却函子. 则 F 为 $\widetilde{F}$-可裂的, 当且仅当整体积分 $\Upsilon: C\to \mathrm{Hom}(C,A)$ 存在.

下面将给出整体积分存在性的一些应用.

定理 3.4 设 (H,A,C) 为 Doi Hom-Hopf 数据, (M,μ) 为范畴 $\widetilde{\mathscr{H}}(\mathscr{M}_k)(H)_A^C$ 中的对象. 若整体积分 $\Upsilon: C\to Hom(C,A)$ 存在, 则对任意的 $c\in C, a\in A, m\in M$, 映射

$$
\begin{aligned}
&f: A\otimes C\otimes M\to M,\\
&f(a\otimes c\otimes m)=\mu(m_{[0]})\Upsilon(\gamma^{-1}(m_{[1]}))(\gamma^{-2}(c)S^{-1}(\gamma^{-1}(a_{[1]})))\beta(a_{[0]}),
\end{aligned}
$$

为 $\widetilde{\mathscr{H}}(\mathscr{M}_k)(H)_A^C$ 中的 k-可裂满射. 特别地, $A\otimes C$ 为范畴 $\widetilde{\mathscr{H}}(\mathscr{M}_k)(H)_A^C$ 的生成子.

证明 首先证明 $A\otimes C\otimes M$ 在如下结构下, 为 $\widetilde{\mathscr{H}}(\mathscr{M}_k)(H)_A^C$ 中的对象:

$$
\begin{aligned}
&(a\otimes c\otimes m)b=a\beta^{-1}(b_{[0]})\otimes c\gamma^{-1}(b_{[1]})\otimes\mu(m),\\
&\rho_{A\otimes C\otimes M}(a\otimes c\otimes m)=\beta^{-1}(a)\otimes c_{(1)}\otimes\mu^{-1}(m)\otimes\gamma^2(c_{(2)}),
\end{aligned}
$$

其中, $c\in C, a,b\in A, m\in M$. 易验证 $A\otimes C\otimes M$ 为右 (C,γ)-Hom-余模, 并且为右 (A,β)-Hom-模. 本书仅证其满足兼容条件. 事实上, 对任意的 $a,b\in A$, 有

$$
\begin{aligned}
&\rho_{A\otimes C\otimes M}((a\otimes c\otimes m)b)\\
=&\rho_{A\otimes C\otimes M}(a\beta^{-1}(b_{[0]})\otimes c\alpha^{-1}(b_{[1]})\otimes\mu(m))
\end{aligned}
$$

$$
\begin{aligned}
&=\beta^{-1}(a)\beta^{-2}(b_{[0]})\otimes c_{(1)}\alpha^{-1}(b_{[1](1)})\otimes m\otimes\gamma^2(c_{(2)})\alpha(b_{[1](2)})\\
&=\beta^{-1}(a)\beta^{-1}(b_{[0][0]})\otimes c_{(1)}\alpha^{-1}(b_{[0][1]})\otimes m\otimes\gamma^2(c_{(2)})b_{[1]}\\
&=[\beta^{-1}(a)\otimes c_{(1)}\otimes\mu^{-1}(m)]b_{[0]}\otimes\gamma^2(c_{(2)})b_{[1]}\\
&=\rho_{A\otimes C\otimes M}(a\otimes c\otimes m)b.
\end{aligned}
$$

下证 f 为 k-可裂满射. 设 $g: M\to A\otimes C\otimes M, g(m)=1_A\otimes\gamma^{-1}(m_{[1]})\otimes m_{[0]}$, 其中 $m\in M$. 则 g 为右 (C,γ)-余线性的且满足:

$$
\begin{aligned}
(f\circ g)(m)&=f(1_A\otimes\gamma^{-1}(m_{[1]})\otimes m_{[0]})\\
&=\mu(m_{[0][0]})\Upsilon(m_{[0][1]})(\gamma^{-1}(m_{[1]}))\\
&=m_{[0]}\Upsilon(m_{[1](1)})(m_{[1](2)})\\
&=m.
\end{aligned}
$$

此时对任意的 $a,b\in A,\ c\in C, m\in M$, 有

$$
\begin{aligned}
&f((a\otimes c\otimes m)b)\\
=&f(a\beta^{-1}(b_{[0]})\otimes c\alpha^{-1}(b_{[1]})\otimes\mu(m))\\
=&\mu^2(m_{[0]})\Upsilon(m_{[1]})(\gamma^{-2}(c\alpha^{-1}(b_{[1]}))S^{-1}(\alpha^{-1}(a_{[1]}\alpha^{-1}(b_{[0][1]}))))\beta(a_{[0]}\beta^{-1}(b_{[0][0]}))\\
=&\mu^2(m_{[0]})\Upsilon(m_{[1]})(\gamma^{-2}(c)\alpha^{-3}(b_{[1]})S^{-1}(\alpha^{-2}(b_{[0][1]}))S^{-1}(\alpha^{-1}(a_{[1]})))[\beta(a_{[0]})b_{[0][0]}]\\
=&\mu^2(m_{[0]})\Upsilon(m_{[1]})(\gamma^{-1}(c)\{[\alpha^{-3}(b_{[1](2)})S^{-1}(\alpha^{-3}(b_{[1](1)}))]S^{-1}\\
&(\alpha^{-1}(a_{[1]}))\})[\beta(a_{[0]})\beta^{-1}(b_{[0]})]\\
=&\mu^2(m_{[0]})\Upsilon(m_{[1]})(\gamma^{-1}(c)S^{-1}(a_{[1]}))[\beta(a_{[0]})\beta^{-2}(b)]\\
=&\mu^2(m_{[0]})\{[\Upsilon(\gamma^{-1}(m_{[1]}))(\gamma^{-2}(c)S^{-1}(\alpha^{-1}(a_{[1]})))\beta(a_{[0]})]\beta^{-1}(b)\}\\
=&\{\mu(m_{[0]})[\Upsilon(\gamma^{-1}(m_{[1]}))(\gamma^{-2}(h)S^{-1}(\alpha^{-1}(a_{[1]})))\beta(a_{[0]})]\}b\\
=&f(a\otimes h\otimes m)b.
\end{aligned}
$$

故 f 为右 (A,β)-线性的. 下证 f 为右 (C,γ)-余线性的. 可知

$$
\begin{aligned}
&(f\otimes id_H)\rho_{A\otimes H\otimes M}(a\otimes c\otimes m)\\
&=(f\otimes id_H)(\beta^{-1}(a)\otimes c_{(1)}\otimes\mu^{-1}(m)\otimes\gamma^2(c_{(2)}))\\
&=f(\beta^{-1}(a)\otimes c_{(1)}\otimes\mu^{-1}(m))\otimes\gamma^2(c_{(2)}))\\
&=m_{[0]}\Upsilon(\gamma^{-2}(m_{[1]}))(\gamma^{-2}(c_{(1)})S^{-1}(\alpha^{-2}(a_{[1]}))a_{[0]}\otimes\gamma^2(c_{(2)}).
\end{aligned}
$$

且有

$$
\begin{aligned}
&\rho_{A\otimes C\otimes M}\circ f(a\otimes c\otimes m)\\
=&\rho_{A\otimes H\otimes M}(\mu(m_{[0]})\Upsilon(\gamma^{-1}(m_{[1]}))(\gamma^{-2}(c)S^{-1}(\alpha^{-1}(a_{[1]})))\beta(a_{[0]}))\\
=&\mu(m_{[0][0]})\Upsilon(\gamma^{-1}(m_{[1]}))(\gamma^{-2}(c)S^{-1}(\alpha^{-1}(a_{[1]})))_{[0]}\beta(a_{[0][0]})\\
&\otimes\mu(m_{[0][1]})\Upsilon(\gamma^{-1}(m_{[1]}))(\gamma^{-2}(c)S^{-1}(\alpha^{-1}(a_{[1]})))_{[1]}\beta(a_{[0][1]})\\
=&m_{[0]}\Upsilon(m_{[1](2)})(\gamma^{-2}(c)S^{-1}(\alpha^{-1}(a_{[1]})))_{[0]}\beta(a_{[0][0]})\\
&\otimes\mu(m_{[1](1)})\Upsilon(m_{[1](2)})(\alpha^{-2}(c)S^{-1}(\alpha^{-1}(a_{[1]})))_{[1]}\beta(a_{[0][1]})\\
=&m_{[0]}\Upsilon(m_{[1](2)})(\gamma^{-2}(c)S^{-1}(\alpha^{-1}(a_{[1]})))_{[0]}\beta(a_{[0][0]})\\
&\otimes[m_{[1](1)}\Upsilon(m_{[1](2)})(\gamma^{-2}(c)S^{-1}(\alpha^{-1}(a_{[1]})))_{[1]}]\beta^{2}(a_{[0][1]})\\
=&m_{[0]}\Upsilon(\gamma^{-2}(m_{[1]}))(\gamma^{-2}(c_{(1)})S^{-1}(\alpha^{-1}(a_{[1](2)})))\beta(a_{[0][0]})\\
&\otimes\alpha(\gamma^{-1}(c_{(2)})S^{-1}(a_{[1](1)}))\alpha^{2}(a_{[0][1]})\\
=&m_{[0]}\Upsilon(\gamma^{-2}(m_{[1]}))(\gamma^{-2}(c_{(1)})S^{-1}(a_{[1](2)(2)}))a_{[0]})\\
&\otimes(c_{(2)}S^{-1}(\alpha^{2}(a_{[1](2)(1)})))\alpha^{2}(a_{[1](1)})\\
=&m_{[0]}\Upsilon(\gamma^{-2}(m_{[1]}))(\gamma^{-2}(c_{(1)})S^{-1}(\alpha^{-1}(a_{[1](2)})))a_{[0]})\\
&\otimes\gamma(c_{(2)})(S^{-1}(\alpha^{2}(a_{[1](1)(2)}))\alpha^{2}(a_{[1](1)(1)}))\\
=&m_{[0]}\Upsilon(\gamma^{-2}(m_{[1]}))(\gamma^{-2}(c_{(1)})S^{-1}(\alpha^{-2}(a_{[1]})))a_{[0]})\otimes\gamma^{2}(c_{(2)}).
\end{aligned}
$$

进而 f 为 $\widetilde{\mathscr{H}}(\mathscr{M}_k)(H)_A^C$ 中的满态射且有 (C,γ)-余线性截面. 对任意的 k-自由表示 (M,μ), 在 k-模范畴中有 $k^I\xrightarrow{\pi}M\to 0$, 故在 $\widetilde{\mathscr{H}}(\mathscr{M}_k)(H)_A^C$ 中有满射:

$$(A\otimes C)^I\cong A\otimes C\otimes k\xrightarrow{g}M\to 0,$$

其中, $g=f\circ(id_A\otimes id_C\otimes\pi)$. 因而 $A\otimes C$ 为范畴 $\widetilde{\mathscr{H}}(\mathscr{M}_k)(H)_A^C$ 的生成子. □

关于 Doi Hom-Hopf 模与可分函子、整体积分等性质的最新研究进展, 可见文献 [47] ~ [50] 等.

第 4 章 基于 Doi Hom-Hopf 模的量子 Yang-Baxter 方程的解

4.1 Doi Hom-Hopf 模范畴的张量结构

我们设 C 和 A 均为 monoidal Hom-双代数.

命题 4.1 设 $(M,\mu)\in {}_A\widetilde{\mathscr{H}}(\mathscr{M}_k)(H)^C$, $(N,\nu)\in {}_A\widetilde{\mathscr{H}}(\mathscr{M}_k)(H)^C$. 我们赋予 $M\otimes N$ 如下模结构和余模结构:

$$a\cdot(m\otimes n)=a_{(1)}\cdot m\otimes a_{(2)}\cdot n,$$
$$\rho_{M\otimes N}(m\otimes n)=m_{[0]}\otimes n_{[0]}\otimes m_{[1]}n_{[1]},$$

则 $M\otimes N\in {}_A\widetilde{\mathscr{H}}(\mathscr{M}_k)(H)^C$, 当且仅当对任意的 $a\in A$ 和 $c,d\in C$, 下列公式成立:

$$a_{(1)[0]}\otimes a_{(2)[0]}\otimes(a_{(1)[1]}\cdot c)(a_{(2)[1]}\cdot d)=a_{[0](1)}\otimes a_{[0](2)}\otimes a_{[1]}\circ(cd). \tag{4-1}$$

此时, $\mathcal{C}={}_A\widetilde{\mathscr{H}}(\mathscr{M}_k)(H)^C$ 为张量范畴.

证明 $\Rightarrow$: 易知 $M\otimes N$ 为左 (A,β)-Hom-模和右 (C,γ)-Hom-余模. 此时有

$$\begin{aligned}
&\rho_{M\otimes N}(a\cdot(m\otimes n))\\
=\ &(a_{(1)}\cdot m)_{[0]}\otimes(a_{(2)}\cdot n)_{[0]}\otimes(a_{(1)}\cdot m)_{[1]}(a_{(2)}\cdot n)_{[1]}\\
=\ &a_{(1)[0]}\cdot m_{[0]}\otimes(a_{(2)[0]}\cdot n_{[0]})\otimes(a_{(1)[1]}\cdot m_{[1]})(a_{(2)[1]}\cdot n_{[1]})\\
\overset{(4\text{-}1)}{=}\ &a_{[0](1)}\cdot m_{[0]}\otimes(a_{[0](2)}\cdot n_{[0]})\otimes a_{[1]}\cdot(m_{[1]}n_{[1]})\\
=\ &a_{[0]}\cdot(m_{[0]}\otimes n_{[0]})\otimes a_{[1]}\cdot(m_{[1]}n_{[1]}).
\end{aligned}$$

于是 $M\otimes N\in {}_A\widetilde{\mathscr{H}}(\mathscr{M}_k)(H)^C$.

$\Leftarrow$: 反之, 由 $A\otimes C\in {}_A\widetilde{\mathscr{H}}(\mathscr{M}_k)(H)^C$, 对任意的 $c,d\in C$, 取 $m=1\otimes c$ 和 $n=1\otimes d$, 易得结论成立.

此外, 对任意的 $x\in k$, 定义 k 的模结构和余模结构如下:

$$a\cdot x=\varepsilon_A(a)x,\quad \rho(x)=x\otimes 1_C,$$

则 k 为 ${}_A\widetilde{\mathscr{H}}(\mathscr{M}_k)(H)^C$ 中的对象, 当且仅当对任意的 $a \in A$, 下列条件成立:

$$\varepsilon_A(a)1_C = \varepsilon_A(a_{(0)})(a_{(1)} \cdot 1_C). \tag{4-2}$$

于是可知 $(\mathcal{C} = {}_A\widetilde{\mathscr{H}}(\mathscr{M}_k)(H)^C, \otimes, k, a, l, r)$ 为张量范畴, 对任意的 $(M, \mu), (N, \nu), (P, \pi) \in \mathcal{C}$, 其中的结合约束和单位约束由如下公式给出:

$$\widetilde{a}_{M,N,P}((m \otimes n) \otimes p) = \mu(m) \otimes (n \otimes \pi^{-1}(p)),$$
$$\widetilde{l}_M(x \otimes m) = \widetilde{r}_M(m \otimes x) = x\mu(m).$$

证毕. □

我们称 $G = (H, A, C)$ 为张量 Doi Hom-Hopf 数据, 若 G 为 Doi Hom-Hopf 数据且 A, C 为 Hom-双代数, 并且满足式 (4-1) 和式 (4-2).

以下给出 monoidal Hom-Hopf 代数的 Yetter-Drinfeld 模的定义 (见文献 [21, 46]), 并给出张量 Doi Hom-Hopf 数据的例证.

定义 4.1 设 (H, α) 为 monoidal Hom-Hopf 代数. 若 $(M, \mu) \in \widetilde{\mathscr{H}}(\mathscr{M}_k)$ 满足其既是左 (H, α)-Hom-模又是右 (H, α)-Hom-余模, 并且对任意的 $h \in H$, $m \in M$, 满足如下兼容条件:

$$h_{(1)} \cdot m_{[0]} \otimes h_{(2)}m_{[1]} = \mu((h_{(2)} \cdot \mu^{-1}(m))_{[0]}) \otimes (h_{(2)} \cdot \mu^{-1}(m))_{[1]}h_{(1)} \tag{4-3}$$

则称 (M, μ) 为左右 (H, α)-Hom-Yetter-Drinfeld 模.

记 ${}_H\mathscr{H}\mathscr{Y}\mathscr{D}^H$ 为左右 (H, α)-Hom-Yetter-Drinfeld 模和 (H, α)-左线性右余线性映射做成的范畴.

命题 4.2 对任意的 $h \in H$, $m \in M$, 式 (4-3) 等价于下列条件:

$$\rho(h \cdot m) = \alpha(h_{(2)(1)}) \cdot m_{[0]} \otimes (h_{(2)(2)}\alpha^{-1}(m_{[1]}))S^{-1}(h_{(1)}), \tag{4-4}$$

证明 一方面, 有

$$\begin{aligned}
&\mu((h_{(2)} \cdot \mu^{-1}(m))_{[0]}) \otimes ((h_{(2)} \cdot \mu^{-1}(m))_{[1]})h_{(1)} \\
\overset{(4\text{-}4)}{=}\ &\mu(\alpha(h_{(2)(2)(1)}) \cdot \mu^{-1}(m_{[0]})) \otimes ((h_{(2)(2)(2)}\alpha^{-2}(m_{[1]}))S^{-1}(h_{(2)(1)}))h_{(1)} \\
=\ &\alpha(h_{(2)(1)}) \cdot m_{[0]} \otimes (h_{(2)(2)}\alpha^{-1}(m_{[1]}))(S^{-1}(h_{(1)(2)})h_{(1)(1)}) \\
=\ &h_{(1)} \cdot m_{[0]} \otimes h_{(2)}m_{[1]}.
\end{aligned}$$

另一方面, 有

$$\begin{aligned}
&h_{(2)(1)}\cdot m_{[0]}\otimes(h_{(2)(2)}m_{[1]})S^{-1}(h_{(1)})\\
\overset{(4\text{-}3)}{=}\ &\mu((h_{(2)(2)}\cdot\mu^{-1}(m))_{[0]})\otimes((h_{(2)(2)}\cdot\mu^{-1}(m))_{[1]}h_{(2)(1)})S^{-1}(h_{(1)})\\
=\ &\mu((\alpha^{-1}(h_{(2)})\cdot\mu^{-1}(m))_{[0]})\otimes\alpha((\alpha^{-1}(h_{(2)})\cdot\mu^{-1}(m))_{[1]})(h_{(1)(2)}S^{-1}(h_{(1)(1)}))\\
=\ &\mu((\alpha^{-2}(h)\cdot\mu^{-1}(m))_{[0]})\otimes\alpha^{2}((\alpha^{-2}(h)\cdot\mu^{-1}(m))_{[1]})\\
=\ &(\alpha^{-1}(h)\cdot m)_{[0]}\otimes\alpha((\alpha^{-1}(h)\cdot m)_{[1]}),
\end{aligned}$$

这就证明了结论. □

定理 4.1 设 (H,α) 为伴有双射对极的 monoidal Hom-Hopf 代数. 则:

(1) H 为右 $H^{op}\otimes H$-Hom-余模代数. 余作用 $H\to H\otimes H^{op}\otimes H$ 定义如下:

$$h\mapsto\alpha(h_{(2)(1)})\otimes(S^{-1}(\alpha^{-1}(h_{(1)}))\otimes h_{(2)(2)}).$$

(2) H 为左 $H^{op}\otimes H$-Hom 模余代数. $H^{op}\otimes H$ 在 H 上的作用为

$$(h\otimes k)\triangleright c=(k\alpha^{-1}(c))\alpha(h).$$

(3) ${}_H\mathscr{H}\mathscr{Y}\mathscr{D}^H$ 可视为 Doi Hom-Hopf 模范畴, 事实上, 其即为 ${}_H\widetilde{\mathscr{H}}(\mathscr{M}_k)(H^{op}\otimes H)^H$.

证明 (1) 先来证明 H 为右 $H^{op}\otimes H$-Hom 余模. 对任意的 $h\in H$,

$$\begin{aligned}
&(\alpha^{-1}\otimes\Delta_{H^{op}\otimes H})\rho_H(h)\\
=\ &h_{(2)(1)}\otimes\Delta_{H^{op}\otimes H}(S^{-1}(\alpha^{-1}(h_{(1)}))\otimes h_{(2)(2)})\\
=\ &h_{(2)(1)}\otimes S^{-1}(\alpha^{-1}(h_{(1)(2)}))\otimes h_{(2)(2)(1)}\otimes S^{-1}(\alpha^{-1}(h_{(1)(1)}))\otimes h_{(2)(2)(2)}\\
=\ &\alpha(h_{(2)(1)(1)})\otimes S^{-1}(\alpha^{-1}(h_{(1)(2)}))\otimes h_{(2)(1)(2)}\otimes S^{-1}(\alpha^{-1}(h_{(1)(1)}))\otimes\alpha^{-1}(h_{(2)(2)})\\
=\ &\alpha^{2}(h_{(2)(2)(1)(1)})\otimes S^{-1}(\alpha^{-1}(h_{(2)(1)}))\otimes\alpha(h_{(2)(2)(1)(2)})\otimes S^{-1}(\alpha^{-2}(h_{(1)}))\otimes h_{(2)(2)(2)}\\
=\ &\alpha^{2}(h_{(2)(1)(2)(1)})\otimes S^{-1}(h_{(2)(1)(1)})\otimes\alpha(h_{(2)(1)(1)(2)})\otimes S^{-1}(\alpha^{-2}(h_{(1)}))\otimes\alpha^{-1}(h_{(2)(2)})\\
=\ &\rho(\alpha(h_{(2)(1)}))\otimes S^{-1}(\alpha^{-2}(h_{(1)}))\otimes\alpha^{-1}(h_{(2)(2)})\\
=\ &(\rho_H\otimes\alpha^{-1})\rho_H(h),
\end{aligned}$$

所以 H 为右 $H^{op}\otimes H$-Hom 余模. 另外,

$$\begin{aligned}
&\rho(hg)=\alpha(h_{(2)(1)}g_{(2)(1)})\otimes(S^{-1}(h_{(1)}g_{(1)})\otimes\alpha^{-1}(h_{(2)(2)}g_{(2)(2)}))\\
=\ &\alpha(h_{(2)(1)})\alpha(g_{(2)(1)})\otimes(S^{-1}(h_{(1)})S^{-1}(g_{(1)})\otimes\alpha^{-1}(h_{(2)(2)})\alpha^{-1}(g_{(2)(2)}))\\
=\ &(\alpha(h_{(2)(1)})\otimes(S^{-1}(h_{(1)})\otimes\alpha^{-1}(h_{(2)(2)})))(\alpha(g_{(2)(1)})\otimes(S^{-1}(g_{(1)})\otimes\alpha^{-1}(g_{(2)(2)})))\\
=\ &\rho_H(h)\rho_H(g).
\end{aligned}$$

(2) 下证 H 为 $H^{op}\otimes H$-Hom 模. 对任意的 $h,l,k,m,c\in H$, 有

$$\begin{aligned}&(\alpha(l)\otimes\alpha(m))\triangleright[(h\otimes k)\triangleright c]\\&=(\alpha(l)\otimes\alpha(m))\triangleright(k\alpha^{-1}(c))\alpha(h)\\&=[\alpha(m)[(\alpha^{-1}(k)\alpha^{-2}(c))h]]\alpha^2(l)\\&=[\alpha(m)[k(\alpha^{-2}(c))\alpha^{-1}(h))]]\alpha^2(l)\\&=\alpha(mk)[[\alpha^{-1}(c))h]\alpha(l)]\\&=\alpha(mk)[c(hl)]=mk[c\alpha(hl)]\\&=(hl\otimes mk)\triangleright\alpha(c)=[(l\otimes m)(h\otimes k)]\triangleright\alpha(c),\end{aligned}$$

此即证明 H 为 $H^{op}\otimes H$-Hom 模.

又知 (H,α) 为 (H,α)-Hom-双模代数, 可得 (H,α) 为左 $H^{op}\otimes H$-Hom-模余代数.

(3) 设 $(M,\cdot)$ 为左 (H,α)-模且 (M,ρ_M) 为右 (H,α)-余模. 则 $M\in {}_H\widetilde{\mathscr{H}}(\mathscr{M}_k)(H^{op}\otimes H)^H$, 当且仅当

$$\begin{aligned}\rho_M(h\cdot m)&=\alpha(h_{(2)(1)})\cdot m_{[0]}\otimes(S^{-1}(\alpha^{-1}(h_{(1)}))\otimes h_{(2)(2)})\triangleright m_{[1]}\\&=\alpha(h_{(2)(1)})\cdot m_{[0]}\otimes(h_{(2)(2)}\alpha^{-1}(m_{[1]}))S^{-1}(h_{(1)}),\end{aligned}$$

于是 ${}_H\widetilde{\mathscr{H}}(\mathscr{M}_k)(H^{op}\otimes H)^H$ 同构于 ${}_H\mathscr{H}\mathscr{Y}\mathscr{D}^H$. □

例 4.1 设 (H,α) 为伴有双射对极的 monoidal Hom-Hopf 代数. 已知 ${}_H\widetilde{\mathscr{H}}(\mathscr{M}_k)$ $(H^{op}\otimes H)^H$ 和 ${}_H\mathscr{H}\mathscr{Y}\mathscr{D}^H$ 是同构的. 此时由文献 [21] 可知 Hom-Yetter-Drinfeld 模范畴为张量范畴; 则易知实则其为命题 4.1 的特殊情形. 事实上, 令 $A=H$, $C=H^{op}$, 取 $a=h,c=k$, $d=g$. 则有

$$\begin{aligned}&h_{[0](1)}\otimes h_{[0](2)}\otimes h_{[1]}\cdot(k\cdot g)\\&=\alpha(h_{(2)(1)(1)})\otimes\alpha(h_{(2)(1)(2)})\otimes(S^{-1}(\alpha^{-1}(h_{(1)}))\otimes h_{(2)(2)})\cdot(gk)\\&=\alpha(h_{(2)(1)(1)})\otimes\alpha(h_{(2)(1)(2)})\otimes[h_{(2)(2)})\alpha^{-1}(gk)]S^{-1}(h_{(1)}).\end{aligned}$$

另外, 有

$$\begin{aligned}&h_{(1)[0]}\otimes h_{(2)[0]}\otimes(h_{[1](1)}\cdot k)(h_{[1](2)}\cdot g)\\&=\alpha(h_{(1)(2)(1)})\otimes\alpha(h_{(2)(2)(1)})\otimes((S^{-1}(\alpha^{-1}(h_{(1)(1)}))\otimes h_{(2)(2)(1)})\cdot k)\\&\quad\cdot((S^{-1}(\alpha^{-1}(h_{(1)(2)}))\otimes h_{(2)(2)(2)})\cdot g)\end{aligned}$$

$$
\begin{aligned}
&= \alpha(h_{(1)(2)(1)}) \otimes \alpha(h_{(2)(2)(1)}) \otimes ((h_{(2)(2)(2)}\alpha^{-1}(g))S^{-1}(h_{(1)(2)})) \\
&\quad ((h_{(2)(2)(1)}\alpha^{-1}(k))S^{-1}(h_{(1)(1)})) \\
&= \alpha(h_{(1)(2)(1)}) \otimes \alpha(h_{(2)(2)(1)}) \otimes ((h_{(2)(2)(2)}\alpha^{-1}(g))[S^{-1}(\alpha^{-1}(h_{(1)(2)}))h_{(2)(2)(1)}]) \\
&\quad kS^{-1}(h_{(1)(1)}) \\
&= \alpha(h_{(1)(1)(2)}) \otimes \alpha(h_{(2)(1)(2)}) \otimes ((\alpha^{-1}(h_{(2)(2)})\alpha^{-1}(g))[S^{-1}(h_{(1)(1)(2)})\alpha^{-1}(h_{(2)(1)}])) \\
&\quad kS^{-1}(\alpha(h_{(1)(1)(1)})) \\
&= \alpha(h_{(2)(1)(1)}) \otimes \alpha(h_{(2)(1)(2)}) \otimes ((h_{(2)(2)(2)}\alpha^{-1}(g))[S^{-1}(h_{(2)(1)(1)})h_{(2)(1)(1)}]) \\
&\quad kS^{-1}(\alpha^{-1}(h_{(1)})) \\
&= \alpha(h_{(2)(1)(1)}) \otimes \alpha(h_{(2)(1)(2)}) \otimes ((h_{(2)(2)}g)kS^{-1}(\alpha^{-1}(h_{(1)})) \\
&= \alpha(h_{(2)(1)(1)}) \otimes \alpha(h_{(2)(1)(2)}) \otimes [(\alpha^{-1}(h_{(2)(2)})\alpha^{-1}(g))k]S^{-1}(h_{(1)}) \\
&= \alpha(h_{(2)(1)(1)}) \otimes \alpha(h_{(2)(1)(2)}) \otimes [h_{(2)(2)}\alpha^{-1}(gk)]S^{-1}(h_{(1)}).
\end{aligned}
$$

4.2 张量等价

定理 4.2 设 (H,A,C) 和 (H',A',C') 均为 Doi Hom-Hopf 数据. 定义其态射 $\xi:(H,A,C)\to(H',A',C')$ 为以下数据: 其包含三个映射: $\varphi:H\to H'$, $\psi:A\to A'$ 和 $\phi:C\to C'$, 分别为 monodial Hom-Hopf 代数态射, Hom-代数同态和 Hom-余代数同态且对任意的 $c\in C$, $h\in H$, $a\in A$ 满足:

$$\phi(h\cdot c)=\varphi(h)\cdot\phi(c), \tag{4-5}$$

$$\rho_{A'}(\psi(a))=\psi(a_{[0]})\otimes\varphi(a_{[1]}), \tag{4-6}$$

进而有函子 $F:{}_A\widetilde{\mathscr{H}}(\mathscr{M}_k)(H)^C\to{}_{A'}\widetilde{\mathscr{H}}(\mathscr{M}_k)(H')^{C'}$, 定义为

$$F(M)=A'\otimes_A M,$$

其中 (A',β') 在 ψ 的作用下为左 (A,β)-模, 满足对任意的 $a',b'\in A'$, $m\in M$, 其结构映射为

$$b'\cdot(a'\otimes_A m)=\beta'^{-1}(b')a'\otimes_A\mu(m), \tag{4-7}$$

$$\rho_{F(M)}(a'\otimes_A m)=a'_{[0]}\otimes_A m_{[0]}\otimes a'_{[1]}\cdot\phi(m_{[1]}). \tag{4-8}$$

证明 下证 $A'\otimes_A M$ 为 ${}_{A'}\widetilde{\mathscr{H}}(\mathscr{M}_k)(H')^{C'}$ 中的对象. 可知 $F(M)$ 为左 (A',β')-模. 我们首先得证 $A'\otimes_A M$ 为右 (C',γ')-余模且满足兼容条件, 事实上, 对任意的 $m\in M$, $a',b'\in A'$, 有

$$\begin{aligned}\rho_{F(M)}(b'\cdot(a'\otimes_A m)) &= \rho_{F(M)}(\beta'^{-1}(b')a'\otimes_A \mu(m))\\ &= \beta'^{-1}(b'_{[0]})a'_{[0]}\otimes_A \mu(m_{[0]})\otimes[\beta'^{-1}(b'_{[1]})a'_{[1]}]\cdot\phi(\gamma(m_{[1]}))\\ &= b'_{[0]}[a'_{[0]}\otimes_A m_{[0]}]\otimes b'_{[1]}[a'_{[1]}\cdot\phi(m_{[1]})]\\ &= b'\cdot(a'_{[0]}\otimes_A m_{[0]}\otimes a'_{[1]}\cdot\phi(m_{[1]})) = b'\rho_{F(M)}(a'\otimes_A m)\end{aligned}$$

即兼容性条件成立. 下证 $A'\otimes_A M$ 为右 (C',γ')-余模. 计算可知

$$\begin{aligned}&(\rho_{F(M)}\otimes id_{C'})\rho_{F(M)}(a'\otimes_A m)\\ =&(\rho_{F(M)}\otimes id'_C)(a'_{[0]}\otimes_A m_{[0]}\otimes a'_{[1]}\cdot\phi(m_{[1]}))\\ =&[a'_{[0][0]}\otimes_A m_{[0][0]}\otimes a'_{[0][1]}\cdot\phi(m_{[0][1]})]\otimes a'_{[1]}\cdot\phi(m_{[1]})\\ =&[\beta'^{-1}(a'_{[0]})\otimes_A \mu^{-1}(m_{[0]})\otimes a'_{[1](1)}\cdot\phi(m_{[1](1)})]\otimes\alpha'(a'_{[1](2)})\cdot\phi(\gamma(m_{[1](2)}))\\ =&a'_{[0]}\otimes_A m_{[0]}\otimes[a'_{[1](1)}\cdot\phi(m_{[1](1)})\otimes a'_{[1](2)}\cdot\phi(m_{[1](2)})]\\ =&(id_{F(M)}\otimes\Delta_{C'})\rho_{F(M)}(a'\otimes_A m),\end{aligned}$$

且有

$$\begin{aligned}&(id_{F(M)}\otimes\varepsilon)\rho_{F(M)}(a'\otimes_A m)\\ =&(id_{F(M)}\otimes\varepsilon)(a'_{[0]}\otimes_A m_{[0]}\otimes a'_{[1]}\cdot\phi(m_{[1]}))\\ =&a'_{[0]}\varepsilon(a'_{[1]})\otimes_A m_{[0]}\varepsilon(\phi(m_{[1]})) = a'\otimes_A m,\end{aligned}$$

可知结论成立. □

定理 4.3 在定理 4.2 的题设下, 有 F 的右伴随函子 G. $G: {}_{A'}\widetilde{\mathscr{H}}(\mathscr{M}_k)(H')^{C'}\to {}_A\widetilde{\mathscr{H}}(\mathscr{M}_k)(H)^C$ 定义如下:

$$G(M') = M'\square_{C'}C,$$

对任意的 $a\in A$, 其结构映射为

$$a\cdot(m'\otimes c) = a_{[0]}\cdot m'\otimes a_{[1]}\cdot c, \tag{4-9}$$

$$\rho_{G(M')}(m'\otimes c) = \mu'^{-1}(m')\otimes c_{(1)}\otimes\gamma(c_{(2)}). \tag{4-10}$$

证明 先来证明 $G(M') \in {}_A\widetilde{\mathscr{H}}(\mathscr{M}_k)(H)^C$. 易知 $G(M')$ 为左 (A,β)-模. 下证 $G(M')$ 为右 (C,γ)-余模且满足兼容条件. 对任意的 $m' \in M'$, $a \in A, c \in C$, 有

$$\begin{aligned}\rho_{G(M')}(a\cdot(m'\otimes c)) &= \rho_{G(M')}(a_{[0]}\cdot m'\otimes a_{[1]}\cdot c)\\ &= \beta^{-1}(a_{[0]})\cdot\mu'^{-1}(m')\otimes a_{[1](1)}\cdot c_{(1)}\otimes\alpha(a_{[1](2)})\cdot\gamma(c_{(2)})\\ &= a_{[0][0]}\cdot\mu'^{-1}(m')\otimes a_{[0][1]}\cdot c_{(1)}\otimes a_{[1]}\cdot\gamma(c_{(2)})\\ &= a\cdot(\mu'^{-1}(m')\otimes c_{(1)}\otimes\gamma(c_{(2)})) = a\rho_{G(M')}(m'\otimes c),\end{aligned}$$

即兼容条件成立. 又计算可得

$$\begin{aligned}&(\rho_{G(M')}\otimes id_{C'})\rho_{G(M')}(m'\otimes_A c)\\ =&(\rho_{G(M')}\otimes id_{C'})(\mu'^{-1}(m')\otimes c_{(1)}\otimes\gamma(c_{(2)}))\\ =&\mu'^{-2}(m')\otimes c_{(1)(1)}\otimes\gamma(c_{(1)(2)})\otimes\gamma(c_{(2)})\\ =&\mu'^{-2}(m')\otimes\gamma^{-1}(c_{(1)})\otimes\gamma(c_{(2)(1)})\otimes\gamma^2(c_{(2)(2)})\\ =&\mu'^{-1}(m')\otimes c_{(1)}\otimes[\gamma(c_{(2)(1)})\otimes\gamma(c_{(2)(2)})]\\ =&(id_{G(M')}\otimes\Delta_C)\rho_{G(M')}(m'\otimes c),\end{aligned}$$

且有

$$\begin{aligned}&(id_{G(M')}\otimes\varepsilon)\rho_{G(M')}(m'\otimes c)\\ =&(id_{G(M')}\otimes\varepsilon)(\mu'^{-1}(m')\otimes c_{(1)}\otimes\gamma(c_{(2)}))\\ =&\mu'^{-1}(m')\otimes c_{(1)}\varepsilon(c_{(2)})\otimes 1_C = m'\otimes c.\end{aligned}$$

可知 $M'\square_{C'}C$ 为右 (C,γ)-余模.

又易证得 $G(M') \in {}_A\widetilde{\mathscr{H}}(\mathscr{M}_k)(H)^C$. 下证 G 为 F 的右伴随. 取 $(M,\mu) \in {}_A\widetilde{\mathscr{H}}(\mathscr{M}_k)(H)^C$, 定义 $\eta_M : M \to GF(M) = (M\otimes_A A')\square_{C'}C$ 如下: 对任意的 $m \in M$,

$$\eta_M(m) = m_{[0]}\otimes_A 1_{A'}\otimes m_{[1]}.$$

易知 $\eta_M \in {}_A\widetilde{\mathscr{H}}(\mathscr{M}_k)(H)^C$. 取 $(M',\mu') \in {}_{A'}\widetilde{\mathscr{H}}(\mathscr{M}_k)(H')^{C'}$, 令 $\delta_{M'} : FG(M') \to M'$, 其中,

$$\delta_{M'}(m'\otimes c)\otimes_A a') = \varepsilon_C(c)m'\cdot a',$$

则易知 $\delta_{M'}$ 为 (A,β)-线性且 $\delta_{M'} \in {}_{A'}\widetilde{\mathscr{H}}(\mathscr{M}_k)(H')^{C'}$. 同理可验证 η 和 δ 为自然变换且对任意的 $M \in {}_A\widetilde{\mathscr{H}}(\mathscr{M}_k)(H)^C$, $M' \in {}_{A'}\widetilde{\mathscr{H}}(\mathscr{M}_k)(H')^{C'}$, 满足:

$$G(\delta_{M'})\circ\eta_{G(M')} = I,\quad \delta_{F(M)}\circ F(\eta_M) = I,$$

这就证明了结论. □

若 φ 和 ϕ 均为 monoidal Hom-双代数同态, 则称两个 monoidal Doi Hom-Hopf 数据间的态射 $\xi=(\varphi,\psi,\phi)$ 为张量态射. 下面考虑当 $H=H'$ 且 $A=A'$ 时的特殊情形. 下面的结论为文献 [47] 中的推广.

定理 4.4　令 $\xi=(id_H,id_A,\phi):(H,A,C)\to(H,A,C')$ 为张量 Doi Hom-Hopf 数据的张量态射, 则

$$G(C')=C. \tag{4-11}$$

假设 $(M,\mu)\in {}_A\widetilde{\mathscr{H}}(\mathscr{M}_k)(H)^C$ 为平坦 k-模且 $(N,\nu)\in {}_A\widetilde{\mathscr{H}}(\mathscr{M}_k)(H)^{C'}$. 此时, 若 (C,γ) 为 monoidal Hom-Hopf 代数, 则有

$$M\otimes G(N)\cong G(F(M)\otimes N)\quad\in\quad {}_A\widetilde{\mathscr{H}}(\mathscr{M}_k)(H)^C. \tag{4-12}$$

若 (C,γ) 有扭曲对极 $\overline{S}$, 则

$$G(N)\otimes M\cong G(N\otimes F(M))\quad\in\quad {}_A\widetilde{\mathscr{H}}(\mathscr{M}_k)(H)^C. \tag{4-13}$$

证明　易知 $\varepsilon_{C'}\otimes id_C:C'\square_C C\to C$ 为同构; 其逆为 $(\phi\otimes id_C)\Delta_C:C\to C'\square_C C$. 显然 $\varepsilon_{C'}\otimes id_C$ 为 (A,β)-线性的且为 (C,γ)-余线性的.

现在定义映射,

$$\Gamma:M\otimes G(N)=M\otimes(N\square_{C'}C)\to G(F(M)\otimes N)=(F(M)\otimes N)\square_{C'}C,$$

其中,

$$\Gamma(m\otimes(n_i\otimes c_i))=(m_{[0]}\otimes n_i)\otimes m_{[1]}c_i.$$

知 $F(M)=M$ 可为 (A,β)-模, 并且 (C',γ')-余作用为

$$\rho_{F(M)}(m)=m_{[0]}\otimes\phi(m_{[1]}).$$

(1) Γ 是良定义的. 事实上,

$$\Gamma(m_i\otimes(n_i\otimes c_i))\in(F(M)\otimes N)\square_C' C.$$

此时对任意的 $m\in M$, $n_i\square_{C'}c\in N\square_{C'}C$, 有

$$\begin{aligned}
&(\rho_{F(M)\otimes N}\otimes id_C)((m_{[0]}\otimes n_i)\otimes m_{[1]}c_i)\\
&=(m_{[0][0]}\otimes n_{i[0]})\otimes\phi(m_{[0][1]})n_{i[1]}\otimes m_{[1]}c_i\\
&=(\mu(m_{[0]})\otimes\nu(n_i))\otimes\phi(m_{[0][1]})\phi(c_{i(1)})\otimes\gamma^{-1}(m_{[1]}c_{i(2)})\\
&=(m_{[0]}\otimes n_i)\otimes[\phi(m_{[0][1]})\phi(c_{i(1)})\otimes m_{[1]}c_{i(2)}]\\
&=(id_{F(M)\otimes N}\otimes\rho_{C'})((m_{[0]}\otimes n_i)\otimes m_{[1]}c_i).
\end{aligned}$$

(2) Γ 为 (A,β)-线性的. 事实上, 对任意的 $a\in A, m\in M$, $n_i\square_{C'}c\in N\square_{C'}C$, 有

$$
\begin{aligned}
&\Gamma(a\cdot(m\otimes(n_i\otimes c_i)))\\
=&\Gamma(a_{(1)}\cdot m\otimes(a_{(2)[0]}\cdot n_i\otimes a_{(2)[1]}\cdot c_i))\\
=&(a_{(1)[0]}\cdot m_{[0]}\otimes a_{(2)[0]}\cdot n_i)\otimes(a_{(1)[1]}\cdot m_{[1]})(a_{(2)[1]}\cdot c_i)\\
=&(a_{[0](1)}\cdot m_{[0]}\otimes a_{[0](2)}\cdot n_i)\otimes a_{(1)}\cdot(m_{[1]}c_i)\\
=&a_{[0]}\cdot(m_{[0]}\otimes n_i)\otimes a_{(1)}\cdot(m_{[1]}c_i)\\
=&a\cdot\Gamma(m\otimes(n_i\otimes c_i)).
\end{aligned}
$$

(3) Γ 为 (C,γ)-余线性的. 事实上, 对任意的 $m\in M$, $n_i\square_{C'}c\in N\square_{C'}C$, 有

$$
\begin{aligned}
&\rho\circ\Gamma(m\otimes(n_i\otimes c_i))\\
=&\rho((m_{[0]}\otimes n_i)\otimes m_{[1]}c_i)\\
=&(\mu^{-1}(m_{[0]})\otimes\nu^{-1}(n_i))\otimes m_{[1](1)}c_{i(1)}\otimes\gamma(m_{[1](2)}c_{i(2)})\\
=&(m_{[0]}\otimes\nu^{-1}(n_i))\otimes m_{[0][1]}c_{i(1)}\otimes m_{[1]}\gamma(c_{i(2)})\\
=&(\Gamma\otimes id_C)(m_{[0]}\otimes(\nu^{-1}(n_i)\otimes c_{i(1)}))\otimes m_{[1]}\gamma(c_{i(2)})\\
=&(\Gamma\otimes id_C)\circ\rho(m\otimes(n_i\otimes c_i)).
\end{aligned}
$$

设 (C,γ) 有对极且令

$$
\begin{aligned}
&\Psi:(F(M)\otimes N)\square_{C'}C\to M\otimes(N\square_{C'}C),\\
&\Psi((m_i\otimes n_i)\otimes c_i)=\mu^2(m_{i[0]})\otimes(n_i\otimes S(m_{i[1]})\gamma^{-2}(c_i)).
\end{aligned}
$$

下证 Ψ 是良定义的. (M,μ) 为平坦的, 故 $M\otimes(N\square_{C'}C)$ 为以下映射的等值子:

$$
id_M\otimes id_N\otimes\rho_C:\quad M\otimes N\otimes C\to M\otimes N\otimes C'\otimes C
$$

和

$$
id_M\otimes\rho_N\otimes id_C:\quad M\otimes N\otimes C\to M\otimes N\otimes C'\otimes C.
$$

现在令 $(m_i\otimes n_i)\otimes c_i\in(F(M)\otimes N)\square_{C'}C$, 则

$$
\begin{aligned}
&(m_{i[0]}\otimes n_{i[0]})\otimes\phi(m_{i[1]})n_{i[1]}\otimes c_i\\
&\qquad=(\mu^{-1}(m_i)\otimes\nu^{-1}(n_i))\otimes\phi(c_{i(1)})\otimes\gamma(c_{i(2)}).
\end{aligned}
\tag{4-14}
$$

于是可知

$$
\begin{aligned}
&id_M \otimes id_N \otimes \rho_C(\mu^2(m_{i[0]}) \otimes (n_i \otimes S(m_{i[1]})\gamma^{-2}(c_i)))\\
&=\mu^2(m_{i[0]}) \otimes (n_i \otimes \phi(S(m_{i[1](2)})\gamma^{-2}(c_{i(1)})) \otimes S(m_{i[1](1)})\gamma^{-2}(c_{i(2)}))\\
&=m_{i[0]} \otimes \nu^{-1}(n_i) \otimes \phi(S(\gamma(m_{i[1](2)}))\gamma^{-1}(c_{i(1)})) \otimes S(\gamma^2(m_{i[1](1)}))c_{i(2)}
\end{aligned}
$$

且

$$
\begin{aligned}
&id_M \otimes \rho_N \otimes id_C(\mu^2(m_{i[0]}) \otimes (n_i \otimes S(m_{i[1]})\gamma^{-2}(c_i)))\\
&=\mu^2(m_{i[0]}) \otimes (n_{i[0]} \otimes n_{i[1]} \otimes S(m_{i[1]})\gamma^{-2}(c_i))\\
&=m_{i[0]} \otimes n_{i[0]} \otimes \gamma(n_{i[1]}) \otimes S(\gamma(m_{i[1]}))\gamma^{-1}(c_i).
\end{aligned}
$$

以 $(id_M \otimes \phi \otimes id_C) \circ (id_M \otimes (\Delta_C \circ S_C)) \circ \rho_M$ 作用在其上, 可得

$$
\begin{aligned}
&m_{i[0][0]} \otimes \phi(S(m_{i[0][1](2)})) \otimes S(m_{i[0][1](1)}) \otimes n_{i[0]} \otimes \phi(m_{i[1]})n_{i[1]} \otimes c_i\\
&=\mu^{-1}(m_{i[0]}) \otimes \phi(S(\gamma^{-1}(m_{i[1](2)}))) \otimes S(\gamma^{-1}(m_{i[1](1)})) \otimes \nu^{-1}(n_i) \otimes \phi(c_{i(1)}) \otimes \gamma(c_{i(2)}).
\end{aligned}
$$

又以 $id_M \otimes \gamma^2 \otimes id_C \otimes id_N \otimes \gamma^{-1} \otimes \gamma^{-1}$ 作用在上式, 有

$$
\begin{aligned}
&m_{i[0][0]} \otimes \phi(S(\gamma^2(m_{i[0][1](2)}))) \otimes S(m_{i[0][1](1)}) \otimes n_{i[0]} \otimes \gamma^{-1}(\phi(m_{i[1]})n_{i[1]}) \otimes \gamma^{-1}(c_i)\\
&=\mu^{-1}(m_{i[0]}) \otimes \phi(S(\gamma(m_{i[1](2)}))) \otimes S(\gamma^{-1}(m_{i[1](1)})) \otimes \nu^{-1}(n_i) \otimes \phi(\gamma^{-1}(c_{i(1)})) \otimes c_{i(2)}.
\end{aligned}
$$

进一步地有

$$
\begin{aligned}
&\mu(m_{i[0]}) \otimes n_{i[0]} \otimes \gamma(n_{i[1]}) \otimes S(\gamma(m_{i[1]}))\gamma^{-1}(c_i)\\
&=\mu(m_{i[0]}) \otimes \nu^{-1}(n_i) \otimes \phi(S(\gamma(m_{i[1](2)}))\gamma^{-1}(c_{i(1)})) \otimes S(\gamma^2(m_{i[1](1)}))c_{i(2)},
\end{aligned}
$$

再以 $\mu^{-1} \otimes id_N \otimes id_C \otimes id_C$ 作用在上式, 得

$$
\begin{aligned}
&m_{i[0]} \otimes n_{i[0]} \otimes \gamma(n_{i[1]}) \otimes S(\gamma(m_{i[1]}))\gamma^{-1}(c_i)\\
&=m_{i[0]} \otimes \nu^{-1}(n_i) \otimes \phi(S(\gamma(m_{i[1](2)}))\gamma^{-1}(c_{i(1)})) \otimes S(\gamma^2(m_{i[1](1)}))c_{i(2)},
\end{aligned}
$$

或者

$$
id_M \otimes \rho_N \otimes id_C \circ (\Psi((m_i \otimes n_i) \otimes c_i)) = id_M \otimes id_N \otimes \rho_C \circ (\Psi((m_i \otimes n_i) \otimes c_i)).
$$

由 Γ 和 Ψ 互逆, 可知

$$
\begin{aligned}
&\Gamma \circ \Psi((m_i \otimes n_i) \otimes c_i)\\
&=\Gamma(\mu^2(m_{i[0]}) \otimes (n_i \otimes S(m_{i[1]}\gamma^{-2}(c_i))))\\
&=(\mu^2(m_{i[0][0]}) \otimes n_i) \otimes \gamma^2(m_{i[0][1]})S(m_{i[1]})\gamma^{-2}(c_i)\\
&=(\mu^2(m_{i[0][0]}) \otimes n_i) \otimes [\gamma(m_{i[0][1]})S(m_{i[1]})]\gamma^{-1}(c_i)
\end{aligned}
$$

$$=(\mu(m_{i[0]})\otimes n_i)\otimes[\gamma(m_{i[1](1)})S(\gamma(m_{i[1](2)}))]\gamma^{-1}(c_i)$$
$$=(m_i\otimes n_i)\otimes c_i,$$

和

$$\begin{aligned}&\Psi\circ\Gamma(m\otimes(n_i\otimes c_i))\\=&\Psi((m_{[0]}\otimes n_i)\otimes m_{[1]}c_i)\\=&\mu^2(m_{[0][0]})\otimes(n_i\otimes[S(\gamma^{-1}(m_{[0][1]}))\gamma^{-2}(m_{[1]})]\gamma^{-1}(c_i))\\=&\mu(m_{[0]})\otimes(n_i\otimes[S(\gamma^{-1}(m_{[1](1)}))\gamma^{-1}(m_{[1](2)})]\gamma^{-1}(c_i))\\=&m\otimes(n_i\otimes c_i).\end{aligned}$$

其余同理可证. □

推论 4.1 设 (H,A,C) 为张量 Doi Hom-Hopf 数据, Λ 为忘却 $(\mathscr{M}_k)(H)(C,\gamma)$-余作用的忘却函子 Λ: ${}_A\widetilde{\mathscr{H}}(\mathscr{M}_k)(H)^C\to{}_A\widetilde{\mathscr{H}}$. 对任意平坦 Doi Hom-Hopf 模 (M,μ), 可得 ${}_A\widetilde{\mathscr{H}}(\mathscr{M}_k)(H)^C$ 中的同构

$$M\otimes C\cong\Lambda(M)\otimes C,$$

进而若 k 为域, 则 ${}_A\widetilde{\mathscr{H}}(\mathscr{M}_k)(H)^C$ 有足够多的内射对象, 并且 ${}_A\widetilde{\mathscr{H}}(\mathscr{M}_k)(H)^C$ 中任意内射对象为 $I\otimes C$ 的直和项. 其中 I 为内射 (A,β)-模.

前面已证 Hom-Yetter-Drinfeld 模范畴可视为 Doi Hom-Hopf 模范畴. 则有如下结论.

推论 4.2 设 (H,α) 为伴有双射对极的 monoidal Hom-Hopf 代数. 则其 Hom-Yetter-Drinfeld 模范畴为伴有足够多内射对象的 Grothendieck 范畴.

下面给出定理 4.4 的对偶形式.

定理 4.5 设 $\chi=(id_H,\psi,id_C):(H,A,C)\to(H,A',C)$ 为张量 Doi Hom-Hopf 数据的张量态射. 则

$$F(A)=A'. \tag{4-15}$$

假设 $(M,\mu)\in{}_A\widetilde{\mathscr{H}}(\mathscr{M}_k)(H)^C$ 为平坦 k-模, 取 $(N,\nu)\in{}_{A'}\widetilde{\mathscr{H}}(\mathscr{M}_k)(H)^C$, 若 (A',β') 为 monoidal Hom-Hopf 代数, 则

$$F(M)\otimes N\cong F(M\otimes G(N))\ \text{ in }\ {}_A\widetilde{\mathscr{H}}(\mathscr{M}_k)(H)^C. \tag{4-16}$$

若 (A',β') 伴有扭曲对极 $\overline{S}$, 则

$$N\otimes F(M)\cong F(G(N)\otimes M)\ \text{ in }\ {}_A\widetilde{\mathscr{H}}(\mathscr{M}_k)(H)^C. \tag{4-17}$$

证明　仅证式 (4-16). 设 (A',β') 为 monoidal Hom-Hopf 代数, 定义

$$\Gamma: F(M\otimes G(N))=A'\otimes_A M\otimes G(N)\to F(M)\otimes N=(A'\otimes_A M)\otimes N,$$

其中, 对任意的 $a'\in A',m\in M,\ n\in N$, 有

$$\Gamma(a'\otimes(m\otimes n))=(a'_{(1)}\otimes m)\otimes a'_{(2)}\cdot n,$$

易知 Γ 为良定义的. 事实上,

$$\begin{aligned}\Gamma(a'\psi(a)\otimes(m\otimes n))&=(a'_{(1)}\psi(a_{(1)})\otimes m)\otimes a'_{(2)}\psi(a_{(2)})\cdot n\\&=(a'_{(1)}\otimes a_{(1)}\cdot m)\otimes a'_{(2)}\psi(a_{(2)})\cdot n\\&=\Gamma(a'\otimes(a_{(1)}\cdot m\otimes\psi(a_{(2)})\cdot n))\\&=\Gamma(a'\otimes a\cdot(m\otimes n)).\end{aligned}$$

又易知 Γ 为 (A',β')-线性的. 下证 Γ 为 (C,γ)-余线性的. 对任意的 $a'\in A',m\in M$, $n\in N$, 有

$$\begin{aligned}\rho(\Gamma(a'\otimes(m\otimes n)))&=\rho((a'_{(1)}\otimes m)\otimes a'_{(2)}\cdot n)\\&=(a'_{(1)[0]}\otimes m_{[0]})\otimes(a'_{(2)[0]}\cdot n_{[0]})\otimes(a'_{(1)[1]}\otimes m_{[1]})(a'_{(2)[1]}\cdot n_{[1]})\\&=(a'_{[0](1)}\otimes m_{[0]})\otimes(a'_{[0](2)}\cdot n_{[0]})\otimes a'_{[1]}(m_{[1]}n_{[1]})\\&=(\Gamma\otimes id_c)(a'_{[0]}\otimes(m_{[0]}\otimes n_{[0]}))\otimes a'_{[1]}(m_{[1]}n_{[1]})\\&=(\Gamma\otimes id_c)\rho(a'\otimes(m\otimes n)).\end{aligned}$$

Γ 的逆定义如下: 对任意的 $a'\in A',m\in M,\ n\in N$,

$$\Psi((a'\otimes m)\otimes n)=\beta'^2(a'_{(1)})\otimes(m\otimes S(a'_{(2)})\nu^{-2}(n)),$$

易得 Ψ 为良定义的. 又知

$$\begin{aligned}\Psi(\Gamma(a'\otimes(m\otimes n)))&=\Psi((a'_{(1)}\otimes m)\otimes a'_{(2)}\cdot n)\\&=\beta'^2(a'_{(1)(1)})\otimes(m\otimes S(a'_{(1)(2)})\nu^{-2}(a'_{(2)}\cdot n))\\&=\beta'(a'_{(1)})\otimes(m\otimes[S(\beta'^{-1}(a'_{(2)(1)}))\beta'^{-1}(a'_{(2)(2)}]\cdot\nu^{-1}(n))\\&=a'\otimes a'\otimes(m\otimes n)\end{aligned}$$

和

$$
\begin{aligned}
\Gamma(\Psi((a'\otimes m)\otimes n)) &= \Gamma(\beta'^2(a'_{(1)})\otimes(m\otimes S(a'_{(2)})\nu^{-2}(n))) \\
&= (\beta'^2(a'_{(1)(1)})\otimes m)\otimes a'_{(2)}\cdot\beta'^2(a'_{(1)(2)})\cdot S(a'_{(2)})\nu^{-2}(n) \\
&= (\beta'(a'_{(1)})\otimes m)\otimes a'_{(2)}\cdot[\beta'(a'_{(2)(1)})\cdot S(\beta'(a'_{(2)}))]\nu^{-1}(n) \\
&= (a'\otimes m)\otimes n.
\end{aligned}
$$

于是结论成立. □

4.3 Doi Hom-Hopf 模范畴的辫子结构

现在考虑映射 $\mathscr{Q}: C\otimes C\to A\otimes A$, 设其卷积逆为 $\mathscr{R}$ (此处要求 $\mathscr{R}$ 满足: $(\beta\otimes\beta)\mathscr{Q}=\mathscr{Q}(\gamma\otimes\gamma)$), 即对任意的 $c,d\in C$, 有

$$
\begin{aligned}
&\mathscr{R}(\mathscr{Q}^1(c_{(2)}\otimes d_{(2)})_{[1]}\cdot\gamma^{-1}(c_{(1)}) \\
&\otimes\mathscr{Q}^2(c_{(2)}\otimes d_{(2)})_{[1]}\cdot\gamma^{-1}(d_{(1)}))(\beta(\mathscr{Q}^2(c_{(2)}\otimes d_{(2)})_{[0]}) \\
&\otimes\beta(\mathscr{Q}^1(c_{(2)}\otimes d_{(2)})_{[0]})) \\
=&\varepsilon_C(c)1_A\otimes\varepsilon_C(d)1_A,
\end{aligned}
$$

$$
\begin{aligned}
&\mathscr{Q}(\mathscr{R}^2(c_{(2)}\otimes d_{(2)})_{[1]}\cdot\gamma^{-1}(c_{(1)}) \\
&\otimes\mathscr{R}^1(c_{(2)}\otimes d_{(2)})_{[1]}\cdot\gamma^{-1}(d_{(1)}))(\beta(\mathscr{R}^2(c_{(2)}\otimes d_{(2)})_{[0]}) \\
&\otimes\beta(\mathscr{R}^1(c_{(2)}\otimes d_{(2)})_{[0]})) \\
=&\varepsilon_C(c)1_A\otimes\varepsilon_C(d)1_A,
\end{aligned}
$$

对任意的 $c,d\in C$, 采用如下记法: $\mathscr{Q}(c\otimes d)=\mathscr{Q}^1(c\otimes d)\otimes\mathscr{Q}^2(c\otimes d)$.

令 $(M,\mu),(N,\nu)\in {}_A\widetilde{\mathscr{H}}(\mathscr{M}_k)(H)^C$. 易知 $(M\otimes N,\mu\otimes\nu)\in {}_A\widetilde{\mathscr{H}}(\mathscr{M}_k)(H)^C$. 定义映射

$$
\begin{aligned}
&c_{M,N}: M\otimes N\to N\otimes M, \\
&c_{M,N}(m\otimes n)=\mathscr{Q}(n_{[1]}\otimes m_{[1]})(n_{[0]}\otimes m_{[0]}).
\end{aligned}
\tag{4-18}
$$

下证 $c_{M,N}$ 为同构. 事实上, 其逆为

$$
\begin{aligned}
&c^{-1}_{M,N}: N\otimes M\to M\otimes N, \\
&c^{-1}_{M,N}(n\otimes m)=\mathscr{R}(n_{[1]}\otimes m_{[1]})(m_{[0]}\otimes n_{[0]}).
\end{aligned}
$$

一方面,

$$
\begin{aligned}
& c_{M,N}^{-1}\circ c_{M,N}(m\otimes n)\\
=& c_{M,N}^{-1}(\mathscr{Q}(n_{[1]}\otimes m_{[1]})(n_{[0]}\otimes m_{[0]}))\\
=& \mathscr{R}((\mathscr{Q}^1(n_{[1]}\otimes m_{[1]})\cdot n_{[0]})_{[1]}\otimes(\mathscr{Q}^2(n_{[1]}\otimes m_{[1]})\cdot m_{[0]})_{[1]})\\
& ((\mathscr{Q}^2(n_{[1]}\otimes m_{[1]})\cdot m_{[0]})_{[0]}\otimes(\mathscr{Q}^1(n_{[1]}\otimes m_{[1]})\cdot n_{[0]})_{[0]})\\
=& \mathscr{R}(\mathscr{Q}^1(\gamma(n_{[1](2)})\otimes\gamma(m_{[1](2)}))_{[1]}\cdot n_{[1](1)}\otimes\mathscr{Q}^2(\gamma(n_{[1](2)})\otimes\gamma(m_{[1](2)}))_{[1]}\cdot m_{[1](1)})\\
& (\mathscr{Q}^2(\gamma(n_{[1](2)})\otimes\gamma(m_{[1](2)}))_{[0]}\cdot\mu^{-1}(m_{[0]})\otimes\mathscr{Q}^1(\gamma(n_{[1](2)})\otimes\gamma(m_{[1](2)}))_{[0]}\cdot\nu^{-1}(n_{[0]}))\\
=& (\mathscr{R}(\mathscr{Q}^1(n_{[1](2)}\otimes m_{[1](2)})_{[1]}\cdot\gamma^{-1}(n_{[1](1)})\otimes\mathscr{Q}^2(n_{[1](2)}\otimes m_{[1](2)})_{[1]}\cdot\gamma^{-1}(m_{[1](1)}))\\
& (\beta(\mathscr{Q}^2(n_{[1](2)}\otimes m_{[1](2)})_{[0]})\otimes\beta(\mathscr{Q}^1(n_{[1](2)}\otimes m_{[1](2)})_{[0]})))(m_{[0]}\otimes n_{[0]})\\
=& (\varepsilon_C(m_{[1]})1_A\otimes\varepsilon_C(n_{[1]})1_A)(m_{[0]}\otimes n_{[0]})\\
=& m\otimes n.
\end{aligned}
$$

故 $c_{M,N}^{-1}\circ c_{M,N}=id_{M\otimes N}$. 另一方面, 亦可知 $c_{M,N}\circ c_{M,N}^{-1}=id_{N\otimes M}$.

下面将给出 $c_{M,N}$ 为辫子时, $\mathscr{Q}$ 所满足的充分必要条件. 由文献 [21] 可知, 对任意的 (M,μ), $(N,\nu)\in {}_A\widetilde{\mathscr{H}}(\mathscr{M}_k)(H)^C$, 其中的结合约束与单位约束定义为

$$
\begin{aligned}
& a_{M,N,P}:(M\otimes N)\otimes P\to M\otimes(N\otimes P),\ (m\otimes n)\otimes p\mapsto\mu(m)\otimes(n\otimes\pi^{-1}(p)),\\
& l_M:k\otimes M\to M,\quad k\otimes m\mapsto k\mu(m), r_M:M\otimes k\to M,\quad m\otimes k\mapsto k\mu(m).
\end{aligned}
$$

下面将讨论 $c_{M,N}$ 何时为 (A,β)-线性的, 何时为 (C,γ)-余线性的, 何时满足性质: (其中 $P\in {}_A\widetilde{\mathscr{H}}(\mathscr{M}_k)(H)^C$)

$$
a_{N,P,M}\circ c_{M,N\otimes P}\circ a_{M,N,P}=(id_N\otimes c_{M,P})\circ a_{N,M,P}\circ(c_{M,N}\otimes id_P). \tag{4-19}
$$

$$
a_{N,P,M}^{-1}\circ c_{M\otimes N,P}\circ a_{M,N,P}^{-1}=(c_{M,P}\otimes id_N)\circ a_{M,P,N}^{-1}\circ(id_M\otimes c_{N,P}). \tag{4-20}
$$

由文献 [46] 可知, $A\otimes C$ 为 Doi Hom-Hopf 模: 对任意的 $a,b\in A$, $c\in C$, 其 (A,β)-作用和 (C,γ)-余作用分别为

$$
\begin{cases}
a\cdot(b\otimes c)=\beta^{-1}(a)b\otimes\gamma(c);\\
\rho_{A\otimes C}(b\otimes c)=(b_{[0]}\otimes c_{(1)})\otimes b_{[1]}c_{(2)},
\end{cases}
$$

接下来是一些必需的引理.

引理 4.1 设 $(M,\mu),(N,\nu)\in {}_A\widetilde{\mathscr{H}}(\mathscr{M}_k)(H)^C$. 则 $c_{M,N}$ 为 (A,β)-线性的, 当且仅当对任意的 $a\in A$, $c,d\in C$, 以下条件成立:

$$\mathscr{Q}(a_{(2)[1]}\cdot c\otimes a_{(1)[1]}\cdot d)(a_{(2)[0]}\otimes a_{(1)[0]})=\Delta(a)\mathscr{Q}(c\otimes d). \tag{4-21}$$

证明 若 $c_{M,N}$ 为 (A,β)-线性的, 则 $a\triangleright c_{M,N}(m\otimes n)=c_{M,N}(a\triangleright(m\otimes n))$. 进而可得

$$a\triangleright c_{M,N}(m\otimes n)=(a_{(1)}\otimes a_{(2)})\mathscr{Q}(n_{[1]}\otimes m_{[1]})(n_{[0]}\otimes m_{[0]})$$

且

$$\begin{aligned}&c_{M,N}(a\triangleright(m\otimes n))\\&=\mathscr{Q}(a_{(2)[1]}\cdot n_{[1]}\otimes a_{(1)[1]}\cdot m_{[1]})(a_{(2)[0]}\cdot n_{[0]}\otimes a_{(1)[0]}\cdot m_{[0]}).\end{aligned}$$

反之, 令 $M=N=A\otimes C$ 且 $m=1\otimes c$, $n=1\otimes d$ 对任意的 $c,d\in C$. 则由上述公式即可知结论成立. □

由文献 [36] 可知: 拟三角 monoidal Hom-Hopf 代数为满足如下条件的 monoidal Hom-Hopf 代数 (H,α), 其中伴有可逆元素 $R=R^{(1)}\otimes R^{(2)}\in H\otimes H$ 使得以下等式成立

$$\begin{aligned}&(QT1)\ \Delta(R^{(1)})\otimes R^{(2)}=R^{(1)}\otimes r^{(1)}\otimes R^{(2)}r^{(2)},\\&(QT2)\ R^1\otimes\Delta(R^2)=R^1r^1\otimes r^2\otimes R^2,\\&(QT3)\ \varepsilon(R^{(1)})R^{(2)}=1_H, R^{(1)}\varepsilon(R^{(2)})=1_H,\\&(QT4)\ \Delta^{cop}(h)R=R\Delta(h),\\&(QT5)\ (\alpha\otimes\alpha)(R)=R,\end{aligned}$$

其中, $\Delta^{cop}(h)=h_{(2)}\otimes h_{(1)}$, $\forall h\in H$. 称 (H,α) 为几乎余可换的, 若有 $\Delta^{cop}(h)R=R\Delta(h)$ 成立.

例 4.2 令 $C=k$, 令 $R=\mathscr{Q}(1\otimes 1)$. 则由式 (4-21) 可得 $R\Delta_A^{cop}(a)=\Delta_A(a)R$, 即 (A,β) 为几乎余可换的.

引理 4.2 设 $(M,\mu),(N,\nu)\in {}_A\widetilde{\mathscr{H}}(\mathscr{M}_k)(H)^C$. 则 $c_{M,N}$ 为 (C,γ)-余线性的, 当且仅当对任意的 $c,d\in C$, 有

$$\begin{aligned}&\mathscr{Q}(d_{(2)}\otimes c_{(2)})_{[0]}\otimes m_C(\mathscr{Q}(d_{(2)}\otimes c_{(2)})_{[1]}(d_{(1)}\otimes c_{(1)}))\\&=\mathscr{Q}(d_{(1)}\otimes c_{(1)})\otimes c_{(2)}d_{(2)},\end{aligned} \tag{4-22}$$

证明 若 $c_{M,N}$ 为 (C,γ)-余线性的, 则易知,

$$
\begin{aligned}
&\rho_{N\otimes M}c_{M,N}(m\otimes n)\\
=&\rho_{N\otimes M}(\mathscr{Q}(n_{[1]}\otimes m_{[1]})(n_{[0]}\otimes m_{[0]}))\\
=&\mathscr{Q}(n_{[1]}\otimes m_{[1]})_{[0]}(n_{[0][0]}\otimes m_{[0][0]})\otimes m_C(\mathscr{Q}(n_{[1]}\otimes m_{[1]})_{[1]}(n_{[0][1]}\otimes m_{[0][1]}))\\
=&\mathscr{Q}(\gamma^{-1}(n_{[1](2)})\otimes\gamma^{-1}(m_{[1](2)}))_{[0]}(\nu(n_{[0]})\otimes\mu(m_{[0]}))\otimes m_C(\mathscr{Q}(\gamma^{-1}(n_{[1](2)})\\
&\otimes\gamma^{-1}(m_{[1](2)}))_{[1]}(n_{[1](1)}\otimes m_{[1](2)})).
\end{aligned}
$$

此时可知,

$$
\begin{aligned}
&(c_{M,N}\otimes id_C)\rho_{M\otimes N}(m\otimes n)\\
=&\mathscr{Q}(n_{[0][1]}\otimes m_{[0][1]})(n_{[0][0]}\otimes m_{[0][0]})\otimes(m_{[1]}n_{[1]})\\
=&\mathscr{Q}(n_{[1](1)}\otimes m_{[1](1)})(\nu(n_{[0]})\otimes\mu(m_{[0]}))\otimes\gamma^{-1}(m_{[1](2)}n_{[1](2)}).
\end{aligned}
$$

反之, 取 $M=N=A\otimes C$, $m=1\otimes c$, $n=1\otimes d$. 此时易知结论成立. □

定义 4.2 称 monoidal Hom-Hopf 代数 (H,α) 为余拟三角的, 若存在 (H,α) 上卷积可逆的双线性型 σ, 满足对任意的 $h,g,l\in H$, 有

$$
\begin{aligned}
&(BR1)\ \sigma(hg,l)\rangle=\sigma(h,l_{(2)})\sigma(g,l_{(1)}),\\
&(BR2)\ \sigma(h,gl)=\sigma(h_{(1)},g)\sigma(h_{(2)},l),\\
&(BR3)\ \sigma(h_{(1)},g_{(1)})g_{(2)}h_{(2)}=h_{(1)}g_{(1)}\sigma(h_{(2)},g_{(2)}),\\
&(BR4)\ \sigma(1_H,h)=\sigma(h,1_H)=\varepsilon(h),\\
&(BR5)\ \sigma(\alpha(h),\alpha(g))=\sigma(h,g),
\end{aligned}
$$

我们称 (H,α) 为几乎交换的, 若 $\sigma(h_{(1)},g_{(1)})g_{(2)}h_{(2)}=h_{(1)}g_{(1)}\ \sigma(h_{(2)},g_{(2)})$.

例 4.3 令 $A=k$. 则式 (4-22) 具有形式

$$
\mathscr{Q}(h_{(1)},g_{(1)})g_{(2)}h_{(2)}=h_{(1)}g_{(1)}\mathscr{Q}(h_{(2)},g_{(2)}),
$$

即 (A,β) 为几乎交换的.

引理 4.3 设 $(M,\mu),(N,\nu),(P,\pi)\in{}_A\widetilde{\mathscr{H}}(\mathscr{M}_k)(H)^C$. 则式 (4-19) 成立, 当且仅当对任意的 $c,d,e\in C$, 有 (其中 $\mathscr{U}=\mathscr{Q}$)

$$
\begin{aligned}
&\mathscr{Q}^1(e\otimes\gamma(d_{(2)}))\otimes(\mathscr{U}^1(\gamma^{-1}(c)\otimes\mathscr{Q}^2(e\otimes\gamma(d_{(2)}))_{[1]}d_{(1)})\\
&\otimes\mathscr{U}^2(\gamma^{-2}(c)\otimes\mathscr{Q}^2(e\otimes c_{(2)})_{[1]}\gamma^{-1}(c_{(1)}))\mathscr{Q}^2(e\otimes\gamma(d_{(2)}))_{[0]}\\
=&\mathscr{Q}^1(e\gamma^{-1}(c)\otimes\gamma(m_{[1]}))_{(1)}\otimes\mathscr{Q}^1(e\gamma^{-1}(c)\otimes\gamma(c))_{(2)}\\
&\otimes\mathscr{Q}^2(\gamma^{-1}(e)\gamma^{-2}(c)\otimes d).
\end{aligned}\tag{4-23}
$$

证明 若式 (4-19) 成立, 则有

$$
\begin{aligned}
&(id_N\otimes c_{M,P})\circ a_{N,M,P}\circ(c_{M,N}\otimes id_P)((m\otimes n)\otimes p)\\
=&(id_N\otimes c_{M,P})\circ a_{N,M,P}(\mathscr{Q}^1(n_{[1]}\otimes m_{[1]})n_{[0]}\otimes\mathscr{Q}^2(n_{[1]}\otimes m_{[1]})m_{[0]}\otimes p)\\
=&(id_N\otimes c_{M,P})(\beta(\mathscr{Q}^1(n_{[1]}\otimes m_{[1]}))\nu(n_{[0]})\otimes(\mathscr{Q}^2(n_{[1]}\otimes m_{[1]})m_{[0]}\otimes\pi^{-1}(p)))\\
=&\beta(\mathscr{Q}^1(n_{[1]}\otimes m_{[1]}))\nu(n_{[0]})\otimes\mathscr{U}(\gamma^{-1}(p_{[1]})\otimes\mathscr{Q}^2(n_{[1]}\otimes m_{[1]})_{[1]}m_{[0][1]})\\
&(\pi^{-1}(p_{[0]})\otimes\mathscr{Q}^2(n_{[1]}\otimes m_{[1]})_{[0]}m_{[0][0]})\\
=&\beta(\mathscr{Q}^1(n_{[1]}\otimes\gamma(m_{[1](2)})))\nu(n_{[0]})\otimes\mathscr{U}(\gamma^{-1}(p_{[1]})\otimes\mathscr{Q}^2(n_{[1]}\otimes\gamma(m_{[1](2)}))_{[1]}m_{[1](1)})\\
&(\pi^{-1}(p_{[0]})\otimes\mathscr{Q}^2(n_{[1]}\otimes\gamma(m_{[1](2)}))_{[0]}\mu^{-1}(m_{[0]}))\\
=&\beta(\mathscr{Q}^1(n_{[1]}\otimes\gamma(m_{[1](2)})))\nu(n_{[0]})\otimes(\mathscr{U}^1(\gamma^{-1}(p_{[1]})\otimes\mathscr{Q}^2(n_{[1]}\otimes\gamma(m_{[1](2)}))_{[1]}m_{[1](1)})\\
&\pi^{-1}(p_{[0]})\otimes\beta^{-1}(\mathscr{U}^2(\gamma^{-1}(p_{[1]})\otimes\mathscr{Q}^2(n_{[1]}\otimes\gamma(m_{[1](2)}))_{[1]}m_{[1](1)}))\\
&\mathscr{Q}^2(n_{[1]}\otimes\gamma(m_{[1](2)}))_{[0]}m_{[0]}).
\end{aligned}
$$

于是

$$
\begin{aligned}
&a_{N,P,M}\circ c_{M,N\otimes P}\circ a_{M,N,P}((m\otimes n)\otimes p)\\
=&a_{N,P,M}\circ c_{M,N\otimes P}(\mu(m)\otimes(n\otimes\pi^{-1}(p)))\\
=&a_{N,P,M}((\Delta_A\otimes id_A)(\mathscr{Q}(n_{[1]}\gamma^{-1}(p_{[1]})\otimes\gamma(m_{[1]})))((n_{[0]}\otimes\pi^{-1}(p_{[0]}))\otimes\mu(m_{[0]})))\\
=&\beta(\mathscr{Q}^1(n_{[1]}\gamma^{-1}(p_{[1]})\otimes\gamma(m_{[1]}))_{(1)})\nu(n_{[0]})\otimes\mathscr{Q}^1(n_{[1]}\gamma^{-1}(p_{[1]})\otimes\gamma(m_{[1]}))_{(2)}\pi^{-1}(p_{[0]})\\
&\otimes\beta^{-1}(\mathscr{Q}^2(n_{[1]}\gamma^{-1}(p_{[1]})\otimes\gamma(m_{[1]})))m_{[0]}.
\end{aligned}
$$

反之, 令 $M=N=P=A\otimes C$, $m=1\otimes d$, $n=1\otimes e$, $p=1\otimes c$. 此时易知结论成立. □

类似地, 可证明如下引理.

引理 4.4 设 $(M,\mu),(N,\nu),(P,\pi)\in{}_A\mathscr{H}(\mathscr{M}_k)(H)^C$. 则式 (4-20) 成立, 当且仅当对任意的 $c,d,e\in C$ 有

$$
\begin{aligned}
&\mathscr{U}^1(\mathscr{Q}^1(c_{(2)}\otimes\gamma^{-1}(e))_{[1]}\gamma^{-1}(c_{(1)})\otimes\gamma^{-2}(d))\mathscr{Q}^1(\gamma(c_{(2)})\otimes e)_{[0]}\\
&\otimes\mathscr{U}^2(\mathscr{Q}^1(\gamma(c_{(2)})\otimes e)_{[1]}c_{(1)}\otimes\gamma^{-1}(d))\otimes\mathscr{Q}^2(c\otimes e)\\
=&\mathscr{Q}^1(c\otimes\gamma^{-2}(d)\gamma^{-1}(e))\otimes\mathscr{Q}^2(\gamma(c)\otimes\gamma^{-1}(d)e)_{(1)}\otimes\mathscr{Q}^2(\gamma(c)\otimes\gamma^{-1}(d)e)_{(2)}.
\end{aligned}
\tag{4-24}
$$

证明 若式 (4-20) 成立, 则有

$$
\begin{aligned}
&(c_{M,P}\otimes id_N)\circ a^{-1}_{M,P,N}\circ(id_M\otimes c_{N,P})(m\otimes(n\otimes p))\\
=&(c_{M,P}\otimes id_N)\circ a^{-1}_{M,P,N}(m\otimes\mathscr{Q}(p_{[1]}\otimes n_{[1]})(p_{[0]}\otimes n_{[0]}))
\end{aligned}
$$

$$
\begin{aligned}
&=(c_{M,P}\otimes id_N)((\mu^{-1}(m)\otimes \mathscr{Q}^1(p_{[1]}\otimes n_{[1]})p_{[0]})\otimes \beta(\mathscr{Q}^2(p_{[1]}\otimes n_{[1]}))\nu(n_{[0]}))\\
&=\mathscr{U}(\mathscr{Q}^1(p_{[1]}\otimes n_{[1]})_{[1]}p_{[0][1]}\otimes\gamma^{-1}(m_{[1]}))(\mathscr{Q}^1(p_{[1]}\otimes n_{[1]})_{[0]}p_{[0][0]}\otimes\mu^{-1}(m_{[0]}))\\
&\quad\otimes\beta(\mathscr{Q}^2(p_{[1]}\otimes n_{[1]}))\nu(n_{[0]})\\
&=\{\beta^{-1}(\mathscr{U}^1(\mathscr{Q}^1(\gamma(p_{[1](2)})\otimes n_{[1]})_{[1]}p_{[1](1)}\otimes\gamma^{-1}(m_{[1]})))\mathscr{Q}^1(\gamma(p_{[1](2)})\otimes n_{[1]})_{[0]}\}p_{[0]}\\
&\quad\otimes\mathscr{U}^2(\mathscr{Q}^1(\gamma(p_{[1](2)})\otimes n_{[1]})_{[1]}p_{[1](1)}\\
&\quad\otimes\gamma^{-1}(m_{[1]}))\mu^{-1}(m_{[0]})\otimes\beta(\mathscr{Q}^2(p_{[1]}\otimes n_{[1]}))\nu(n_{[0]})
\end{aligned}
$$

和

$$
\begin{aligned}
&a^{-1}_{P,M,N}\circ c_{M\otimes N,P}\circ a^{-1}_{M,N,P}(m\otimes(n\otimes p))\\
&=a^{-1}_{P,M,N}\circ c_{M\otimes N,P}((\mu^{-1}(m)\otimes n)\otimes\pi(p))\\
&=a^{-1}_{P,M,N}\mathscr{Q}(\gamma(p_{[1]})\otimes\gamma^{-1}(m_{[1]})n_{[1]})(\pi(p_{[0]})\otimes(\mu^{-1}(m_{[0]})\otimes n_{[0]}))\\
&=\beta^{-1}(\mathscr{Q}^1(\gamma(p_{[1]})\otimes\gamma^{-1}(m_{[1]})n_{[1]}))p_{[0]}\otimes\mathscr{Q}^2(\gamma(p_{[1]})\otimes\gamma^{-1}(m_{[1]})n_{[1]})_{(1)}\mu^{-1}(m_{[0]})\\
&\quad\otimes\beta(\mathscr{Q}^2(\gamma(p_{[1]})\otimes\gamma^{-1}(m_{[1]})n_{[1]}))_{(2)}\nu(n_{[0]}).
\end{aligned}
$$

反之, 令 $M=N=P=A\otimes C$, $m=1\otimes d$, $n=1\otimes e$, $p=1\otimes c$, 易知结论成立. □

下面是本章主要定理.

定理 4.6　设 (H,A,C) 为张量 Doi Hom-Hopf 数据且 $\mathscr{Q}:C\otimes C\to A\otimes A$ 为扭曲卷积可逆的映射. 对任意的 $(M,\mu),(N,\nu)\in {}_A\widetilde{\mathscr{H}}(\mathscr{M}_k)(H)^C$, 以下映射

$$
c_{M,N}:M\otimes N\to N\otimes M,\quad c_{M,N}(m\otimes n)=\mathscr{Q}(n_{[1]}\otimes m_{[1]})(n_{[0]}\otimes m_{[0]})
$$

定义了 Doi Hom-Hopf 模范畴 ${}_A\widetilde{\mathscr{H}}(\mathscr{M}_k)(H)^C$ 中的辫子, 当且仅当式 (4-21)~式 (4-24) 成立.

例 4.4　(1) 令 $A=k$, 记

$$
R=\mathscr{Q}(1_C\otimes 1_C)=\sum R^{(1)}\otimes R^{(2)}=\sum r^{(1)}\otimes r^{(2)}.
$$

此时式 (4-23) 和式 (4-24) 分别具有形式:

$$
\begin{aligned}
\Delta(R^{(1)})\otimes R^{(2)}&=R^{(1)}\otimes r^{(1)}\otimes r^{(2)}R^{(2)},\\
R^{(1)}\otimes\Delta(R^{(2)})&=r^{(1)}R^{(1)}\otimes r^{(2)}\otimes R^{(2)}.
\end{aligned}
$$

此时辫子为

$$c_{M,N}: M\otimes N\to N\otimes M, c_{M,N}(m\otimes n)=R^{(2)}\cdot\nu^{-1}(n)\otimes R^{(1)}\cdot\mu^{-1}(m).$$

设 R 为 α-不变的 (即 $\alpha(R^{(1)})\otimes\alpha(R^{(2)})=R^{(1)}\otimes R^{(2)}$). 则可知定理 4.6 成立当且仅当 (C,R^{-1}) 为拟三角 monoidal Hom-双代数.

(2) 令 $C=k$, 则式 (4-23) 和式 (4-24) 具有形式:

$$\sigma(hg,l)\rangle=\sigma(h,l_{(1)})\sigma(g,l_{(2)}),$$
$$\sigma(h,gl)=\sigma(h_{(1)},l)\sigma(h_{(2)},g).$$

此时辫子为

$$c_{M,N}: M\otimes N\to N\otimes M,$$
$$c_{M,N}(m\otimes n)=\sigma(n_{[1]},m_{[1]})\nu(n_{[0]})\otimes\mu(m_{[0]}).$$

设 σ 为 α-不变的 (即对任意的 $h,g\in H$, 总有: $\sigma(\alpha(h),\alpha(g))=\sigma(h,g)$), 则知定理 4.6 成立, 当且仅当 (A,σ) 为余拟三角 monoidal Hom-双代数.

(3) 设 (H,α) 为伴有双射对极的 monoidal Hom-Hopf 代数. 已知范畴 ${}_H\widetilde{\mathscr{H}}(\mathscr{M}_k)(H^{op}\otimes H)^H$ 和 ${}_H\mathscr{H}\mathscr{Y}\mathscr{D}^H$ 是等价的. 则由文献 [21] 可知, ${}_H\mathscr{H}\mathscr{Y}\mathscr{D}^H$ 为辫子范畴, 其辫子为

$$c_{M,N}: M\otimes N\to N\otimes M,\quad m\otimes n\mapsto\nu(n_{[0]})\otimes n_{[1]}\mu^{-1}(m).$$

并且知此时辫子所对应的映射为

$$\mathscr{Q}: H\otimes H\to H\otimes H,\quad h\otimes k\mapsto\eta(\varepsilon(k))\otimes h.$$

易验证 $\mathscr{Q}$ 满足定理 4.6. □

4.4 Monoidal Hom-双代数的冲积和 Drinfeld 偶

本节将介绍 monoidal Hom-双代数的冲积与 Drinfeld 偶, 并以此来推广文献 [51] 中的相关结论.

设 (A,β) 为右 (H,α)-Hom 余模代数, (B,ζ) 为左 (H,α)-Hom 模余代数. 考虑冲积 $A\#B$, 其乘法定义为

$$(a\#b)(c\#d)=a\beta(c_{[0]})\#(\zeta^{-1}(b)\leftharpoonup c_{[1]})d.$$

则 $A\#B$ 为 Hom-代数, 其中单位元为 $1_A\#1_B$.

注记 4.1 此处定义的冲积, 其乘法结构不同于文献 [24] 中的定义.

若 (C,γ) 为忠实投射的左 (H,α)-Hom 模余代数, 则 (C^*,γ^*) 为右 (H,α)-Hom 模代数. 其右 (H,α)-作用定义为

$$(c^* \leftharpoonup h, c) = (c^*, h\cdot c).$$

令 $(M,\mu)\in {}_A\widetilde{\mathscr{H}}(\mathscr{M}_k)(H)^C$, 可定义 $A\#C^*$ 在 (M,μ) 上的作用

$$(a\#c^*)\cdot m = < c^*, m_{[1]} > a\cdot m_{[0]}.$$

设 (A,β) 与 (B,ζ) 均为 monoidal Hom-双代数, 则可定义 $\Delta_{A\#B}$ 和 $\varepsilon_{A\#B}$ 如下:

$$\begin{aligned}&\Delta_{A\#B}(a\#b) = (a_{(1)}\#b_{(1)})\otimes(a_{(2)}\#b_{(2)}),\\&\varepsilon_{A\#B}(a\#b) = \varepsilon_A(a)\varepsilon_B(b).\end{aligned}$$

命题 4.3 在上述记号下, 对任意的 $a\in A$, $b\in B$, 有

$$\begin{aligned}&\Delta_A(\beta(a_{[0]}))\otimes\Delta_A(\zeta^{-1}(b)\leftharpoonup a_{[1]})\\&=\beta(a_{(1)[0]})\otimes\beta(a_{(2)[0]})\otimes(\zeta^{-1}(b_{(1)})\leftharpoonup a_{[1](1)})\otimes(\zeta^{-1}(b_{(2)})\leftharpoonup a_{[1](2)})\end{aligned}\tag{4-25}$$

和

$$\varepsilon_A(a_{[0]})\otimes\varepsilon_B(b\leftharpoonup a_{[1]}) = \varepsilon_A(a)\varepsilon_B(b),\tag{4-26}$$

并且 $A\#B$ 为 monoidal Hom-双代数. 进一步地, 若 (A,β) 和 (B,ζ) 均为 monodial Hom-Hopf 代数, 则 $A\#B$ 为伴有对极

$$S_{A\#B}(a\#b) = S(\beta(a))_{[0]}\#(S(\zeta^{-1}(b))\leftharpoonup S(a)_{[1]}).$$

的 monoidal Hom-Hopf 代数.

证明 易证得 $\Delta_{A\#B}$ 为乘法映射, 当且仅当式 (4-25) 成立, 并且 $\varepsilon_{A\#B}$ 为乘法映射, 当且仅当式 (4-26) 成立. 下证如上定义的对极是合理的. 事实上, 有

$$\begin{aligned}&(a_{(1)}\#b_{(1)})S_{A\#B}(a_{(2)}\#b_{(2)})\\&=(a_{(1)}\#b_{(1)})(S(\beta(a_{(2)}))_{[0]}\otimes(S(\zeta^{-1}(b_{(2)}))\leftharpoonup S(a_{(2)})_{[1]}))\\&=a_{(1)}S(\beta^2(a_{(2)}))_{[0][0]}\#(\zeta^{-1}(b_{(1)})\leftharpoonup S(\beta(a_{(2)}))_{[0][1]})(S(\zeta^{-1}(b_{(2)}))\leftharpoonup S(a_{(2)})_{[1]})\\&=a_{(1)}S(\beta(a_{(2)}))_{[0]}\#(\zeta^{-1}(b_{(1)})\leftharpoonup S(\beta(a_{(2)}))_{[1](1)})(S(\zeta^{-1}(b_{(2)}))\leftharpoonup S(\beta(a_{(2)}))_{[1](2)})\end{aligned}$$

$$=a_{(1)}S(\beta(a_{(2)}))_{[0]}\#(\zeta^{-1}(b_{(1)})S(\zeta^{-1}(b_{(2)}))) \leftharpoondown S(\beta(a_{(2)}))_{[1]}$$
$$=\varepsilon_A(a)\varepsilon_B(b)$$

和

$$\begin{aligned}&S_{A\#B}(a_{(1)}\#b_{(1)})(a_{(2)}\#b_{(2)})\\&=(S(\beta(a_{(1)}))_{[0]}\otimes(S(\zeta^{-1}(b_{(1)}))\leftharpoondown S(a_{(1)})_{[1]}))(a_{(2)}\#b_{(2)})\\&=S(\beta(a_{(1)}))_{[0]}\beta(a_{(2)[0]})\#(S(\zeta^{-1}(b_{(1)}))\leftharpoondown S(a_{(1)})_{[1]}a_{(2)[1]})b_{(2)}\\&=\varepsilon_A(a)\varepsilon_B(b),\end{aligned}$$

于是可知结论成立. □

命题 4.4 设 (H,A,C) 为张量 Doi Hom-Hopf 数据. 设 (C,γ) 为忠实投射的 k-模. 则 (A,β) 和 (C^*,γ^*) 满足式 (4-25) 和式 (4-26). 进一步地, ${}_A\widetilde{\mathscr{H}}(\mathscr{M}_k)(H)^C$ 和 $A\#C^*$-Hom-模范畴是张量同构的.

证明 由文献 [47] 易得. □

在文献 [36] 的启发下, 有如下的例子.

例 4.5 设 (H,α) 为忠实投射的 k-模. 则 monoidal Hom-代数 $A\#C^*$ 即 Drinfeld 偶: $D(H)=H\#H^*$. 此时乘法定义为

$$(h\#f)(k\#g)=h\alpha^2(h_{(2)(1)})\#<\alpha^{*-2}(f),\alpha(h_{(2)(2)})\rightharpoonup\bullet\leftharpoondown S^{-1}(\alpha^{-1}(h))>g.$$

设 (H,A,C) 为张量 Doi Hom-Hopf 数据且 $\mathscr{Q}:C\otimes C\longrightarrow A\otimes A$ 为扭曲卷积可逆的映射, 并且满足式 (4-21)~式 (4-24). 则 $\mathscr{Q}$ 可诱导

$$\widetilde{\mathscr{Q}}:k\rightarrow(A\#C^*)\otimes(A\#C^*).$$

易知 ${}_A\widetilde{\mathscr{H}}(\mathscr{M}_k)(H)^C$ 中的辫子可诱导 $A\#C^*$-Hom 模范畴中的辫子. 因此 $A\#C^*$ 为拟三角 monoidal Hom-Hopf 代数. □

关于 (余) 辫子结构及 Yang-Baxter 方程解系、Drinfeld 偶的 Hom-化等方面的最新研究进展, 可见文献 [12]、[52]~[56] 等.

第5章　量子 Hom-Yetter-Drinfeld 模的仿射准则

5.1　量子 Hom-Yetter-Drinfeld 模

定义 5.1　设 (H,α) 为伴有双射对极的 monoidal Hom Hopf 代数且 (A,β) 为 (H,α)-Hom-双余模代数. 若 (M,μ) 既为右 (A,β)-Hom-模又为左 (H,α)-Hom-余模(余作用以 $\rho_M(m)=m_{[-1]}\otimes m_{[0]}$ 表示), 并且对任意的 $m\in M$, $a\in A$, 满足兼容条件

$$m_{[-1]}a_{[-1]}\otimes m_{[0]}\cdot a_{[0]}=a_{[1]}(\mu^{-1}(m)\cdot a_{[0]})_{[-1]}\otimes\mu((\mu^{-1}(m)\cdot a_{[0]})_{[0]}). \tag{5-1}$$

则称 (M,μ) 为量子Hom-Yetter-Drinfeld模.

我们以 ${}^H\mathscr{H}\mathscr{Y}\mathscr{D}_A$ 来表示由右–左量子 Hom-Yetter-Drinfeld 模和右 (A,β)-线性左 (H,α)-余线性映射构成的范畴.

命题 5.1　设 (M,μ) 为右 (A,β)-Hom 模和左 (H,α)-Hom 余模. 则式 (5-2) 等价于

$$\rho(m\cdot a)=S^{-1}(a_{[1]})(\alpha^{-1}(m_{[-1]})a_{[0][-1]})\otimes m_{[0]}\cdot\beta(a_{[0][0]}), \tag{5-2}$$

其中 $a\in A$, $m\in M$.

证明　一方面, 对任意的 $h\in H$, $m\in M$, 有

$$\begin{aligned}
&S^{-1}(a_{[1]})(\alpha^{-1}(m_{[-1]})a_{[0][-1]})\otimes m_{[0]}\cdot\beta(a_{[0][0]})\\
=\ &S^{-1}(a_{[1]})(\alpha^{-1}(m_{[-1]})a_{[0][-1]})\otimes\mu(\mu^{-1}(m_{[0]})\cdot a_{[0][0]})\\
\overset{(5\text{-}1)}{=}&S^{-1}(a_{[1]})(a_{[0][1]}(\mu^{-2}(m)\cdot a_{[0][0]})_{[-1]})\otimes\mu(\mu((\mu^{-2}(m)\cdot a_{[0][0]})_{[0]}))\\
=\ &(S^{-1}(a_{[1](2)})a_{[1](1)})(\mu^{-1}(m)\cdot a_{[0]})_{[-1]}\otimes\mu(\mu((\mu^{-2}(m)\cdot\beta^{-1}(a_{[0]}))_{[0]}))\\
=\ &(m\cdot a)_{[-1]}\otimes(m\cdot a)_{[0]}.
\end{aligned}$$

另一方面, 还有

$$\begin{aligned}
&a_{[1]}(\mu^{-1}(m)\cdot a_{[0]})_{[-1]}\otimes\mu((\mu^{-1}(m)\cdot a_{[0]})_{[0]})\\
\overset{(5\text{-}2)}{=}\;&a_{[1]}(S^{-1}(a_{[1]})(\alpha^{-2}(m_{[-1]})a_{[0][0][-1]}))\otimes\mu((\mu^{-2}(m_{[0]})\cdot\beta(a_{[0][0][0]})))\\
=\;&(\alpha^{-1}(a_{[1]})S^{-1}(a_{[1]}))(\alpha^{-1}(m_{[-1]})\alpha(a_{[0][0][-1]}))\otimes\mu((\mu^{-1}(m_{[0]})\cdot\beta(a_{[0][0][0]})))\\
=\;&(a_{[1](2)}S^{-1}(a_{[1](1)}))(\alpha^{-1}(m_{[-1]})a_{[0][-1]})\otimes\mu((\mu^{-1}(m_{[0]})\cdot a_{[0][0]}))\\
=\;&m_{[-1]}a_{[-1]}\otimes m_{[0]}\cdot a_{[0]}.
\end{aligned}$$

于是结论成立. □

例 5.1 (1) 令 $A=H$, $\rho=\rho^l=\Delta$. 则 ${}^H\mathscr{HYD}_H$, 即 Hom-Yetter-Drinfeld 模范畴 [21].

(2) 若 $\rho_A:A\to A\otimes H$ 为平凡余作用, 即 $\rho_A(a)=\beta^{-1}(a)\otimes 1_H$, 则 ${}^H\mathscr{HYD}_A={}^H\widetilde{\mathscr{H}}(\mathscr{M}_k)_A$, 即相关 Hom-Hopf 模范畴 [41].

命题 5.2 在定义 5.1 的条件下, 下列命题成立:

(1) (A,β) 为左 $(H\otimes H^{op},\alpha\otimes\alpha^{op})$-Hom-余模代数. 此时余作用 $A\to(H\otimes H^{op})\otimes A$ 定义为

$$a\mapsto(a_{[0][-1]}\otimes S^{-1}(\alpha^{-1}(a_{[1]})))\otimes\beta(a_{[0][0]}).$$

(2) (H,α) 为左 $(H\otimes H^{op},\alpha\otimes\alpha^{op})$-Hom 模余代数. 此时 $H^{op}\otimes H$ 在 H 上的作用为

$$g\triangleleft(h\otimes k)=\alpha(k)(\alpha^{-1}(g)h).$$

(3) ${}^H\mathscr{HYD}_A$ 同构于 Doi Hom-Hopf 模范畴, 我们将后者记为 ${}^H\widetilde{\mathscr{H}}(\mathscr{M}_k)(H\otimes H^{op})_A$.

证明 (1) 先证 (A,β) 为 $(H\otimes H^{op},\alpha\otimes\alpha^{op})$-Hom 余模. 对任意的 $h\in H$, 有

$$\begin{aligned}
&(\Delta_{H\otimes H^{op}}\otimes\beta^{-1})\rho_H(h)\\
=&\Delta_{H\otimes H^{op}}(a_{[0][-1]}\otimes S^{-1}(\alpha^{-1}(a_{[1]})))\otimes a_{[0][0]}\\
=&a_{[0][-1](1)}\otimes S^{-1}(\alpha^{-1}(a_{[1](2)}))\otimes a_{[0][-1](2)}\otimes S^{-1}(\alpha^{-1}(a_{[1](1)}))\otimes a_{[0][0]}\\
=&\alpha^{-1}(a_{[0][-1]})\otimes S^{-1}(\alpha^{-2}(a_{[1]}))\otimes\alpha(a_{[0][0][0][-1]})\otimes S^{-1}(a_{[0][0][1]})\otimes\beta^2(a_{[0][0][0][0]})\\
=&\alpha^{-1}(a_{[0][-1]})\otimes S^{-1}(\alpha^{-2}(a_{[1]}))\otimes\rho_A(\beta(a_{[0][0]}))\\
=&(\alpha^{-1}\otimes\rho_A)\rho_A(a).
\end{aligned}$$

于是 (A,β) 为 $(H\otimes H^{op},\alpha\otimes\alpha^{op})$-Hom 余模, 并且易验证对任意的 $a,b\in A$, 均有 $\rho_A(ab)=\rho_A(a)\rho_A(b)$.

(2) 下证 (H,α) 为右 $(H\otimes H^{op},\alpha\otimes\alpha^{op})$-Hom 余模. 对任意的 $h,l,k,m,c\in H$, 有

$$\begin{aligned}[c\triangleleft(h\otimes k)]\triangleleft(\alpha(l)\otimes\alpha(m)) &= [\alpha(k)(\alpha^{-1}(c)h)]\triangleleft(\alpha(l)\otimes\alpha(m))\\ &= \alpha^2(m)[[k(\alpha^{-2}(c)\alpha^{-1}(h))]\alpha(l)]\\ &= \alpha^2(m)[[(\alpha^{-1}(k)\alpha^{-2}(c))h]\alpha(l)]\\ &= \alpha^2(m)[(k\alpha^{-1}(c))(hl)]\\ &= [c(mk)](\alpha(h)\alpha(l))\\ &= \alpha(c)\triangleleft(hl\otimes mk)\\ &= \alpha(c)\triangleleft[(h\otimes k)(l\otimes m)],\end{aligned}$$

这就证明了 (H,α) 为右 $(H\otimes H^{op},\alpha\otimes\alpha^{op})$-Hom 余模.

由于 (H,α) 为 (H,α)-Hom 双模代数, 故 (H,α) 为左 $(H\otimes H^{op},\alpha\otimes\alpha^{op})$-Hom-模余代数.

(3) 令 $(M,\cdot,\mu)$ 为右 (A,β)-模, (M,ρ_M,μ) 为右 (H,α)-余模. 则 $M\in {}^H\widetilde{\mathscr{H}}(\mathscr{M}_k)(H\otimes H^{op})_A$, 当且仅当对任意的 $h\in H$, $m\in M$, 有

$$\begin{aligned}\rho_M(m\cdot a) &= m_{[-1]}\triangleleft(a_{[0][-1]}\otimes S^{-1}(\alpha^{-1}(a_{[1]})))\otimes m_{[0]}\cdot\beta(a_{[0][0]})\\ &= S^{-1}(a_{[1]})(\alpha^{-1}(m_{[-1]})a_{[0][-1]})\otimes m_{[0]}\cdot\beta(a_{[0][0]}),\end{aligned}$$

这就证明了 ${}^H\widetilde{\mathscr{H}}(\mathscr{M}_k)(H\otimes H^{op})_A$ 同构于 ${}^H\mathscr{H}\mathscr{Y}\mathscr{D}_A$. □

5.2 仿射准则

本节中, 我们将引入量子 Hom-Yetter-Drinfeld 的量子积分, 并将以之给出本章的主要定理: 量子 Hom-Yetter-Drinfeld 模的仿射准则.

定义 5.2 设 (H,α) 为伴有双射对极的 monoidal Hom-Hopf 代数, (A,β) 为 (H,α)-Hom-双余模代数. 称 k-线性映射 $\gamma: H\to\mathrm{Hom}(H,A)$ 为量子积分, 若有 $\gamma(\alpha(g))(\alpha(h))=\beta\circ\gamma(g)(h)$ 且对任意的 $g,h\in H$, 以下等式成立:

$$\begin{aligned}\alpha(h_{(1)})\otimes\gamma(h_{(2)})(\alpha^{-1}(g)) &= S^{-1}([\gamma(h)(\alpha(g_{(1)}))]_{[1]})(\alpha^{-1}(g_{(2)})\\ &\quad\otimes[\gamma(h)(\alpha(g_{(1)}))]_{[0][-1]})[\gamma(\alpha(h))\alpha^2(g_{(1)})]_{[0][0]}, \qquad (5\text{-}3)\end{aligned}$$

称量子积分 $\gamma: H \to \mathrm{Hom}(H, A)$ 为整体的, 若对任意的 $h \in H$, 有

$$\gamma(h_{(1)})(h_{(2)}) = \varepsilon(h)1_A, \tag{5-4}$$

注记 5.1 设 $\gamma: H \to \mathrm{Hom}(H, A)$ 为量子积分, 则映射

$$\phi: (H, \alpha) \to (A, \beta),\ \phi(h) = \gamma(h)(1_H)$$

满足对任意的 $h \in H$, 均有

$$h_{(1)} \otimes \phi(h_{(2)}) = S^{-1}(\alpha^{-1}(\phi(h)_{[1]}))\phi(h)_{[0][-1]} \otimes \beta(\phi(h)_{[0][0]}),$$

即 $\phi: (H, \alpha) \to (A, \beta)$ 为左 (H, α)-余线性的.

由于

$$(h \otimes b)a = S^{-1}(a_{[1]})(h\alpha^{-1}(a_{[0][-1]})) \otimes b\beta(a_{[0][0]}); \tag{5-5}$$

$$\rho_{H\otimes A}(h \otimes a) = \alpha(h_{(1)}) \otimes h_{(2)} \otimes \beta^{-1}(b), \tag{5-6}$$

此时易验证 $H \otimes A$ 为 ${}^H\mathscr{H}\mathscr{Y}\mathscr{D}_A$ 中的对象.

命题 5.3 设 (H, α) 为伴有双射对极的 monoidal Hom-Hopf 代数且 (A, β) 为 (H, α)-Hom-双余模代数. 设 $\gamma: H \to \mathrm{Hom}(H, A)$ 为整体量子积分, 则

$$\widetilde{\rho}: A \to H \otimes A,\ \ \widetilde{\rho}(a) = S^{-1}(\alpha^{-1}(a_{[1]}))a_{[0][-1]} \otimes \beta(a_{[0][0]})$$

在 ${}^H\mathscr{H}\mathscr{Y}\mathscr{D}_A$ 中可裂.

证明 对任意的 $a \in A$, $h \in H$, 考虑映射

$$\lambda: H \otimes A \to A,\ \lambda(h \otimes a) = \beta^2(a_{[0][0]})\gamma(\alpha^{-1}(h))(S^{-1}(\alpha^{-1}(a_{[1]}))a_{[0][-1]}),$$

易验证 λ 为左 (H, α)-余线性的且为 $\widetilde{\rho}$ 的收缩. 特别地, $\lambda(1_H \otimes 1_A) = 1_A$ 且满足

$$\begin{aligned} &h_{(1)} \otimes \lambda(h_{(2)} \otimes 1_A) \\ =& S^{-1}(\alpha^{-1}(\lambda(h \otimes a)_{[1]}))\lambda(h \otimes a)_{[0][-1]} \otimes \beta(\lambda(h \otimes a)_{[0][0]}). \end{aligned} \tag{5-7}$$

此时对任意的 $h \in H$, $a \in A$, 定义

$$\Lambda: H \otimes A \to A,\ \Lambda(h \otimes a) = \lambda(S^{-2}(a_{[1]})(\alpha^{-2}(h)S(a_{[0][-1]})) \otimes 1_A)\beta^2(a_{[0][0]}),$$

则 Λ 仍为 $\widetilde{\rho}$ 的收缩. 事实上,

$$
\begin{aligned}
&(\Lambda\circ\widetilde{\rho})(a)\\
=&\Lambda(S^{-1}(\alpha^{-1}(a_{[1]}))a_{[0][-1]}\otimes\beta(a_{[0][0]}))\\
=&\lambda(S^{-2}(\alpha(a_{[0][0][1]}))(S^{-1}(\alpha^{-3}(a_{[1]}))\alpha^{-2}(a_{[0][-1]})\\
&S(\alpha(a_{[0][0][0][-1]})))\otimes 1_A)\beta^3(a_{[0][0][0][0]})\\
=&\lambda(S^{-2}(\alpha(a_{[0][0][1]}))(S^{-1}(\alpha^{-2}(a_{[1]}))\{\alpha^{-2}(a_{[0][-1]})\\
&S(a_{[0][0][0][-1]})\})\otimes 1_A)\beta^3(a_{[0][0][0][0]})\\
=&\lambda(S^{-2}(\alpha^2(a_{[0][0][0][1]}))(S^{-1}(a_{[0][0][1]})\{\alpha^{-3}(a_{[-1]})\\
&S(\alpha^{-2}(a_{[0][-1]}))\})\otimes 1_A)\beta^3(a_{[0][0][0][0]})\\
=&\lambda(S^{-2}(\alpha(a_{[0][0][1]}))(S^{-1}(\alpha^{-1}(a_{[0][1]}))\{\alpha^{-2}(a_{[-1](1)})\\
&S(\alpha^{-2}(a_{[-1](2)}))\})\otimes 1_A)\beta^2(a_{[0][0][0]})\\
=&\lambda(S^{-2}(a_{[0][1]})S^{-1}(\alpha^{-1}(a_{[1]}))\otimes 1_A)\beta(a_{[0][0]})\\
=&\lambda(S^{-2}(a_{[1](1)})S^{-1}(a_{[1](2)})\otimes 1_A)a_{[0]}\\
=&\lambda(1_H\otimes 1_A)\beta^{-1}(a)=a.
\end{aligned}
$$

于是 Λ 为 ${}^H\mathscr{H}\mathscr{Y}\mathscr{D}_A$ 中的态射. 此时取 $h\in H, a, b\in A$, 可计算得

$$
\begin{aligned}
&\Lambda((h\otimes b)a)\\
=&\Lambda(S^{-1}(a_{[1]})(h\alpha^{-1}(a_{[0][-1]}))\otimes b\beta(a_{[0][0]}))\\
=&\lambda(S^{-2}(b_{[1]}\alpha(a_{[0][0][1]}))(S^{-1}(\alpha^{-2}(a_{[1]}))(\alpha^{-2}(h)\alpha^{-3}(a_{[0][-1]}))\\
&S(b_{[0][1]}\alpha(a_{[0][0][0][1]})))\otimes 1_A)\beta^2(b_{[0]})\beta^3(a_{[0][0][0][0]})\\
=&\lambda(S^{-2}(\alpha(b_{[1]}))\{S^{-2}(\alpha^{-2}(a_{[0][1]})))(S^{-1}(\alpha^{-3}(a_{[1]}))\}(\alpha^{-1}(h)\alpha^{-1}(a_{[0][-1]}))\\
&S(\alpha(b_{[0][1]})\alpha^2(a_{[0][0][0][1]})))\otimes 1_A)\beta^2(b_{[0]})\beta^3(a_{[0][0][0][0]})\\
=&\lambda(S^{-2}(b_{[1]})(\alpha^{-2}(h)S(b_{[0][-1]}))\otimes 1_A)\beta^2(b_{[0][0]})a\\
=&\Lambda(h\otimes b)a,
\end{aligned}
$$

另外, 有

$$
\begin{aligned}
&\widetilde{\rho}\Lambda(h\otimes a)\\
=&\widetilde{\rho}(\lambda(S^{-2}(a_{[1]})(\alpha^{-2}(h)S(a_{[0][-1]}))\otimes 1_A)\beta^2(a_{[0][0]}))
\end{aligned}
$$

$$\begin{aligned}
&= S^{-1}(\alpha(a_{[0][0][1]}))S^{-1}(\alpha^{-1}(\lambda(S^{-2}(a_{[1]})(\alpha^{-2}(h)S(a_{[0][-1]}))\otimes 1_A)_{[1]}))\\
&\quad\lambda(S^{-2}(a_{[1]})(\alpha^{-2}(h)S(a_{[0][-1]}))\otimes 1_A)_{[0][-1]}\alpha^2(a_{[0][0][0][-1]})\\
&\quad\otimes\beta(\lambda(S^{-2}(a_{[1]})(\alpha^{-2}(h)S(a_{[0][-1]}))\otimes 1_A)_{[0][0]})\beta^3(a_{[0][0][0][0]})\\
&= S^{-1}(\alpha(a_{[0][0][1]}))\alpha^{-1}\{S^{-1}(\alpha^{-1}(\lambda(S^{-2}(a_{[1]})(\alpha^{-2}(h)S(a_{[0][-1]}))\otimes 1_A)_{[1]}))\\
&\quad\lambda(S^{-2}(a_{[1]})(\alpha^{-2}(h)S(a_{[0][-1]}))\otimes 1_A)_{[0][-1]}\}\alpha^3(a_{[0][0][0][-1]})\\
&\quad\otimes\beta(\lambda(S^{-2}(a_{[1]})(\alpha^{-2}(h)S(a_{[0][-1]}))\otimes 1_A)_{[0][0]})\beta^3(a_{[0][0][0][0]})\\
&\overset{(5\text{-}7)}{=} S^{-1}(\alpha(a_{[0][0][1]}))\alpha^{-1}(S^{-2}(a_{[1](1)})(\alpha^{-2}(h_{(1)})S(a_{[0][-1](2)})))\alpha^3(a_{[0][0][0][-1]})\\
&\quad\otimes\beta(\lambda(S^{-2}(a_{[1](2)})(\alpha^{-2}(h_{(2)})S(a_{[0][-1](1)}))\otimes 1_A)_{[0][0]})\beta^3(a_{[0][0][0][0]})\\
&= \alpha(h_{(1)})\otimes\lambda(S^{-2}(\alpha^{-1}(a_{[1]}))(\alpha^{-2}(h_{(2)})S(\alpha^{-1}(a_{[0][-1]})))\otimes 1_A)\beta(a_{[0][0]})\\
&= (id_H\otimes\Lambda)\rho_{H\otimes A}(h\otimes a).
\end{aligned}$$

故 Λ 为 $\widetilde{\rho}$ 在 ${}^H\mathscr{H}\mathscr{Y}\mathscr{D}_A$ 中的收缩. □

考虑 (A,β) 中的如下余不变量:

$$\begin{aligned}
B=A^{coH}&=\{a\in A|\widetilde{\rho}(a)=1_H\otimes\beta^{-1}(a)\}\\
&=\{a\in A|S^{-1}(\alpha^{-1}(a_{[1]}))a_{[0][-1]}\otimes\beta(a_{[0][0]})=1_H\otimes\beta^{-1}(a)\}.
\end{aligned}$$

则 (B,β) 为 (A,β) 的 Hom-子代数.

命题 5.4 设 (H,α) 为伴有双射对极的 monoidal Hom-Hopf 代数, (A,β) 为 (H,α)-Hom-双余模代数. 设存在整体量子积分 $\gamma: H\to\mathrm{Hom}(H,A)$. 则:

(1) B 作为左 B-子模, 为 A 的直和项;

(2) B 作为右 B-子模, 为 A 的直和项.

证明 对任意的 $a\in A$, 考虑如下迹映射:

$$\begin{aligned}
&t^l:(A,\beta)\to(B,\beta),\\
&t^l(a)=\lambda(1_H\otimes a)=\beta(a_{[0][0]})\gamma(1_H)(S^{-1}(\alpha^{-1}(a_{[1]}))a_{[0][-1]}),
\end{aligned}$$

由式 (5-3) 可知 $\widetilde{\rho}(t^l(a))=\beta^{-1}(t^l(a))\otimes 1_H$, 即 $t^l(a)\in B$. 此时对任意的 $b\in B$, $a\in A$, 有

$$\begin{aligned}
t^l(ba)&=\beta(b_{[0][0]}a_{[0][0]})\gamma(1_H)(S^{-1}(\alpha^{-1}(b_{[1]})\alpha^{-1}(a_{[1]}))b_{[0][-1]}a_{[0][-1]})\\
&=(\beta^{-1}(b)\beta(a_{[0][0]}))\gamma(1_H)(S^{-1}(a_{[1]})\alpha(a_{[0][-1]}))\\
&=bt^l(a).
\end{aligned}$$

于是 t^l 为左 (B,β)-模同态且满足:

$$t^l(1_A)=1_A\gamma(1_H)(1_H)=1_A.$$

于是 t^l 为左 (B,β)-模同态且为嵌入 $i:B\hookrightarrow A$ 的收缩. 这就证明了结论.

(2) 同理可证映射

$$\begin{aligned}&t^r:(A,\beta)\to(B,\beta),\\&t^r(a)=\Lambda(1_H\otimes a)=\gamma(S^{-2}(\alpha^{-1}(a_{[1]}))S(a_{[0][-1]})(1_H)\beta(a_{[0][0]}),\end{aligned}$$

为右 (B,β)-模同态且为嵌入 $i:B\hookrightarrow A$ 的收缩. □

定义 5.3　设 (H,α) 为伴有双射对极的 monoidal Hom-Hopf 代数, (A,β) 为 (H,α)-Hom-双余模代数. 设存在整体量子积分 $\gamma:H\to\mathrm{Hom}(H,A)$. 称映射

$$t^l:(A,\beta)\to(B,\beta),\ t^l(a)=\beta(a_{[0][0]})\gamma(1_H)(S^{-1}(\alpha^{-1}(a_{[1]}))a_{[0][-1]}),\ a\in A,$$

为关于 γ 的量子迹.

接下来构造联系 ${}^H\mathscr{HYD}_A$ 与 $\widetilde{\mathscr{H}}(\mathscr{M}_k)_B$ 的函子. 首先, 若 $(M,\mu)\in{}^H\mathscr{HYD}_A$, 则

$$M^{coH}=\{m\in M|\rho_M(m)=1_H\otimes\mu^{-1}(m)\}$$

为 (M,μ) 的余不变量的右 (B,β)-模. 此时 $M\to M^{coH}$ 可诱导共变函子

$$(-)^{coH}:{}^H\mathscr{HYD}_A\to\widetilde{\mathscr{H}}(\mathscr{M}_k)_B.$$

对任意的 $(N,\nu)\in\widetilde{\mathscr{H}}(\mathscr{M}_k)_B$, $N\otimes_BA$ 为 ${}^H\mathscr{HYD}_A$ 中的对象, 对任意的 $n\in N$, $a,a'\in A$, 其结构定义为

$$\begin{aligned}&(n\otimes_B a)a'=\nu(n)\otimes_B a\beta^{-1}(a'),\\&\rho_{N\otimes_BA}(n\otimes_B a)=S^{-1}(\alpha^{-2}(a_{[1]}))\alpha^{-1}(a_{[0][-1]})\otimes\nu^{-1}(n)\otimes\alpha(a_{[0][0]}),\end{aligned}$$

此时, 有如下共变函子 (称之为归纳函子):

$$A\otimes_B-:\widetilde{\mathscr{H}}(\mathscr{M}_k)_B\to{}^H\mathscr{HYD}_A.$$

命题 5.5　设 (H,α) 为伴有双射对极的 monoidal Hom-Hopf 代数, (A,β) 为 (H,α)-Hom-双余模代数. 则归纳函子 $A\otimes_B-:\widetilde{\mathscr{H}}(\mathscr{M}_k)_B\to{}^H\mathscr{HYD}_A$ 为余不变函子 $(-)^{coH}:{}^H\mathscr{HYD}_A\to\widetilde{\mathscr{H}}(\mathscr{M}_k)_B$ 的左伴随.

证明 类似于文献 [37]. 不再赘述. □

现在已知 $H\otimes A\in {}^H\mathscr{H}\mathscr{Y}\mathscr{D}_A$, 且 $a\otimes 1_H\mapsto a$ 可诱导同构: $(A\otimes H)^{coH}\cong A$. 则对任意的 $a,b\in A$, 伴随映射可视为 ${}^H\mathscr{H}\mathscr{Y}\mathscr{D}_A$ 中的如下映射:

$$\psi: A\otimes_B A\to A\otimes H,\ \psi(a\otimes b)=S^{-1}(b_{[1]})\alpha(b_{[0][-1]})\otimes\beta^{-1}(a)\beta(b_{[0][0]}),$$

其中, 对任意的 $a,a',b\in A$, $A\otimes_B A\in {}^H\mathscr{H}\mathscr{Y}\mathscr{D}_A$:

$$(a\otimes_B b)\cdot a'=\beta^{-1}(a)\otimes_B b\beta^{-1}(a');$$
$$\rho_{A\otimes_B A}(a\otimes_B b)=S^{-1}(b_{[1]})\alpha(b_{[0][-1]})\otimes\beta^{-1}(a)\otimes\beta(b_{[0][0]}).$$

定义 5.4 设 (H,α) 为伴有双射对极的 monoidal Hom-Hopf 代数, (A,β) 为 (H,α)-Hom-双余模代数. 令 $B=A^{coH}$. 称 A/B 为量子 Galois 扩张, 若典范态射

$$\psi: A\otimes_B A\to A\otimes H,\ \psi(a\otimes b)=S^{-1}(b_{[1]})\alpha(b_{[0][-1]})\otimes\beta^{-1}(a)\beta(b_{[0][0]}),$$

为双射.

定理 5.1 设 (H,α) 为伴有双射对极的 monoidal Hom-Hopf 代数, (A,β) 为 (H,α)-Hom-双余模代数. 令 $B=A^{coH}$. 设存在整体量子积分 $\gamma: H\to Hom(H,A)$. 则对任意的 $(N,\nu)\in\widetilde{\mathscr{H}}(\mathscr{M}_k)_B$,

$$\eta_N: N\to(N\otimes_B A)^{coH},\ \eta_N(n)=n\otimes_B 1_A,$$

为右 (B,β)-模同构.

证明 利用 $t^l:(A,\beta)\to(B,\beta)$, 我们构造 η_N 的逆如下. 对任意的 $a_i\otimes_B n_i\in(N\otimes_B A)^{coH}$, 定义映射:

$$\theta_N:(N\otimes_B A)^{coH}\to N,\ \theta_N(n_i\otimes_B a_i)=\sum n_i t^l(a_i)$$

由于 $t^l(1_A)=1_A$, 可知 $\theta_N\circ\eta_N=id_N$. 设 $n_i\otimes_B a_i\in(N\otimes_B A)^{coH}$. 则

$$1_H\otimes\nu^{-1}(n_i)\otimes_B\alpha^{-1}(a_i)=S^{-1}(a_{[1]})\alpha(a_{[0][-1]})\otimes\nu^{-1}(n_i)\otimes_B\beta(a_{[0][0]}).$$

进而得

$$\nu^{-1}(n_i)\otimes_B\alpha^{-1}(a_i)\otimes 1_A=\nu^{-1}(n_i)\otimes_B\beta(a_{[0][0]})\otimes\gamma(1_H)(S^{-1}(\alpha^{-1}(a_{[1]}))a_{[0][-1]}).$$

此时又有

$$\nu^{-1}(n_i)\otimes_B \alpha^{-1}(a_i)1_A=\nu^{-1}(n_i)\otimes_B \beta(a_{[0][0]})\gamma(1_H)(S^{-1}(\alpha^{-1}(a_{[1]}))a_{[0][-1]}).$$

于是可知 $n_i\otimes_B a_i=n_i\otimes_B t^l(a_i)$, 并且有

$$(\eta_N\circ\theta_N)(n_i\otimes_B a_i)=\sum n_i t^l(a_i)\otimes_B 1_A=\sum n_i\otimes_B t^l(a_i)=n_i\otimes_B a_i,$$

于是 θ_N 为 η_N 的逆. □

接下来将给出本章的主要结论, 即量子 Hom-Yetter-Drinfeld 模的仿射准则.

定理 5.2 设 (H,α) 为伴有双射对极的 monoidal Hom-Hopf 代数, 并且 (A,β) 为 (H,α)-Hom-双余模代数. 令 $B=A^{coH}$. 设:

(1) 存在整体量子积分 $\gamma: H\to Hom(H,A)$;

(2) 典范映射

$$\beta: A\otimes_B A\to A\otimes H,\ \ a\otimes_B b\mapsto S^{-1}(b_{[1]})\alpha(b_{[0][-1]})\otimes\beta^{-1}(a)\beta(b_{[0][0]}),$$

为满射. 则归纳函子 $A\otimes_B -:\widetilde{\mathscr{H}}(\mathscr{M}_k)_B\to {}^H\mathscr{H}\mathscr{Y}\mathscr{D}_A$ 为等价函子.

证明 由定理 5.1 可知对任意的 $(N,\nu)\in\widetilde{\mathscr{H}}(\mathscr{M}_k)_B$, $\eta_N: N\to(N\otimes_B A)^{coH}$ 均为同构. 下证所有

$$\beta_M: M^{coH}\otimes_B A\to M, \beta_M(m\otimes_B a)=ma$$

亦为同构.

设 (V,ω) 为 k-模. 则 $A\otimes V\in {}^H\mathscr{H}\mathscr{Y}\mathscr{D}_A$: $(a,b\in A,\ v\in V)$

$$(a\otimes v)a'=a\beta^{-1}(a')\otimes\omega(v),$$

$$\rho_{A\otimes V}(a\otimes v)=S^{-1}(a_{[1]})\alpha(a_{[0][-1]})\otimes\beta(a_{[0][0]})\otimes\omega^{-1}(v),$$

特别地, 令 $V=A$, $A\otimes A\in {}^H\mathscr{H}\mathscr{Y}\mathscr{D}_A$, 则对任意的 $a,b,a'\in A$, 有

$$(a\otimes b)\cdot a'=a\beta^{-1}(a')\otimes\beta(b); \tag{5-8}$$

$$\rho_{A\otimes A}(a\otimes b)=S^{-1}(a_{[1]})\alpha(a_{[0][-1]})\otimes\beta(a_{[0][0]})\otimes\beta^{-1}(b), \tag{5-9}$$

下证对任意的 k-模 V, 伴随映射 $\beta_{A\otimes V}:(A\otimes V)^{coH}\otimes_B A\to A\otimes V$ 均为同构. 首先, $V\otimes B$ 和 $B\otimes V$ 在通常的 B- 作用下, 均为 $\widetilde{\mathscr{H}}(\mathscr{M}_k)_B$ 中对象:

$$(v\otimes a)\cdot b=\omega(v)\otimes a\beta^{-1}(b),\ a'\cdot(b'\otimes v')=\beta^{-1}(a')b'\otimes\omega(v'),$$

其中, $a,b,a',b'\in B$, $v,v'\in V$. 对换映射 $\tau: V\otimes B\to B\otimes V$, $\tau(v\otimes b)=b\otimes v$ 为 $\widetilde{\mathscr{H}}(\mathscr{M}_k)_B$ 中的同构. 另外, $V\otimes A\in {}^H\mathscr{H}\mathscr{Y}\mathscr{D}_A$:

$$(v\otimes a)\cdot b=\omega(v)\otimes a\beta^{-1}(b),$$
$$\rho_{V\otimes A}(v\otimes a)=S^{-1}(a_{[1]})\alpha(a_{[0][-1]})\otimes\omega^{-1}(v)\otimes\beta(a_{[0][0]}).$$

易知对换映射 $\tau: A\otimes V\to V\otimes A$, $\tau(a\otimes v)=v\otimes a$ 为 ${}^H\mathscr{H}\mathscr{Y}\mathscr{D}_A$ 中同构.

由定理 5.1, 取 $N=V\otimes B\cong B\otimes V$, 可知在 $\mathcal{M}_B$ 中存在同构:

$$B\otimes V\cong V\otimes B\cong(V\otimes B\otimes_B A)^{coH}\cong(V\otimes A)^{coH}\cong(A\otimes V)^{coH}.$$

于是有 $(A\otimes V)^{coH}\otimes_B A\cong A\otimes V$.

定义

$$\widetilde{\psi}: A\otimes_B A\to H\otimes A,\quad a\otimes_B b\mapsto S^{-1}(b_{[1]})\alpha(b_{[0][-1]})\otimes\beta^{-1}(a)\beta(b_{[0][0]}),$$

由 ψ 为满射, $\widetilde{\psi}$ 亦为满射. 事实上, $\widetilde{\psi}=\psi\circ can$, 其中 $can: A\otimes A\to A\otimes_B A$ 为典范满射.

考虑 $A\otimes A$ 和 $A\otimes H$ 均为 Hom-Yetter-Drinfel'd 模, 故此对任意的 $a,b\in A$, 可定义

$$\xi: A\otimes A\to A\otimes H,$$
$$\xi(a\otimes b)=(\widetilde{\psi}\circ\tau)(a\otimes b)=S^{-1}(a_{[1]})\alpha(a_{[0][-1]})\otimes\beta^{-1}(b)\beta(a_{[0][0]}).$$

此时由 $\widetilde{\psi}$ 和 τ 均为满射, 故映射 ξ 亦为满射. 下证 ξ 为 ${}^H\mathscr{H}\mathscr{Y}\mathscr{D}_A$ 中的态射. 由于

$$\begin{aligned}
&\xi((a\otimes b)c)=\xi(a\beta^{-1}(c)\otimes\beta(b))\\
=&S^{-1}(a_{[1]}\alpha^{-1}(c_{[1]}))\alpha(a_{[0][-1]})c_{[0][-1]}\otimes b\beta(a_{[0][0]})c_{[0][0]}\\
=&S^{-1}(c_{[1]})\{(S^{-1}(\alpha^{-1}(a_{[1]}))a_{[0][-1]})\alpha^{-1}(c_{[0][-1]})\}\otimes\{\beta^{-1}(b)\beta(a_{[0][0]})\}\beta(c_{[0][0]})\\
=&\xi(a\otimes b)c.
\end{aligned}$$

且

$$\begin{aligned}
&\rho_{H\otimes A}\xi(a\otimes b)\\
=&\rho_{H\otimes A}(S^{-1}(a_{[1]})\alpha(a_{[0][-1]})\otimes\beta^{-1}(b)\beta(a_{[0][0]}))\\
=&S^{-1}(\alpha(a_{[1](2)}))\alpha^2(a_{[0][-1](1)})\otimes\{S^{-1}(a_{[1](1)})\alpha(a_{[0][-1](2)})\otimes\beta^{-2}(b)a_{[0][0]}\}\\
=&(id_H\otimes\xi)(S^{-1}(a_{[1]})\alpha(a_{[0][-1]})\otimes\beta(a_{[0][0]})\otimes\beta^{-1}(b))\\
=&(id_H\otimes\xi)\rho_{A\otimes A}(a\otimes b).
\end{aligned}$$

于是 ξ 为 ${}^H\mathscr{HYD}_A$ 中满射. 另外, 由于 $H\otimes A$ 为左 (A,β)-投射模 ($H\otimes A$ 的左 A-模结构由式 (5-6) 所诱导), 于是结合命题 5.4, 可知

$$u: H\otimes A\to H\otimes A,\quad h\otimes a\mapsto S^{-1}(a_{[1]})(h\alpha^{-1}(a_{[0][-1]}))\otimes\beta(a_{[0][0]})$$

为右 (A,β)-模同构. 于是必存在 $\zeta: H\otimes A\to A\otimes A$ 使得 $\xi\circ\zeta=id_{H\otimes A}$. 进而 ξ 在右 A-模范畴中可裂. 特别地, ξ 为 ${}^H\mathscr{HYD}_A$ 中的 k-可裂满射.

设 $(M,\mu)\in{}^H\mathscr{HYD}_A$, 则 $A\otimes A\otimes M\in{}^H\mathscr{HYD}_A$:

$$(a\otimes b\otimes m)\cdot c=a\beta^{-2}(c)\otimes\beta(b)\otimes\mu(m);\tag{5-10}$$

$$\begin{aligned}&\rho_{A\otimes A\otimes M}(a\otimes b\otimes m)\\=&S^{-1}(a_{[1]})(h\alpha^{-1}(a_{[0][-1]}))\otimes\beta(a_{[0][0]})\otimes\beta^{-1}(b)\otimes\mu^{-1}(m),\end{aligned}\tag{5-11}$$

其中, $a,b,c\in A$, $m\in M$. 此时, $H\otimes A\otimes M$ 亦为 ${}^H\mathscr{HYD}_A$ 中的对象:

$$(h\otimes a\otimes m)b=S^{-1}(\alpha(b_{[1]}))(hb_{[0][-1]})\otimes a\beta^2(b_{[0][0]})\otimes\mu(m),$$

$$\rho_{H\otimes A\otimes M}(h\otimes a\otimes m)=\alpha(h_{(1)})\otimes h_{(2)}\otimes\beta^{-1}(a)\otimes\mu^{-1}(m),$$

其中, $a,b\in A,h\in H$, $m\in M$. 于是

$$\xi\otimes id_M: A\otimes A\otimes M\to H\otimes A\otimes M$$

为 ${}^H\mathscr{HYD}_A$ 中的 k-可裂满射.

又由 ${}^H\mathscr{HYD}_A={}^H\widetilde{\mathscr{H}}(\mathscr{M}_k)(H\otimes H^{op})_A$, 映射

$$\begin{aligned}&f: H\otimes A\otimes M\to M,\\&h\otimes a\otimes m\mapsto\mu(m_{[0]})\gamma(S^{-2}(\alpha^{-1}(a_{[1]}))(\alpha^{-2}(h)S(a_{[0][-1]}))(\alpha^{-1}(m_{[-1]}))\beta^2(a_{[0][0]})\end{aligned}$$

为 ${}^H\mathscr{HYD}_A$ 中的 k-可裂满射. 注意到 $A\otimes A\otimes M$ 在 ${}^H\mathscr{HYD}_A$ 中亦具有 $A\otimes V$ 的形式, 故

$$g=f\circ(\xi\otimes id_M): A\otimes A\otimes M\to M,$$

$$a\otimes b\otimes m\mapsto\mu(m_{[0]})\gamma(S^{-2}(\alpha^{-1}(b_{[1]}))S(b_{[0][-1]}))(\alpha^{-1}(m_{[-1]}))\beta(b_{[0][0]})\beta^{-1}(a),$$

亦为 ${}^H\mathscr{HYD}_A$ 中的 k-可裂满射.

此时我们还需要构造 ${}^H\mathscr{HYD}_A$ 中的 k-可裂满射:

$$A\otimes A\otimes M=(M_1,\pi)\xrightarrow{g}(M,\mu)\longrightarrow 0$$

使得 (M_1,π) 的伴随映射 ψ_{M_1} 为双射. 由于 g 为 k-可裂的且存在整体量子积分 $\gamma: H\to Hom(H,A)$, 故 g 亦在 ${}^H\widetilde{\mathscr{H}}(\mathscr{M}_k)$ 中可裂. 特别地, 我们得到如下正合序列:

$$(M_1^{coH},\pi)\xrightarrow{g^{coH}}(M^{coH},\mu)\longrightarrow 0$$

继续以 $Ker(g)$ 的预解式来代替 M, 即可得到 ${}^H\mathscr{H}\mathscr{Y}\mathscr{D}_A$ 中的正合序列:

$$(M_2,P)\longrightarrow(M_1,\pi)\longrightarrow(M,\mu)\longrightarrow 0$$

知其在 ${}^H\widetilde{\mathscr{H}}(\mathscr{M}_k)$ 中可裂且 (M_1,π) 的伴随映射和 (M_2,P) 均为双射. 此时由五引理即可知 (M,μ) 的伴随映射为双射. □

最后, 考虑一种特殊情形. 设 $A=H$, 则 (A,β) 具有自然的右 (H,α)-余模代数结构. (H,α) 的余不变量为

$$\begin{aligned}B=H^{coH}&=\{h\in H|\widetilde{\rho}(h)=1_H\otimes\alpha^{-1}(h)\}\\&=\{a\in A|S^{-1}(\alpha^{-1}(h_{(2)}))h_{(1)(1)}\otimes\alpha(h_{(1)(2)})=1_H\otimes\alpha^{-1}(h)\}.\end{aligned}$$

则 (B,α) 为 (H,α) 的子代数. 进而可得如下结论.

推论 5.1 设 (H,α) 为伴有双射对极的 monoidal Hom-Hopf 代数且令 $B=H^{coH}$. 若

(1) 存在整体量子积分 $\gamma: H\to Hom(H,H)$;

(2) 典范态射

$$\psi: H\otimes_B H\to H\otimes H,\ \ h\otimes_B g\mapsto S^{-1}(h_{(2)})\alpha(h_{(1)(1)})\otimes\alpha^{-1}(h)\beta(g_{(1)(2)})$$

为满射. 则归纳函子 $-\otimes_B H:\widetilde{\mathscr{H}}(\mathscr{M}_k)_B\to{}^H\widetilde{\mathscr{H}}(\mathscr{M}_k)_H$ 为等价函子.

关于 Hom-Yetter-Drinfeld 范畴及仿射准则等方面的最新研究进展, 可见文献 [57]~[59] 等.

第 6 章 Hom-Yetter-Drinfeld 模范畴的对称性与 u-条件

6.1 对称性

本节将给出 Hom-Yetter-Drinfeld 模范畴 ${}_H^H\mathcal{HYD}$ 满足对称性和伪对称性的充分必要条件.

设 $\mathcal{C}$ 为张量范畴, C 为 $\mathcal{C}$ 中的辫子. 称 C 为对称的 [52], 若对任意的 $X, Y \in \mathcal{C}$ 均有 $C_{X,Y}C_{Y,X} = id_{X\otimes Y}$. 此时亦称 $\mathcal{C}$ 为对称的.

称 C 为伪对称的, 若对任意的 $X, Y, Z \in \mathcal{C}$, 下列条件成立:

$$
\begin{aligned}
&(id_Z \otimes C_{X,Y})(C_{Z,X}^{-1} \otimes id_Y)(id_X \otimes C_{Y,Z}) \\
&\quad = (C_{Y,Z} \otimes id_X)(id_Y \otimes C_{Z,X}^{-1})(C_{X,Y} \otimes id_Z).
\end{aligned} \tag{6-1}
$$

此时, 亦称 $\mathcal{C}$ 为伪对称辫子范畴 [60].

若 C 为对称的, 则有 $C_{Z,X}^{-1} = C_{X,Z}$, 于是 C 必为伪对称的.

设 (H, α) 为 monoidal Hom-Hopf 代数. 易知左–左 Hom-Yetter-Drinfeld 模范畴 ${}_H^H\mathcal{HYD}$ 为辫子张量范畴, 其辫子 $C_{-,-}$ 定义如下:

$$
C_{M,N}(m \otimes n) = m_{(-1)} \cdot \nu^{-1}(n) \otimes \mu(m_{(0)}), \quad m \in (M, \mu), \ n \in (N, \nu). \tag{6-2}
$$

称 C 为典范辫子.

定理 6.1 设 (H, α) 为 monoidal Hom-Hopf 代数, 若 ${}_H^H\mathcal{HYD}$ 中的典范辫子是对称的, 则 $H = k$.

证明 在 (H, α) 上定义自身的左作用:

$$
h \cdot g = (h_1\alpha^{-1}(g))S(\alpha(h_2))
$$

并定义右余作用为 Hom-余乘法 Δ, 此时易证 (H, α) 为 Hom-Yetter-Drinfeld 模. 记之为: $H_1 = (H_1, 伴随, \Delta, \alpha)$.

对偶地, 在 (H,α) 上定义自身的左作用为 Hom-乘法 m, 并定义左余作用为

$$\rho(h)=h_{11}\alpha^{-1}(S(h_2))\otimes\alpha(h_{12}),$$

则此时 (H,α) 亦为 Hom-Yetter-Drinfeld 模. 记之为: $H_2=(H_2,m,\text{余伴随},\alpha)$.

考虑 C 在 $1_H\otimes h\in H_2\otimes H_1$ 上的作用. 有

$$\begin{aligned}&C_{H_2,H_1}(1_H\otimes h)=1_{H_{(-1)}}\cdot\alpha^{-1}(h)\otimes\alpha(1_{H_0})\\=&1_H\cdot\alpha^{-1}(h)\otimes\alpha(1_H)=(1_H\alpha^{-2}(h))S(\alpha(1_H))\otimes 1_H\\=&\alpha^{-1}(h)1_H\otimes 1_H=h\otimes 1_H.\end{aligned}$$

此时, 亦有

$$\begin{aligned}&C_{H_1,H_2}C_{H_2,H_1}(1_H\otimes h)=C_{H_1,H_2}(h\otimes 1_H)\\=&h_{(-1)}\cdot\alpha^{-1}(1_H)\otimes\alpha(h_0)=(h_{(-1)}\cdot 1_H)\otimes\alpha(h_0)\\=&\alpha(h_1)\otimes\alpha(h_2).\end{aligned}$$

由于 $C_{H_1,H_2}C_{H_2,H_1}=id_{H_2\otimes H_1}$, 进而可知 $1_H\otimes h=\alpha(h_1)\otimes\alpha(h_2)$. 以 $id\otimes\varepsilon$ 作用于上式, 可得

$$\varepsilon(h)1_H=\varepsilon(\alpha(h_2))\alpha(h_1)=\varepsilon(h_2)\alpha(h_1)=\alpha(h_1\varepsilon(h_2))=\alpha(\alpha^{-1}(h))=h.$$

于是 $H=k$. □

特别地, 若 $\alpha=id$, 则由定理 6.1 有以下结论: 若 Hopf 代数 H 的 Yetter-Drinfeld 范畴 ${}_H^H\mathcal{HYD}$ 中的典范辫子为对称的, 则有 $H=k$[62].

接下来讨论 ${}_H^H\mathcal{HYD}$ 中的伪对称性.

引理 6.1 若 (H,α) 为余可换的 monoidal Hom-Hopf 代数, 则典范辫子 C_{H_2,H_1} 为对换映射.

证明 对任意的 $x\otimes y\in H_2\otimes H_1$, 有

$$\begin{aligned}&C_{H_2,H_1}(x\otimes y)=x_{(-1)}\cdot\alpha^{-1}(y)\otimes\alpha(x_0)\\=&(x_{11}\alpha^{-1}(S(x_2)))\cdot\alpha^{-1}(y)\otimes\alpha^2(x_{12})\\=&(x_{12}S(\alpha^{-1}(x_2)))\cdot\alpha^{-1}(y)\otimes\alpha^2(x_{11})\\=&(x_{21}S(x_{22}))\cdot\alpha^{-1}(y)\otimes\alpha x_1)\\=&1_H\cdot\alpha^{-1}(y)\otimes x=(1_H\alpha^{-2}(y))1_H\otimes x\\=&y\otimes x.\end{aligned}$$

其中第二个等号成立是由于 $\rho(x) = x_{11}\alpha^{-1}(S(x_2)) \otimes \alpha(x_{12})$. □

定理 6.2 设 (H, α) 为 monoidal Hom-Hopf 代数. ${}^H_H\mathcal{HYD}$ 中的典范辫子为伪对称的, 当且仅当 (H, α) 为可换的且为余可换的.

证明 若 (H, α) 可换且余可换, 易知此时左–左 Hom-Yetter-Drinfeld 模的兼容性条件简化为

$$\rho(h \cdot m) = \alpha(m_{(-1)}) \otimes \alpha^{-1}(h) \cdot m_0,$$

其中, $h \in H$, $m \in (M, \mu) \in {}^H_H\mathcal{HYD}$. 事实上, 有

$$\begin{aligned}
\rho(h \cdot m) &= (h_{11}\alpha^{-1}(m_{(-1)}))S(h_2) \otimes \alpha(h_{12}) \cdot m_0 \\
&= (\alpha^{-1}(h_1)\alpha^{-1}(m_{(-1)}))S(\alpha(h_{22})) \otimes \alpha(h_{21}) \cdot m_0 \\
&= (\alpha^{-1}(h_1)\alpha^{-1}(m_{(-1)}))S(\alpha(h_{21})) \otimes \alpha(h_{22}) \cdot m_0 \\
&= (h_{11}\alpha^{-1}(m_{(-1)}))S(\alpha(h_{12})) \otimes h_2 \cdot m_0 \\
&= (\alpha^{-1}(m_{(-1)})h_{11})S(\alpha(h_{12})) \otimes h_2 \cdot m_0 \\
&= m_{(-1)}(h_{11}S(h_{12})) \otimes h_2 \cdot m_0 \\
&= m_{(-1)}\varepsilon(h_1)1_H \otimes h_2 \cdot m_0 \\
&= \alpha(m_{(-1)}) \otimes \alpha^{-1}(h) \cdot m_0.
\end{aligned}$$

又考虑对任意的 $x \in (X, \beta) \in {}^H_H\mathcal{HYD}, y \in (Y, \mu) \in {}^H_H\mathcal{HYD}, z \in (Z, \nu) \in {}^H_H\mathcal{HYD}$. 一方面, 有

$$\begin{aligned}
&(id_Z \otimes C_{X,Y})(C^{-1}_{Z,X} \otimes id_Y)(id_X \otimes C_{Y,Z})(x \otimes y \otimes z) \\
\overset{(6\text{-}1)}{=}\ &(id_Z \otimes C_{X,Y})(C^{-1}_{X,Y} \otimes id)(x \otimes y_{(-1)} \cdot \mu^{-1}(z) \otimes \nu(y_0)) \\
=\ &(id_Z \otimes C_{X,Y})(\mu(\alpha^{-1}(y_{(-1)}) \cdot \mu^{-1}(z_0)) \otimes S^{-1}(z_{(-1)}) \cdot \beta^{-1}(x) \otimes \nu(y_0)) \\
=\ &(id_Z \otimes C_{X,Y})(y_{(-1)} \cdot z_0 \otimes S^{-1}(z_{(-1)}) \cdot \beta^{-1}(x) \otimes \nu(y_0)) \\
=\ &y_{(-1)} \cdot z_0 \otimes x_{(-1)} \cdot y_0 \otimes \beta(S^{-1}(\alpha^{-1}(z_{(-1)})) \cdot \beta^{-1}(x_0)) \\
=\ &y_{(-1)} \cdot z_0 \otimes x_{(-1)} \cdot y_0 \otimes S^{-1}(z_{(-1)}) \cdot x_0.
\end{aligned}$$

其中第四个等号成立是由于

$$\begin{aligned}
&\rho(S^{-1}(z_{(-1)}) \cdot \beta^{-1}(x)) \\
=\ &\alpha(\alpha^{-1}(x_{(-1)}) \otimes \alpha^{-1}(S^{-1}(z_{(-1)})) \cdot \beta^{-1}(x_0) \\
=\ &x_{(-1)} \otimes S^{-1}(\alpha^{-1}(z_{(-1)})) \cdot \beta^{-1}(x_0).
\end{aligned}$$

另一方面, 还有

$$
\begin{aligned}
&(C_{Y,Z}\otimes id_X)(id_Y\otimes C_{Z,X}^{-1})(C_{X,Y}\otimes id_Z)(x\otimes y\otimes z)\\
=&(C_{Y,Z}\otimes id_X)(id_Y\otimes C_{Z,X}^{-1})(x_{(-1)}\cdot\nu^{-1}(y)\otimes\beta(x_0)\otimes z)\\
=&(C_{Y,Z}\otimes id_X)(x_{(-1)}\cdot\nu^{-1}(y)\otimes\mu(z_0)\otimes S^{-1}(z_{(-1)})\cdot x_0)\\
=&y_{(-1)}\cdot\mu^{-1}(\mu(z_0))\otimes\nu(\alpha^{-1}(x_{(-1)})\cdot\nu^{-1}(y_0))\otimes S^{-1}(z_{(-1)})\cdot x_0\\
=&y_{(-1)}\cdot z_0\otimes x_{(-1)}\cdot y_0\otimes S^{-1}(z_{(-1)})\cdot x_0.
\end{aligned}
$$

其中第三个等号成立是由于:$\rho(\nu^{-1}(y))=\alpha^{-1}(y_{(-1)})\otimes\nu^{-1}(y_0)$ 且 $\rho(x_{(-1)}\cdot\nu^{-1}(y))=y_{(-1)}\otimes(\alpha^{-1}(x_{(-1)})\cdot\nu^{-1}(y_0))$.

由 x,y,z 的任意性可知, $(id_Z\otimes C_{X,Y})(C_{Z,X}^{-1}\otimes id_Y)(id_X\otimes C_{Y,Z})=(C_{Y,Z}\otimes id_X)(id_Y\otimes C_{Z,X}^{-1})(C_{X,Y}\otimes id_Z)$, 于是 C 为伪对称的.

反之, 设 C 为伪对称的. 下证 (H,α) 余可换. 对任意的 $1_H\otimes x\otimes 1_H\in H_2\otimes H_1\otimes H_2$, 一方面, 有

$$
\begin{aligned}
&(C_{H_1,H_2}\otimes id_{H_2})(id_{H_1}\otimes C_{H_2,H_2}^{-1})(C_{H_2,H_1}\otimes id_{H_2})(1_H\otimes x\otimes 1_H)\\
=&(C_{H_1,H_2}\otimes id_{H_2})(id_{H_1}\otimes C_{H_2,H_2}^{-1})(x\otimes 1_H\otimes 1_H)\\
=&(C_{H_1,H_2}\otimes id_{H_2})(x\otimes\alpha(1_H)\otimes S^{-1}(1_H)\cdot\alpha^{-1}(1_H))\\
=&x_{(-1)}\cdot\alpha^{-1}(1_H)\otimes\alpha(x_0)\otimes 1_H\\
=&x_1\cdot 1_H\otimes\alpha(x_2)\otimes 1_H\\
=&\alpha(x_1)\otimes\alpha(x_2)\otimes 1_H.
\end{aligned}
$$

另一方面, 有

$$
\begin{aligned}
&(id_{H_2}\otimes C_{H_2,H_1})(C_{H_2,H_2}^{-1}\otimes id_{H_1})(id_{H_2}\otimes C_{H_1,H_2})(1_H\otimes x\otimes 1_H)\\
=&(id_{H_2}\otimes C_{H_2,H_1})(C_{H_2,H_2}^{-1}\otimes id_{H_1})(1_H\otimes(x_{(-1)}\cdot\alpha^{-1}(1_H))\otimes\alpha(x_0))\\
=&(id_{H_2}\otimes C_{H_2,H_1})(C_{H_2,H_2}^{-1}\otimes id_{H_1})(1_H\otimes(x_1\cdot 1_H)\otimes\alpha(x_2))\\
=&(id_{H_2}\otimes C_{H_2,H_1})(C_{H_2,H_2}^{-1}\otimes id_{H_1})(1_H\otimes\alpha(x_1)\otimes\alpha(x_2))\\
=&(id_{H_2}\otimes C_{H_2,H_1})(\alpha^3(x_{112})\otimes(S^{-1}(\alpha(x_{111})S(x_{12}))\cdot\alpha^{-1}(1_H))\otimes\alpha(x_2))\\
=&\alpha^3(x_{112})\otimes\alpha(x_2)\otimes(S^{-1}(\alpha(x_{111})S(x_{12}))\cdot\alpha^{-1}(1_H))\\
=&\alpha^3(x_{112})\otimes\alpha(x_2)\otimes\alpha(x_{12})S^{-1}(\alpha^2(x_{111})).
\end{aligned}
$$

由于 ${}^H_H\mathcal{HYD}$ 为伪对称的, 于是

$$\alpha(x_1)\otimes\alpha(x_2)\otimes 1_H=\alpha^3(x_{112})\otimes\alpha(x_2)\otimes\alpha(x_{12})S^{-1}(\alpha^2(x_{111})).$$

以 $id\otimes\varepsilon\otimes id$ 作用之, 即可得 $x\otimes 1_H=\alpha^2(x_{12})\otimes x_2S^{-1}(\alpha(x_{11}))$. 此时有

$$\begin{aligned}
&x_2\otimes x_1=x_2\otimes\alpha^{-1}(1x_1)\\
=&\alpha^2(x_{212})\otimes\alpha^{-1}((x_{22}S^{-1}(\alpha(x_{211})))x_1)\\
=&\alpha^2(x_{212})\otimes\alpha^{-1}(\alpha(x_{22})(S^{-1}(\alpha(x_{211}))\alpha^{-1}(x_1)))\\
=&\alpha^2(x_{122})\otimes\alpha^{-1}(x_2(S^{-1}(\alpha(x_{121}))x_{11}))\\
=&\alpha(x_{12})\otimes\alpha^{-1}(x_2(S^{-1}(\alpha(x_{112}))\alpha(x_{111})))\\
=&\alpha(x_{12})\otimes\alpha^{-1}(x_2\varepsilon(\alpha(x_{11}))1_H)\\
=&x_1\otimes x_2.
\end{aligned}$$

于是 (H,α) 余可换.

下证 (H,α) 可换. 对任意的 $1_H\otimes x\otimes y\in H_2\otimes H_1\otimes H_1$, 一方面, 有

$$\begin{aligned}
&(C_{H_1,H_1}\otimes id_{H_2})(id_{H_1}\otimes C^{-1}_{H_1,H_2})(C_{H_2,H_1}\otimes id_{H_1})(1_H\otimes x\otimes y)\\
=&(C_{H_1,H_1}\otimes id_{H_2})(id_{H_1}\otimes C^{-1}_{H_1,H_2})(1_H\cdot\alpha^{-1}(x)\otimes 1_H\otimes y)\\
=&(C_{H_1,H_1}\otimes id_{H_2})(id_{H_1}\otimes C^{-1}_{H_1,H_2})((1_H\alpha^{-2}(x))S(\alpha(1_H))\otimes 1_H\otimes y)\\
=&(C_{H_1,H_1}\otimes id_{H_2})(id_{H_1}\otimes C^{-1}_{H_1,H_2})(x\otimes 1_H\otimes y)\\
=&(C_{H_1,H_1}\otimes id_{H_2})(x\otimes\alpha(y_0)\otimes S^{-1}(y_{(-1)})\cdot 1_H)\\
=&(C_{H_1,H_1}\otimes id_{H_2})(x\otimes\alpha(y_2)\otimes S^{-1}(y_1)\cdot 1_H)\\
=&(C_{H_1,H_1}\otimes id_{H_2})(x\otimes\alpha(y_2)\otimes S^{-1}(\alpha(y_1)))\\
=&x_{(-1)}\cdot y_2\otimes\alpha(x_0)\otimes S^{-1}(\alpha(y_1))\\
=&x_1\cdot y_2\otimes\alpha(x_2)\otimes S^{-1}(\alpha(y_1))\\
=&(x_{11}\alpha^{-1}(y_2))S(\alpha(x_{12}))\otimes\alpha(x_2)\otimes S^{-1}(\alpha(y_1)).
\end{aligned}$$

另一方面, 有

$$\begin{aligned}
&(id_{H_1}\otimes C_{H_2,H_1})(C^{-1}_{H_1,H_2}\otimes id_{H_1})(id_{H_2}\otimes C_{H_1,H_1})(1_H\otimes x\otimes y)\\
=&(id_{H_1}\otimes C_{H_2,H_1})(C^{-1}_{H_1,H_2}\otimes id_{H_1})(1_H\otimes x_{(-1)}\cdot\alpha^{-1}(y)\otimes\alpha(x_0))
\end{aligned}$$

$$
\begin{aligned}
&=(id_{H_1}\otimes C_{H_2,H_1})(C^{-1}_{H_1,H_2}\otimes id_{H_1})(1_H\otimes x_1\cdot\alpha^{-1}(y)\otimes\alpha(x_2))\\
&=(id_{H_1}\otimes C_{H_2,H_1})(C^{-1}_{H_1,H_2}\otimes id_{H_1})(1_H\otimes(x_1\alpha^{-2}(y))S(\alpha(x_{12}))\otimes\alpha(x_2))\\
&=(id_{H_1}\otimes C_{H_2,H_1})(\alpha((x_{112}\alpha^{-2}(y_2))S(\alpha(x_{121})))\otimes S^{-1}(\alpha((x_{111}\alpha^{-2}(y_1))\\
&\quad S(\alpha(x_{122}))))\otimes\alpha(x_2))\\
&=\alpha((x_{112}\alpha^{-2}(y_2))S(\alpha(x_{121})))\otimes\alpha(x_2)\otimes S^{-1}(\alpha((x_{111}\alpha^{-2}(y_1))S(\alpha(x_{122})))).
\end{aligned}
$$

由 ${}^H_H\mathcal{HYD}$ 的伪对称性, 即可得

$$
\begin{aligned}
&((x_{11}\alpha^{-1}(y_2))S(\alpha(x_{12})))\otimes\alpha(x_2)\otimes S^{-1}(\alpha(y_1))\\
=\,&\alpha((x_{112}\alpha^{-2}(y_2))S(\alpha(x_{121})))\otimes\alpha(x_2)\otimes S^{-1}(\alpha((x_{111}\alpha^{-2}(y_1))S(\alpha(x_{122})))).
\end{aligned}
$$

以 $(\varepsilon\otimes id\otimes id)(id\otimes id\otimes S)$ 作用之, 可知

$$1_k\otimes x\otimes y=1_k\otimes\alpha(x_2)\otimes((x_{11}\alpha^{-2}(y))S(\alpha(x_{12}))).$$

进而有

$$
\begin{aligned}
yx&=((x_{11}\alpha^{-2}(y))S(\alpha(x_{12})))\alpha(x_2)\\
&=((\alpha^{-1}(x_1)\alpha^{-2}(y))S(\alpha(x_{21})))\alpha^2(x_{22})\\
&=(x_1\alpha^{-1}(y))(S(\alpha(x_{21}))\alpha(x_{22}))\\
&=(x_1\alpha^{-1}(y))\varepsilon(x_2)1_H\\
&=(\alpha^{-1}(x)\alpha^{-1}(y))1_H\\
&=xy.
\end{aligned}
$$

于是 H 可换. □

6.2 u-条　件

u-条件为 Hopf 代数的经典结论. 其首次见于文献 [48], 定义为: 对任意的 $h\in H$, $m\in M$, $M\in {}_H\mathcal{M}$, 满足 $h\cdot m=m$. 随后, u-条件被推广到 Yetter-Drinfeld 模中 [61]. 现在考虑其 Hom-化情形.

定义 6.1　设 (H,α) 为 monoidal Hom-Hopf 代数, $(M,\mu)\in{}^H_H\mathcal{HYD}$. 则称 M 满足 u-条件, 若对任意的 $m\in M$, 总有

$$m_{(-1)}\cdot m_0=m. \tag{6-3}$$

命题 6.1 设 (H,α) 为 monoidal Hom-Hopf 代数, H_1, H_2 定义如上. 则

(1) H_1 满足 u-条件, 当且仅当 $S^2 = id$;

(2) H_2 满足 u-条件, 当且仅当 $S^2 = id$.

证明 类似于 Hopf 代数时的情形, 易证 $S^2 = id$, 当且仅当对任意的 $h \in H$, 有

$$S(h_2)h_1 = \varepsilon(h)1_H, \quad \text{或者} \quad h_2S(h_1) = \varepsilon(h)1_H.$$

(1) 设 $S^2 = id$, 则对任意的 $h \in H_1$, 有

$$\begin{aligned}
&h_{(-1)} \cdot h_0 = h_1 \cdot h_2\\
&= (h_{11}\alpha^{-1}(h_2))S(\alpha(h_{12}))\\
&= (\alpha^{-1}(h_1)h_{22})S(\alpha(h_{21}))\\
&= h_1(h_{22}S(h_{21}))\\
&= h_1(\varepsilon(h_2)1_H)\\
&= h.
\end{aligned}$$

于是 H_1 满足 u-条件.

反之, 若 H_1 满足 u-条件, 则对任意的 $h \in H_1$, 有

$$\begin{aligned}
h_2S(h_1) &= \varepsilon(h_1)\alpha(h_{22}S(h_{21}))\\
&= (\varepsilon(h_1)1_H)(h_{22}S(h_{21}))\\
&= (\varepsilon(\alpha(h_{11}))1_H)(\alpha^{-1}(h_2)S(h_{12}))\\
&= (S(\alpha(h_{111}))\alpha(h_{112}))(\alpha^{-1}(h_2)S(h_{12}))\\
&= S(\alpha^2(h_{111}))(\alpha(h_{112})\alpha^{-1}(\alpha^{-1}(h_2)S(h_{12})))\\
&= S(\alpha(h_{11}))(\alpha(h_{121})(\alpha^{-2}(h_2)S(h_{122})))\\
&= S(\alpha(h_{11}))((h_{121}\alpha^{-2}(h_2))S(\alpha(h_{122})))\\
&= S(h_1)((h_{211}\alpha^{-1}(h_{22}))S(\alpha(h_{212})))\\
&= S(h_1)h_2 = \varepsilon(h)1_H.
\end{aligned}$$

即 $S^2 = id$.

(2) 设 $S^2 = id$, 则可知

$$\begin{aligned}
&h_{(-1)} \cdot h_0 \\
&= (h_{11}\alpha^{-1}(S(h_2)))\alpha(h_{12}) \\
&= (\alpha^{-1}(h_1)S(h_{22}))\alpha(h_{21}) \\
&= h_1(S(h_{22})h_{21}) \\
&= h_1(\varepsilon(h_2)1_H) \\
&= h.
\end{aligned}$$

于是 H_2 满足 u-条件.

反之, 若 H_2 满足 u-条件, 则对任意的 $h \in H_2$, 有

$$\begin{aligned}
S(h_2)h_1 &= \varepsilon(h_1)\alpha(S(h_{22})h_{21}) \\
&= (\varepsilon(h_1)1_H)(S(h_{22})h_{21}) \\
&= (\varepsilon(\alpha(h_{11})1_H))(S(\alpha^{-1}(h_2))h_{12}) \\
&= (S(\alpha(h_{111}))\alpha(h_{112}))(S(\alpha^{-1}(h_2))h_{12}) \\
&= S(\alpha^2(h_{111}))(\alpha(h_{112})(S(\alpha^{-2}(h_2))\alpha^{-1}(h_{12}))) \\
&= S(\alpha(h_{11}))(\alpha(h_{121})(S(\alpha^{-2}(h_2))h_{122})) \\
&= S(\alpha(h_{11}))((h_{121}S(\alpha^{-2}(h_2)))\alpha(h_{122})) \\
&= S(h_1)((h_{211}S(\alpha^{-1}(h_{22})))\alpha(h_{212})) \\
&= S(h_1)h_2 = \varepsilon(h)1_H.
\end{aligned}$$

即 $S^2 = id$. □

命题 6.2 (H, α) 为 monoidal Hom-Hopf 代数, $(M, \mu), (N, \nu) \in {}^H_H\mathcal{HYD}$. 若 M, N 均满足 u-条件, 则 $M \otimes N$ 亦满足 u-条件, 当且仅当 $C_{M,N}$ 为对称的.

证明 由文献 [21] 可知, $(M \otimes N, \mu \otimes \nu)$ 为左左 (H, α)-Hom-Yetter-Drinfeld 模:

$$h \cdot (m \otimes n) = h_1 \cdot m \otimes h_2 \cdot n,$$

$$\rho(m \otimes n) = m_{(-1)}n_{(-1)} \otimes m_0 \otimes n_0,$$

其中, $m\in M, n\in N$, $h\in H$. 首先有

$$\begin{aligned}
(m_{(-1)}n_{(-1)})\cdot(m_0\otimes n_0) &= (m_{(-1)1}n_{(-1)1})\cdot m_0\otimes(m_{(-1)2}n_{(-1)2})\cdot n_0\\
&= (m_{(-1)1}n_{(-1)1})\cdot m_0\otimes\alpha(m_{(-1)2})\cdot(n_{(-1)2}\cdot\nu^{-1}(n_0))\\
&= (m_{(-1)1}\alpha^{-1}(n_{(-1)}))\cdot m_0\otimes\alpha(m_{(-1)2})\cdot(n_{0(-1)}\cdot n_{00})\\
&\overset{(6\text{-}3)}{=} (m_{(-1)1}\alpha^{-1}(n_{(-1)}))\cdot m_0\otimes\alpha(m_{(-1)2})\cdot n_0\\
&= \alpha(m_{(-1)1})\cdot(\alpha^{-1}(n_{(-1)})\cdot\mu^{-1}(m_0))\otimes\alpha(m_{(-1)2})\cdot n_0\\
&= \alpha(m_{(-1)})\cdot(\alpha^{-1}(n_{(-1)})\cdot\mu^{-1}(m_0))\otimes\alpha(m_{(-1)2})\cdot n_0\\
&\overset{(6\text{-}1)}{=} \alpha(m_{(-1)})\cdot C_{N,M}(\nu^{-1}(n)\otimes m_0)\\
&= C_{N,M}(\alpha(m_{(-1)})\cdot(\nu^{-1}(n)\otimes m_0))\\
&= C_{N,M}(\alpha(m_{(-1)1})\cdot\nu^{-1}(n)\otimes\alpha(m_{(-1)2})\cdot m_0)\\
&= C_{N,M}(m_{(-1)}\cdot\nu^{-1}(n)\otimes\alpha(m_{0(-1)})\cdot\mu(m_{00}))\\
&\overset{(6\text{-}3)}{=} C_{N,M}(m_{(-1)}\cdot\nu^{-1}(n)\otimes\mu(m_0))\\
&= C_{N,M}C_{M,N}(m\otimes n).
\end{aligned}$$

即可知 $M\otimes N$ 满足 u-条件, 当且仅当 $C_{M,N}$ 为对称的. □

6.3 拟三角 Hom-Hopf 代数

本节将考虑 Hom-Yetter-Drinfeld 模范畴 ${}_H^H\mathcal{HYD}$ 中的对称性与 H 的关系.

由文献 [7] 可知, Hom-Hopf 代数 (H,α) 中的拟三角结构即可逆元 $R=R^{(1)}\otimes R^{(2)}\in H\otimes H$, 满足如下等式:

$(QT1)$ $\Delta(R^{(1)})\otimes\alpha(R^{(2)})=\alpha(R^{(1)})\otimes\alpha(r^{(1)})\otimes R^{(2)}r^{(2)}$,

$(QT2)$ $\alpha(R^1)\otimes\Delta(R^2)=R^1r^1\otimes\alpha(r^2)\otimes\alpha(R^2)$,

$(QT3)$ $\varepsilon(R^{(1)})R^{(2)}=1_H, R^{(1)}\varepsilon(R^{(2)})=1_H$,

$(QT4)$ $\Delta^{cop}(h)R=R\Delta(h)$,

其中, $\Delta^{cop}(h)=h_2\otimes h_1$. 称拟三角 Hom-Hopf 代数 (H,R,α) 为三角的, 若 $R^{-1}=R^{(2)}\otimes R^{(1)}$.

定理 6.3　设 (H,R,α) 为拟三角 Hom-Hopf 代数且设 α 为对合 (则易知此时 (H,α) 亦为 monoidal Hom-Hopf 代数), 并且 R 为 α-不变的 (即 $\alpha(R^{(1)})\otimes\alpha(R^{(2)})=$

$R^{(1)} \otimes R^{(2)})$. 则左 (H,α)-Hom-模范畴 $\widetilde{\mathcal{H}}({}_H\mathcal{M})$ 可视为 ${}_H^H\mathcal{HYD}$ 的 Hom-Yetter-Drinfeld 子范畴, 其中的余模作用为: $\rho(m) = \alpha(R^{(2)}) \otimes R^{(1)} \cdot \mu^{-2}(m)$, 其中, $\cdot$ 为 (M,μ) 上的模作用, $m \in (M,\mu) \in \widetilde{\mathcal{H}}({}_H\mathcal{M})$.

证明 首先证 (M,ρ,μ) 为左 (H,α)-Hom-余模. 对任意的 $m \in (M,\mu)$, 显然有

$$\begin{aligned}\varepsilon(m_{(-1)})m_0 &= \varepsilon(\alpha(R^{(2)}))(R^{(1)} \cdot \mu^{-2}(m))\\ &= \varepsilon(R^{(2)})(R^{(1)} \cdot \mu^{-2}(m))\\ &= 1_H \cdot \mu^{-2}(m) = \mu^{-1}(m).\end{aligned}$$

又知

$$\begin{aligned}\Delta(m_{(-1)}) \otimes \mu^{-1}(m_0) &= \Delta(\alpha(R^{(2)})) \otimes \mu^{-1}(R^{(1)} \cdot \mu^{-2}(m))\\ &= (\alpha\otimes\alpha)\Delta(R^{(2)}) \otimes \alpha^{-1}(R^{(1)}) \cdot \mu^{-3}(m)\\ &\overset{(QT2)}{=} (\alpha\otimes\alpha)(\alpha(r^{(2)}) \otimes \alpha(R^{(2)})) \otimes \alpha^{-2}(R^{(1)}r^{(1)}) \cdot \mu^{-3}(m)\\ &= \alpha^2(r^{(2)}) \otimes \alpha^2(R^{(2)}) \otimes \alpha^{-2}(R^{(1)}r^{(1)}) \cdot \mu^{-3}(m)\end{aligned}$$

且

$$\begin{aligned}\alpha^{-1}(m_{(-1)}) \otimes \rho(m_0) &= \alpha^{-1}(\alpha(R^{(2)})) \otimes \rho(R^{(1)} \cdot \mu^{-2}(m))\\ &= R^{(2)} \otimes \alpha(r^{(2)}) \otimes r^{(1)} \cdot \mu^{-2}(R^{(1)} \cdot \mu^{-2}(m))\\ &= R^{(2)} \otimes \alpha(r^{(2)}) \otimes r^{(1)} \cdot (\alpha^{-2}(R^{(1)}) \cdot \mu^{-4}(m))\\ &= \alpha^2(R^{(2)}) \otimes \alpha^2(r^{(2)}) \otimes \alpha(r^{(1)}) \cdot (R^{(1)} \cdot \mu^{-4}(m))\\ &= \alpha^2(R^{(2)}) \otimes \alpha^2(r^{(2)}) \otimes (r^{(1)}R^{(1)}) \cdot \mu^{-3}(m).\end{aligned}$$

由 α 为对合, 于是可知 $\Delta(m_{(-1)}) \otimes \mu^{-1}(m_0) = \alpha^{-1}(m_{(-1)}) \otimes \rho(m_0)$. 类似地, 有

$$\begin{aligned}\rho(\mu(m)) &= \alpha(R^{(2)}) \otimes R^{(1)} \cdot \mu^{-2}(\mu(m))\\ &= \alpha(R^{(2)}) \otimes R^{(1)} \cdot \mu^{-1}(m)\\ &= \alpha^2(R^{(2)}) \otimes \alpha(R^{(1)}) \cdot \mu^{-1}(m)\\ &= \alpha(\alpha(R^{(2)})) \otimes \mu(R^{(1)} \cdot \mu^{-2}(m))\\ &= \alpha(m_{(-1)}) \otimes \mu(m_0).\end{aligned}$$

于是 (M,ρ,μ) 为左 (H,α)-Hom-余模.

下证 (M,ρ,μ) 为 Hom-Yetter-Drinfeld 模. 事实上, 对任意的 $h\in H$, $m\in M$, 一方面, 有

$$\begin{aligned}\rho(h\cdot m)&=\alpha(R^{(2)})\otimes R^{(1)}\cdot\mu^{-2}(h\cdot m)\\&=\alpha(R^{(2)})\otimes R^{(1)}\cdot(\alpha^{-2}(h)\cdot\mu^{-2}(m))\\&=\alpha^2(R^{(2)})\otimes\alpha(R^{(1)})\cdot(\alpha^{-2}(h)\cdot\mu^{-2}(m))\\&=\alpha^2(R^{(2)})\otimes(R^{(1)}\alpha^{-2}(h))\cdot\mu^{-1}(m).\end{aligned}$$

另一方面, 有

$$\begin{aligned}&(h_{11}\alpha^{-1}(m_{(-1)}))S(h_2)\otimes\alpha(h_{12})\cdot m_0\\=\ &(h_{11}\alpha^{-1}(\alpha(R^{(2)})))S(h_2)\otimes\alpha(h_{12})\cdot(R^{(1)}\cdot\mu^{-2}(m))\\=\ &(h_{11}R^{(2)})S(h_2)\otimes(h_{12}R^{(1)})\cdot\mu^{-1}(m)\\\overset{(QT4)}{=}&(R^{(2)}h_{12})S(h_2)\otimes(R^{(1)}h_{11})\cdot\mu^{-1}(m)\\=\ &(R^{(2)}h_{21})S(\alpha(h_{22}))\otimes(R^{(1)}\alpha^{-1}(h_1))\cdot\mu^{-1}(m)\\=\ &\alpha(R^{(2)})(h_{21}S(h_{22}))\otimes(R^{(1)}\alpha^{-1}(h_1))\cdot\mu^{-1}(m)\\=\ &\alpha(R^{(2)})\varepsilon(h_2)1\otimes(R^{(1)}\alpha^{-1}(h_1))\cdot\mu^{-1}(m)\\=\ &\alpha^2(R^{(2)})\otimes(R^{(1)}\alpha^{-2}(h))\cdot\mu^{-1}(m).\end{aligned}$$

进而 $\rho(h\cdot m)=(h_{11}\alpha^{-1}(m_{(-1)}))S(h_2)\otimes\alpha(h_{12})\cdot m_0$, 即 (M,ρ,μ) 为左左 (H,α)-Hom-Yetter-Drinfeld 模.

最后证明 $\widetilde{\mathcal{H}}({}_H\mathcal{M})$ 中任一态射均为 (H,α)-余线性的. 事实上, 任取 $m\in(M,\mu)\in\widetilde{\mathcal{H}}({}_H\mathcal{M})$, $n\in(N,\nu)\in\widetilde{\mathcal{H}}({}_H\mathcal{M})$. 设 $f:(M,\mu)\to(N,\nu)$ 为 $\widetilde{\mathcal{H}}({}_H\mathcal{M})$ 中态射, 有

$$\begin{aligned}(id_H\otimes f)\rho(m)&=\alpha(R^{(2)})\otimes f(R^{(1)}\cdot\mu^{-2}(m))\\&=\alpha(R^{(2)})\otimes R^{(1)}\cdot f(\mu^{-2}(m))\\&=\alpha(R^{(2)})\otimes R^{(1)}\cdot\mu^{-2}(f(m))\\&=\rho(f(m)).\end{aligned}$$

进而 f 为左 (H,α)-余线性的. □

命题 6.3　设 (H,R,α) 为三角 Hom-Hopf 代数. 设 α 为对合且 R 为 α-不变的. 则上述 Hom-Yetter-Drinfeld 子范畴 $\widetilde{\mathcal{H}}({}_H\mathcal{M})$ 为对称的.

证明 对任意的 $m \in (M,\mu) \in \widetilde{\mathcal{H}}({}_H\mathcal{M})$, $n \in (N,\nu) \in \widetilde{\mathcal{H}}({}_H\mathcal{M})$, 有

$$
\begin{aligned}
&C_{N,M}C_{M,N}(m\otimes n) = C_{N,M}(\alpha(R^{(2)})\cdot\nu^{-1}(n)\otimes\mu(R^{(1)}\cdot\mu^{-2}(m))\\
=&\alpha(r^{(2)})\cdot\mu^{-1}(\mu(R^{(1)}\cdot\mu^{-2}(m)))\otimes\nu(r^{(1)}\cdot\nu^{-2}(\alpha(R^{(2)})\cdot\nu^{-1}(n)))\\
=&\alpha(r^{(2)})\cdot(R^{(1)}\cdot\mu^{-2}(m))\otimes\alpha(r^{(1)})\cdot\nu^{-1}(\alpha(R^{(2)})\cdot\nu^{-1}(n))\\
=&\alpha(r^{(2)})\cdot(R^{(1)}\cdot\mu^{-2}(m))\otimes\alpha(r^{(1)})\cdot(R^{(2)}\cdot\nu^{-2}(n))\\
=&(r^{(2)}R^{(1)})\cdot\mu^{-1}(m)\otimes(r^{(1)}R^{(2)})\cdot\nu^{-1}(n)\\
=&1_H\cdot\mu^{-1}(m)\otimes 1_H\cdot\nu^{-1}(n)\\
=&m\otimes n.
\end{aligned}
$$

其中第六个等号成立是由于 (H,R,α) 为三角的. 进而知结论成立. □

定理 6.4 设 (H,α) 为伴有双射对极的 Hom-Hopf 代数. 若 (H,m,ρ,α) 为左左 $(H,\ \alpha)$-Hom-Yetter-Drinfeld 模且 α 为对合. 则 $C_{H,H}$ 为对称的, 当且仅当存在 $R=R^{(1)}\otimes R^{(2)}\in H\otimes H$, 使得 (H,R,α) 为三角 Hom-Hopf 代数. 此时, ρ 为 R 所诱导, 即对任意的 $h\in H$, 有 $\rho(h)=\alpha(R^{(2)})\otimes R^{(1)}\mu^{-2}(h)$.

证明 设 $C_{H,H}$ 为对称的. 由于

$$
C_{H,H}(\alpha^{-1}(h)\otimes 1_H)=(\alpha^{-1}(h_{(-1)})\cdot 1_H)\otimes\alpha(\alpha^{-1}(h_0))=h_{(-1)}\otimes h_0,
$$

可知对任意的 $h\in H$, 有 $\rho(h)=C_{H,H}(\alpha^{-1}(h)\otimes 1_H)$. 进一步可知,

$$
\begin{aligned}
&C_{H,H}(h\otimes g)=h_{(-1)}\cdot\alpha^{-1}(g)\otimes\alpha(h_0)=h_{(-1)}\alpha^{-1}(g)\otimes\alpha(h_0),\\
&C_{H,H}^{-1}(h\otimes g)=\alpha(g_0)\otimes S^{-1}(g_{(-1)})\cdot\alpha^{-1}(h)=\alpha(g_0)\otimes S^{-1}(g_{(-1)})\alpha^{-1}(h).
\end{aligned}
$$

又由 $C_{H,H}$ 为对称的可知,

$$
C_{H,H}(h\otimes g)=h_{(-1)}\alpha^{-1}(g)\otimes\alpha(h_0)=\alpha(g_0)\otimes S^{-1}(g_{(-1)})\alpha^{-1}(h). \tag{6-4}
$$

特别地, 令 $\rho(1_H)=x_i\otimes y_i$, 则

$$
\begin{aligned}
x_i\otimes y_i=\rho(1_H)&=C_{H,H}(\alpha^{-1}(1_H)\otimes 1_H)\\
&=C_{H,H}(1_H\otimes 1_H)=\alpha(y_i)\otimes\alpha(S^{-1}(x_i)).
\end{aligned} \tag{6-5}
$$

以 $id\otimes S$ 作用在上式, 可得

$$
x_i\otimes S(y_i)=\alpha(y_i)\otimes\alpha(x_i).
$$

由于 $\alpha(x_i)\otimes\alpha(y_i)=\rho(\alpha(1_H))=\rho(1_H)=x_i\otimes y_i$, 即可得

$$x_i\otimes S(y_i)=y_i\otimes x_i. \tag{6-6}$$

令 $R=y_i\otimes x_i$. 下证 (H,R,α) 为三角 Hom-Hopf 代数且 ρ 可由 R 诱导. 为此, 首先来证对任意的 $h\in H$, $\rho(h)=\alpha(x_i)\otimes y_i\alpha^{-2}(h)$. 事实上,

$$\begin{aligned}\rho(h)&=C_{H,H}(\alpha^{-1}(h)\otimes 1_H)\\&=\alpha(y_i)\otimes S^{-1}(x_i)\alpha^{-2}(h)\\&=\alpha(x_i)\otimes y_i\alpha^{-2}(h).\end{aligned}$$

另外, 我们来验证 R 是可逆的:

$$\begin{aligned}1_H\otimes 1_H&=C^2_{H,H}(1_H\otimes 1_H)=C_{H,H}(x_i\otimes y_i)\\&=x_{i(-1)}\alpha^{-1}(y_i)\otimes\alpha(x_{i0})\\&=(x_{i(-1)}\otimes x_{i0})(\alpha^{-1}(y_i)\otimes 1_H)\\&=\rho(x_i)(\alpha^{-1}(y_i)\otimes 1_H)\\&=(\alpha(x_j)\otimes y_j\alpha^{-2}(x_i))(\alpha^{-1}(y_i)\otimes 1_H)\\&=\alpha(x_j)\alpha^{-1}(y_i)\otimes(y_j\alpha^{-2}(x_i))1_H\\&=\alpha(x_j)\alpha^{-1}(y_i)\otimes\alpha(y_j)\alpha^{-1}(x_i)\\&=x_jy_i\otimes y_jx_i=(x_j\otimes y_j)(y_i\otimes x_i).\end{aligned}$$

由此知 $R^{-1}=x_j\otimes y_j$. 下证 R 满足 $(QT1)$, 即证 $\Delta(y_i)\otimes\alpha(x_i)=\alpha(y_i)\otimes\alpha(y_j)\otimes x_ix_j$. 事实上, 有

$$\begin{aligned}\Delta(y_i)\otimes\alpha(x_i)&=\Delta(x_i)\otimes\alpha(S(y_i))\\&=(id_H\otimes id_H\otimes S)(\Delta\otimes\alpha)(x_i\otimes y_i)\\&=(id_H\otimes id_H\otimes S\alpha^2)(\Delta\otimes\alpha^{-1})\rho(1_H)\\&=(id_H\otimes id_H\otimes S\alpha^2)(\alpha^{-1}\otimes\rho)\rho(1_H)\\&=(id_H\otimes id_H\otimes S\alpha^2)(\alpha^{-1}(x_i)\otimes\rho(y_i))\\&=(id_H\otimes id_H\otimes S\alpha^2)(\alpha^{-1}(x_i)\otimes\alpha(x_j)\otimes y_j\alpha^{-2}(y_i))\\&=(id_H\otimes id_H\otimes S\alpha^2)(\alpha(x_i)\otimes\alpha(x_j)\otimes y_jy_i)\end{aligned}$$

$$
\begin{aligned}
&=(id_H\otimes id_H\otimes \alpha^2 S)(\alpha(y_i)\otimes\alpha(y_j)\otimes S^{-1}(x_j)S^{-1}(x_i))\\
&=(id_H\otimes id_H\otimes \alpha^2)(\alpha(y_i)\otimes\alpha(y_j)\otimes x_ix_j)\\
&=\alpha(y_i)\otimes\alpha(y_j)\otimes x_ix_j.
\end{aligned}
$$

同理可证 R 满足 $(QT3)$.

由于 (H,m,ρ,α) 为左-左 (H,α)-Hom-Yetter-Drinfeld 模, 对任意的 $h\in H$, 均有 $\varepsilon(h_{(-1)})h_0=\alpha^{-1}(h)$. 取 $h=1_H$, 有 $\varepsilon(x_i)y_i=\alpha^{-1}(1_H)=1_H$ 且有 $x_i\varepsilon(y_i)=\varepsilon(x_i)S(y_i)=S(\varepsilon(x_i)y_i)=\alpha^{-1}(1_H)=1_H$. 即可知 $(QT2)$ 和 $(QT4)$ 成立.

下证 $(QT5)$ 成立, 即证对任意的 $h\in H$, 有 $h_1x_i\otimes h_2y_i=x_ih_2\otimes y_ih_1$. 事实上,

$$
\begin{aligned}
h_1x_i\otimes h_2y_i&=h\cdot(x_i\otimes y_i)=h\cdot\rho(1_H)\\
&=h\cdot C_{H,H}(1_H\otimes 1_H)\\
&=C_{H,H}(h\cdot(1_H\otimes 1_H))\\
&=C_{H,H}(\alpha(h_1)\otimes\alpha(h_2))\\
&=(\alpha(h_1)_{(-1)}\cdot\alpha^{-1}(\alpha(h_2)))\otimes\alpha(\alpha(h_1)_0)\\
&=\alpha(h_{1(-1)})\cdot h_2\otimes\alpha^2(h_{10})\\
&=\alpha^2(x_i)h_2\otimes\alpha^2(y_i\alpha^{-2}(h_1))\\
&=\alpha^2(x_i)h_2\otimes\alpha^2(y_i)h_1\\
&=x_ih_2\otimes y_ih_1.
\end{aligned}
$$

由此知结论成立. □

推论 6.1 设 (H,α) 为伴有双射对极的 Hom-Hopf 代数. 若 $(H,m,\text{余伴随},\alpha)$ 为左–左 (H,α)-Hom-Yetter-Drinfeld 模且 α 为对合, 则 $C_{H,H}$ 为对称的, 当且仅当 (H,α) 余可换.

证明 设 $C_{H,H}$ 为对称的, 则由定理 6.3 知 (H,R,α) 为三角的且有 $\rho(1_H)=R^\tau$ (其中 τ 表示对换映射). 又由余作用为余伴随作用, 因而有

$$
\rho(1_H)=(1_H)_{11}\alpha^{-1}(S((1_H)_2))\otimes\alpha((1_H)_{12})=1\otimes 1_H,
$$

则 $R=1_H\otimes 1_H$. 于是由 $(QT3)$ 可知, (H,α) 为余可换的.

反之, 设 (H,α) 为余可换的, 则有

$$
\begin{aligned}
\rho(h) &= h_{11}\alpha^{-1}(S(h_2)) \otimes \alpha(h_{12}) \\
&= h_{12}\alpha^{-1}(S(h_2)) \otimes \alpha(h_{11}) \\
&= h_{21}S(h_{22}) \otimes h_1 = \varepsilon(h_2)1_H \otimes h_1 \\
&= 1_H \otimes \alpha^{-1}(h).
\end{aligned}
$$

于是,

$$
\begin{aligned}
&C_{H,H}(h\otimes g) = h_{(-1)}\alpha^{-1}(g) \otimes \alpha(h_0) \\
&= 1_H\alpha^{-1}(g) \otimes \alpha^{-1}(\alpha(h)) \\
&= g \otimes h,
\end{aligned}
$$

即 $C_{H,H}$ 为对称的. □

6.4　余拟三角 Hom-Hopf 代数

对偶于拟三角 Hom-Hopf 代数, 称 Hom-Hopf 代数 (H,α) 为余拟三角的, 若存在 (H,α) 上卷积可逆的双线性型 $\langle|\rangle$, 对任意的 $h,g,l \in H$, 下列条件成立:

$$
\begin{aligned}
&(BR1)\ \langle hg|\alpha(l)\rangle = \langle\alpha(h)|l_2\rangle\langle\alpha(g)|l_1\rangle, \\
&(BR2)\ \langle\alpha(h)|gl\rangle = \langle h_1|\alpha(g)\rangle\langle h_2|\alpha(l)\rangle, \\
&(BR3)\ \langle h_1|g_1\rangle g_2h_2 = h_1g_1\langle h_2|g_2\rangle, \\
&(BR4)\ \langle 1|h\rangle = \langle h|1\rangle = \varepsilon(h).
\end{aligned}
$$

称余拟三角 Hom-Hopf 代数 $(H,\langle|\rangle,\alpha)$ 为余三角的, 若 $\langle|\rangle$ 卷积逆为自身, 即对任意的 $h,g \in H$, 有

$$
(BR5)\ \langle h_1|g_1\rangle\langle h_2|g_2\rangle = \varepsilon(h)\varepsilon(g).
$$

定理 6.5　设 $(H,\langle|\rangle,\alpha)$ 为余拟三角 Hom-Hopf 代数. 设 α 为对合 (则易知此时 (H,α) 亦为 monoidal Hom-Hopf 代数), 并且 $\langle|\rangle$ 为 α-不变的 (即 $\langle\alpha(h)|\alpha(g)\rangle = \langle h|g\rangle$). 则左 (H,α)-Hom-余模范畴 $\widetilde{\mathcal{H}}({}^H\mathcal{M})$ 为 ${}_H^H\mathcal{HYD}$ 的 Hom-Yetter- Drinfeld 子范畴, 其模作用定义为

$$
h\cdot m = \langle\alpha(h)|m_{(-1)}\rangle\mu^2(m_0),
$$

其中, $h \in H$, $m \in (M,\mu) \in \widetilde{\mathcal{H}}({}^H\mathcal{M})$.

证明 首先证明 $(M,\cdot,\mu)$ 为左 (H,α)-Hom-模. 对任意的 $h,g \in H$ 和 $m \in (M,\mu) \in \widetilde{\mathcal{H}}({}^H\mathcal{M})$, 显然有

$$\begin{aligned}
&1_H \cdot m\\
&= \langle \alpha(1_H)|m_{(-1)}\rangle \mu^2(m_0)\\
&= \langle 1_H|m_{(-1)}\rangle \mu^2(m_0)\\
&= \varepsilon(m_{(-1)})\mu^2(m_0)\\
&= \mu(m).
\end{aligned}$$

由 $\langle|\rangle$ 为 α-不变的, 知

$$\alpha(h)\cdot\mu(m) = \langle \alpha^2(h)|\alpha(m_{(-1)})\rangle \mu^3(m_0) = \langle \alpha(h)|m_{(-1)}\rangle \mu^3(m_0) = \mu(h\cdot m).$$

进而有

$$\begin{aligned}
\alpha(h)\cdot(g\cdot m) &= \langle \alpha(g)|m_{(-1)}\rangle \alpha(h)\cdot\mu^2(m_0)\\
&= \langle \alpha(g)|m_{(-1)}\rangle \langle \alpha^2(h)|\alpha^2(m_{0(-1)})\rangle \mu^4(m_{00})\\
&= \langle \alpha(g)|\alpha(m_{(-1)1})\rangle \langle \alpha^2(h)|\alpha^2(m_{(-1)2})\rangle \mu^3(m_0)\\
&= \langle \alpha(g)|\alpha(m_{(-1)1})\rangle \langle \alpha(h)|\alpha(m_{(-1)2})\rangle \mu^3(m_0)\\
&\overset{(BR1)}{=} \langle hg|\alpha^2(m_{(-1)})\rangle \mu^3(m_0) = \langle hg|m_{(-1)}\rangle \mu^3(m_0)\\
&= \langle \alpha(hg)|\alpha(m_{(-1)})\rangle \mu^3(m_0) = (hg)\cdot\alpha(m).
\end{aligned}$$

下证 $(M,\cdot,\rho,\mu)$ 为左左 (H,α)-Hom-Yetter-Drinfeld 模. 对任意的 $h \in H$, $m \in (M,\mu) \in \widetilde{\mathcal{H}}({}^H\mathcal{M})$, 一方面, 有

$$\begin{aligned}
\rho(h\cdot m) &= \langle \alpha(h)|m_{(-1)}\rangle \rho(\mu^2(m_0))\\
&= \langle \alpha(h)|m_{(-1)}\rangle \alpha^2(m_{0(-1)}) \otimes \mu^2(m_{00})\\
&= \langle \alpha(h)|\alpha(m_{(-1)1})\rangle \alpha^2(m_{(-1)2}) \otimes \mu(m_0)\\
&= \langle h|m_{(-1)1}\rangle m_{(-1)2} \otimes \mu(m_0).
\end{aligned}$$

另一方面, 有

$$\begin{aligned}
&(h_{11}\alpha^{-1}(m_{(-1)}))S(h_2) \otimes \alpha(h_{12})\cdot m_0\\
&= (h_{11}\alpha^{-1}(m_{(-1)}))S(h_2) \otimes \langle \alpha^2(h_{12})|m_{0(-1)}\rangle \mu^2(m_{00})
\end{aligned}$$

$$
\begin{aligned}
&= \langle h_{12}|m_{(-1)2}\rangle(h_{11}m_{(-1)1})S(h_2)\otimes\mu(m_0)\\
&\overset{(BR3)}{=} \langle h_{11}|m_{(-1)1}\rangle(m_{(-1)2}h_{12})S(h_2)\otimes\mu(m_0)\\
&= \langle\alpha^{-1}(h_1)|m_{(-1)1}\rangle(m_{(-1)2}h_{21})S(\alpha(h_2))\otimes\mu(m_0)\\
&= \langle\alpha^{-1}(h_1)|m_{(-1)1}\rangle\alpha(m_{(-1)2})(h_{21})S(h_2)\otimes\mu(m_0)\\
&= \langle\alpha^{-1}(h_1)|m_{(-1)1}\rangle\alpha(m_{(-1)2})\varepsilon(h_2)1\otimes\mu(m_0)\\
&= \langle\alpha^{-2}(h)|m_{(-1)1}\rangle\alpha^2(m_{(-1)2})\otimes\mu(m_0)\\
&= \langle h|m_{(-1)1}\rangle m_{(-1)2}\otimes\mu(m_0).
\end{aligned}
$$

进而 $(M,\cdot,\rho,\mu)$ 为左–左 (H,α)-Hom-Yetter-Drinfeld 模.

最后证明 ${}^H\mathcal{M}$ 中的态射均为 (H,α)-线性的. 对任意的 $m\in(M,\mu)\in\widetilde{\mathcal{H}}({}^H\mathcal{M})$, $n\in(N,\nu)\in\widetilde{\mathcal{H}}({}^H\mathcal{M})$, $h\in H$, $f:(M,\mu)\to(N,\nu)$ 为 $\widetilde{\mathcal{H}}({}^H\mathcal{M})$ 中态射, 则

$$
\begin{aligned}
h\cdot f(m) &= \langle\alpha(h)|(f(m))_{(-1)}\rangle\mu^2(f(m))_0\\
&= \langle\alpha(h)|m_{(-1)}\rangle\mu^2(f(m_0)),\\
f(h\cdot m) &= \langle\alpha(h)|m_{(-1)}\rangle f(\mu^2(m_0))\\
&= \langle\alpha(h)|m_{(-1)}\rangle\mu^2(f(m_0)).
\end{aligned}
$$

进而 f 为左 (H,α)-余线性的. □

命题 6.4 设 $(H,\langle|\rangle,\alpha)$ 为三角 Hom-Hopf 代数. 设 α 为对合且 $\langle|\rangle$ 为 α-不变的. 则 Hom-Yetter-Drinfeld 子范畴 $\widetilde{\mathcal{H}}({}^H\mathcal{M})$ 为对称的.

证明 对任意的 $m\in(M,\mu)\in\widetilde{\mathcal{H}}({}^H\mathcal{M}), n\in(N,\nu)\in\widetilde{\mathcal{H}}({}^H\mathcal{M})$, 易证 $\rho(\nu^{-1}(n))=\alpha^{-1}(n_{(-1)})\otimes\nu^{-1}(n_0)$, 则

$$
\begin{aligned}
&C_{N,M}C_{M,N}(m\otimes n)\\
=\;& C_{N,M}(\langle\alpha(m_{(-1)})|\alpha^{-1}(n_{(-1)})\rangle\nu(n_0)\otimes\mu(m_0))\\
=\;& \langle\alpha(m_{(-1)})|\alpha^{-1}(n_{(-1)})\rangle\langle\alpha^2(n_{0(-1)})|m_{0(-1)}\rangle\mu^2(m_{00})\otimes\nu^2(n_{00})\\
=\;& \langle\alpha^2(m_{(-1)1})|n_{(-1)1}\rangle\langle\alpha^2(n_{(-1)2})|m_{(-1)2}\rangle\mu(m_0)\otimes\nu(n_0)\\
=\;& \langle m_{(-1)1}|n_{(-1)1}\rangle\langle n_{(-1)2}|m_{(-1)2}\rangle\mu(m_0)\otimes\nu(n_0)\\
\overset{(BR5)}{=}\;& \varepsilon(m_{(-1)})\mu(m_0)\otimes\varepsilon(n_{(-1)})\nu(n_0)\\
=\;& m\otimes n.
\end{aligned}
$$

于是 $C_{N,M}C_{M,N}=id_{M\otimes N}$. □

定理 6.6 设 (H,α) 为伴有双射对极的 Hom-Hopf 代数. 设 $(H,\cdot,\Delta,\alpha)$ 为左–左 $(H,\ \alpha)$-Hom-Yetter-Drinfeld 模且 α 为对合. 则 $C_{H,H}$ 为对称的, 当且仅当 (H,α) 上存在双线性型 $\langle|\rangle$, 使得 $(H,\langle|\rangle,\alpha)$ 为余三角的. 此时, (H,α)-Hom-模作用可由 $\langle|\rangle$ 诱导, 即对任意的 $h,g\in H$, 有 $h\cdot g=\langle h|g_1\rangle g_2$.

证明 设 $C_{H,H}$ 为对称的. 由于余模作用是由 Hom-余乘法 Δ 所诱导的, 知对任意的 $h,g\in H$, 有

$$C_{H,H}(h\otimes g)=h_1\cdot\alpha^{-1}(g)\otimes\alpha(h_2),$$

又由 $C_{H,H}$ 的对称性, 可知

$$C_{H,H}(h\otimes g)=\alpha(g_2)\otimes S^{-1}(g_1)\cdot\alpha^{-1}(h). \tag{6-7}$$

定义 $\langle h|g\rangle=(\varepsilon\otimes\varepsilon)C_{H,H}(h\otimes g)$. 以 $\varepsilon\otimes\varepsilon$ 作用在 $C_{H,H}(h\otimes g)$ 上, 即可得

$$\begin{aligned}(\varepsilon\otimes\varepsilon)C_{H,H}(h\otimes g)&=\varepsilon(h_1\cdot\alpha^{-1}(g))\varepsilon(\alpha(h_2))\\&=\varepsilon(h_1\cdot\alpha^{-1}(g))\varepsilon(h_2)\\&=\varepsilon(\alpha^{-1}(h)\cdot\alpha^{-1}(g)).\end{aligned}$$

此时, 可得到

$$\begin{aligned}(\varepsilon\otimes\varepsilon)C_{H,H}(h\otimes g)&=\varepsilon(\alpha(g_2))\varepsilon(S^{-1}(g_1)\cdot\alpha^{-1}(h))\\&=\varepsilon(g_2)\varepsilon(S^{-1}(g_1)\cdot\alpha^{-1}(h))\\&=\varepsilon(\alpha^{-1}(S^{-1}(g))\cdot\alpha^{-1}(h))\\&=\langle S^{-1}(g)|h\rangle.\end{aligned}$$

于是 $\langle h|g\rangle=\langle S^{-1}(g)|h\rangle$. 此时由 h,g 的任意性可知, $\langle g|S(h)\rangle=\langle S^{-1}(S(h))|g\rangle=\langle h|g\rangle$. 进而,

$$\langle h|g\rangle=\langle S^{-1}(g)|h\rangle=\langle g|S(h)\rangle. \tag{6-8}$$

以 $id\otimes\varepsilon$ 作用在如下等式:

$$h_1\cdot\alpha^{-1}(g)\otimes\alpha(h_2)=\alpha(g_2)\otimes S^{-1}(g_1)\cdot\alpha^{-1}(h)$$

一方面, 有

$$\begin{aligned}&(id\otimes\varepsilon)(h_1\cdot\alpha^{-1}(g)\otimes\alpha(h_2))\\&=\alpha^{-1}(h)\cdot\alpha^{-1}(g).\end{aligned}$$

另一方面, 还有

$$\begin{aligned}&(id\otimes\varepsilon)(\alpha(g_2)\otimes S^{-1}(g_1)\cdot\alpha^{-1}(h))\\ =&\varepsilon(\alpha^{-1}(S^{-1}(\alpha(g_1)))\cdot\alpha^{-1}(h))\alpha(g_2)\\ =&\langle h|\alpha(g_1)\rangle\alpha(g_2).\end{aligned}$$

于是可知

$$\alpha^{-1}(h)\cdot\alpha^{-1}(g)=\langle h|\alpha(g_1)\rangle\alpha(g_2).$$

由 α 为对合, 可知

$$h\cdot g=\langle\alpha(h)|g_1\rangle g_2.$$

下证 $(H,\langle|\rangle,\alpha)$ 为余三角 Hom-Hopf 代数. 显然对任意的 $h,g\in(H,\alpha)$, 有 $\langle hg|\alpha(l)\rangle=\varepsilon(\alpha^{-1}(hg)\cdot l)$. 此时有

$$\begin{aligned}\langle\alpha(h)|l_2\rangle\langle\alpha(g)|l_1\rangle&=\langle\alpha(h)|\langle\alpha(g)|l_1\rangle l_2\rangle=\langle\alpha(h)|g\cdot l\rangle\\ &=(\varepsilon\otimes\varepsilon)C_{H,H}(\alpha(h)\otimes g\cdot l)\\ &=(\varepsilon\otimes\varepsilon)(\alpha(h_1)\cdot\alpha^{-1}(g\cdot l)\otimes\alpha^2(h_2))\\ &=(\varepsilon\otimes\varepsilon)(\alpha(h_1)\cdot(\alpha^{-1}(g)\cdot\alpha^{-1}(l))\otimes h_2)\\ &=(\varepsilon\otimes\varepsilon)((h_1\alpha^{-1}(g))\cdot l\otimes h_2)\\ &=\varepsilon((h_1\alpha^{-1}(g))\cdot l)\varepsilon(h_2)\\ &=\varepsilon(\alpha^{-1}(hg)\cdot l).\end{aligned}$$

故 $\langle hg|\alpha(l)\rangle=\langle\alpha(h)|l_2\rangle\langle\alpha(g)|l_1\rangle$, 即 $(BR1)$ 成立. 又易知:

$$\begin{aligned}&\langle\alpha(h)|gl\rangle\\ =&\langle gl|S(\alpha(h))\rangle\\ =&\langle\alpha(g)|S(h_1)\rangle\langle\alpha(l)|S(h_2)\rangle\\ =&\langle h_1|\alpha(g)\rangle\langle h_2|\alpha(l)\rangle,\end{aligned}$$

于是 $(BR2)$ 成立.

由于余作用为 Hom-余乘法所诱导, 有

$$\rho(h_1\cdot\alpha(g))=(h_{111}g_1)S(h_{12})\otimes\alpha(h_{112})\cdot\alpha(g_2),$$

且有

$$\begin{aligned}&(h_1\cdot\alpha(g))_{(-1)}h_2\otimes(h_1\cdot\alpha(g))_0\\=&((h_{111}g_1)S(h_{12}))h_2\otimes\alpha(h_{112})\cdot\alpha(g_2)\\=&((\alpha^{-1}(h_{11})g_1)S(h_{21}))\alpha(h_{22})\otimes h_{12}\cdot\alpha(g_2)\\=&(\alpha^{-1}(h_{11})g_1)(S(h_{21})h_{22})\otimes h_{12}\cdot\alpha(g_2)\\=&(\alpha^{-1}(h_{11})g_1)\varepsilon(h_2)1_H\otimes h_{12}\cdot\alpha(g_2)\\=&\alpha(h_1)g_1\otimes\alpha^{-1}(h_2)\cdot\alpha^{-1}(g_2).\end{aligned}$$

进而得

$$\begin{aligned}h_1g_1\langle h_2|g_2\rangle=&h_1g_1\varepsilon(\alpha^{-1}(h_2)\cdot\alpha^{-1}(g_2))\\=&(id\otimes\varepsilon)(h_1g_1\otimes\alpha^{-1}(h_2)\cdot\alpha^{-1}(g_2))\\=&(id\otimes\varepsilon)((h_1\cdot\alpha(g))_{(-1)}h_2\otimes(h_1\cdot\alpha(g))_0)\\=&(id\otimes\varepsilon)((h_1\cdot\alpha(g))_1h_2\otimes(h_1\cdot\alpha(g))_2)\\=&(h_1\cdot\alpha(g))_1h_2\varepsilon((h_1\cdot\alpha(g))_2)\\=&\alpha^{-1}(h_1\cdot\alpha(g))h_2.\end{aligned}$$

于是

$$\begin{aligned}&h_1g_1\langle h_2|g_2\rangle\\&=\alpha^{-1}(h_1\cdot\alpha(g))h_2\\&=(\alpha^{-1}(h_1)\cdot g)h_2\\&=(\alpha(h_1)\cdot g)h_2\\&=\langle h_1|g_1\rangle g_2h_2,\end{aligned}$$

即 $(BR3)$ 成立.

类似可证 $(BR4)$.

又由于

$$\begin{aligned}\langle h_1|g_1\rangle\langle g_2|h_2\rangle=&\langle\langle h_1|g_1\rangle g_2|h_2\rangle=\langle\alpha^{-1}(h_1)\cdot g|h_2\rangle\\=&\varepsilon(\alpha^{-1}(S^{-1}(h_2))\cdot\alpha^{-1}(\alpha^{-1}(h_1)\cdot g))\end{aligned}$$

$$=\varepsilon(\alpha^{-1}(S^{-1}(h_2))\cdot(\alpha^{-2}(h_1)\cdot\alpha^{-1}(g)))$$
$$=\varepsilon((S^{-1}(h_2)h_1)\cdot g)=\varepsilon(h)\varepsilon(g).$$

知 $(BR5)$ 成立. 进而 $(H,\langle|\rangle,\alpha)$ 为余三角 Hom-Hopf 代数. □

推论 6.2　设 (H,α) 为伴有双射对极的 Hom-Hopf 代数. 设 $(H,\text{伴随},\Delta,\alpha)$ 为左–左 (H,α)-Hom-Yetter-Drinfeld 模且 α 为对合. 则 $C_{H,H}$ 为对称的, 当且仅当 (H,α) 可换.

证明　设 $C_{H,H}$ 满足对称性, 则由定理 6.6 可知 $(H,\langle|\rangle,\alpha)$ 为余三角的, 其中,

$$\begin{aligned}
&\langle h|g\rangle\\
&=\varepsilon(\alpha^{-1}(h)\cdot\alpha^{-1}(g))\\
&=\varepsilon((\alpha^{-1}(h_1)\alpha^{-2}(g))S(h_{12}))\\
&=\varepsilon(\alpha^{-1}(h_1)\alpha^{-2}(g))\varepsilon(S(h_{12}))\\
&=\varepsilon(h)\varepsilon(g).
\end{aligned}$$

于是由 $(BR3)$, 知 $\langle h_1|g_1\rangle g_2h_2=h_1g_1\langle h_2|g_2\rangle$, 故 $hg=gh$, 即 (H,α) 可换.

反之, 若 (H,α) 可换, 则

$$\begin{aligned}
&C_{H,H}(h\otimes g)\\
&=h_{(-1)}\alpha^{-1}(g)\otimes\alpha(h_0)\\
&=h_1\alpha^{-1}(g)\otimes\alpha(h_2)\\
&=(h_{11}\alpha^{-2}(g))S(\alpha(h_{12}))\otimes\alpha(h_2)\\
&=(\alpha^{-2}(g)h_{11})S(\alpha(h_{12}))\otimes\alpha(h_2)\\
&=\alpha^{-1}(g)(h_{11}S(h_{12}))\otimes\alpha(h_2)\\
&=\alpha^{-1}(g)\varepsilon(h_1)1_H\otimes\alpha(h_2)=g\otimes h,
\end{aligned}$$

即 $C_{H,H}$ 为对称的. □

关于 Hom-Yetter-Drinfeld 范畴中辫子结构的对称性、伪对称性及 u-条件等方面的最新研究成果, 可见文献 [62]~[66] 等.

第 7 章　Hom-量子群胚及其表示

在本章及第八章中, 为了保证 Hom-化的 (余) 表示范畴为张量范畴, 本书要求所涉及的 Hom-结构映射均为双射.

7.1　弱 Hom-Hopf 代数

本节将给出弱 Hom-双代数, 弱 Hom-Hopf 代数的定义和例, 并讨论其上的表示范畴.

定义 7.1　设 $(H,\alpha,\mu,1_H)$ 为域 k 上的 Hom-代数且 $(H,\alpha,\Delta,\varepsilon)$ 为 k 上的 Hom-余代数. 若对任意的 $a,b,c\in H$, 下列等式成立:

$$\begin{cases}(1)\ \ \Delta(ab)=\Delta(a)\Delta(b);\\(2)\ \ \varepsilon((ab)c)=\varepsilon(ab_1)\varepsilon(b_2c),\quad \varepsilon(a(bc))=\varepsilon(ab_2)\varepsilon(b_1c);\\(3)\ \ (\Delta\otimes id_H)\Delta(1_H)=1_1\otimes 1_21'_1\otimes 1'_2,\quad (id_H\otimes\Delta)\Delta(1_H)=1_1\otimes 1'_11_2\otimes 1'_2.\end{cases}$$

则称 $(H,\alpha,\mu,1_H,\Delta,\varepsilon)$ 为 k 上的弱 Hom-双代数.

定义 7.2　设 (H,α) 和 (H',α') 均为弱 Hom-双代数. 称 k 线性映射 $f:H\to H'$ 为弱 Hom-双代数同态, 若其既是 Hom-代数同态又是 Hom-余代数同态.

设 H 为弱 Hom-双代数. 对任意的 $h\in H$, 定义 k 线性映射 ε_t 和 ε_s 如下:

$$\varepsilon_t(h)=\varepsilon(1_1h)1_2,\quad \varepsilon_s(h)=1_1\varepsilon(h1_2),$$

称 ε_t 为靶映射, 其象集记为 $H_t=\varepsilon_t(H)$. 称 ε_s 为源映射, 其象集记为 $H_s=\varepsilon_s(H)$.

类似地, 对任意的 $h\in H$, 定义映射 $\widehat{\varepsilon_t}$ 和 $\widehat{\varepsilon_s}$ 如下:

$$\widehat{\varepsilon_t}(h)=\varepsilon(h1_1)1_2,\quad \widehat{\varepsilon_s}(h)=1_1\varepsilon(1_2h),$$

并记其象集分别为 $\widehat{H_t}=\widehat{\varepsilon_t}(H)$ 和 $\widehat{H_s}=\widehat{\varepsilon_s}(H)$.

此时易证下式

$$\Delta(1_H)\in H_s\otimes H_t,\ \ \Delta(1_H)\in \widehat{H_s}\otimes\widehat{H_t}$$

成立, 并且有

$$1_1 \otimes 1_2 = \alpha(1_1) \otimes \alpha(1_2), \quad \alpha(h_1) \otimes \alpha(h_2) = 1_1 h_1 \otimes 1_2 h_2 = h_1 1_1 \otimes h_2 1_2.$$

命题 7.1　设 H 为弱 Hom-双代数. 对任意的 $h \in H$, 下列等式成立:

(1) $\varepsilon_s(h_1) \otimes h_2 = \alpha(1_1) \otimes h 1_2$; (7-1)

(2) $\widehat{\varepsilon_s}(h_1) \otimes h_2 = \alpha^3(1_1) \otimes 1_2 h$. (7-2)

证明　(1) 由 ε_s 和 $\widehat{\varepsilon_s}$ 的定义, 易知,

$$\begin{aligned}
\varepsilon_s(h_1) \otimes h_2 &= 1_1 \varepsilon((\alpha^{-1}(h_1)1'_1)1_2) \otimes \alpha^{-1}(h_2)1'_2 \\
&= 1_1 \varepsilon(h_1(1'_1\alpha^{-1}(1_2)) \otimes \alpha^{-1}(h_2)1'_2 \\
&= 1_1 \varepsilon(h_1 1'_{21})\varepsilon(\alpha(1'_1)\alpha^{-1}(1_2)) \otimes \alpha^{-1}(h_2)\alpha^{-1}(1'_{22}) \\
&= 1_1 \varepsilon(\alpha(1'_1)\alpha^{-1}(1_2)) \otimes h 1'_2 \\
&= \alpha(1_1)\varepsilon(1'_1 1_2) \otimes h\alpha^{-1}(1'_2) = \alpha(1_1) \otimes h 1_2.
\end{aligned}$$

同理可证 (2). □

定理 7.1　设 H 为弱 Hom-双代数. 对任意的 $a, b, c \in H$, 下列等式成立:

(1) $\Delta(1_1) \otimes 1_2 = 1_1 \otimes \Delta(1_2)$; (7-3)

(2) $\varepsilon((ab)c) = \varepsilon(a(bc))$. (7-4)

证明　首先, 有

$$\begin{aligned}
\varepsilon_s(1_1) \otimes 1_2 &= 1'_1 \varepsilon(1_1 1'_2) \otimes 1_2 \\
&= 1_1 \otimes \varepsilon(1_{21})1_{22} \\
&= 1_1 \otimes \alpha(1_2).
\end{aligned}$$

又由式 (7-1), 有 $\varepsilon_s(1_1) \otimes 1_2 = 1_1 \otimes 1_2$, 进而可得

$$1_1 \otimes 1_2 = 1_1 \otimes \alpha(1_2). \tag{7-5}$$

同理, 易证得 $\widehat{\varepsilon_s}(1_1) \otimes 1_2 = \alpha(1_1) \otimes 1_2$, 又由式 (7-2) 可知 $\widehat{\varepsilon_s}(1_1) \otimes 1_2 = \alpha^2(1_1) \otimes 1_2$. 从而

$$1_1 \otimes 1_2 = \alpha(1_1) \otimes 1_2. \tag{7-6}$$

(1)

$$\Delta(1_1) \otimes 1_2 \overset{(7\text{-}5)}{=} \Delta(1_1) \otimes \alpha(1_2) = \alpha(1_1) \otimes \Delta(1_2) \overset{(7\text{-}6)}{=} 1_1 \otimes \Delta(1_2).$$

(2) 由

$$\varepsilon(a\alpha(b))=\varepsilon(a1_2)\varepsilon(1_1b)=\varepsilon(\alpha(a)\alpha(1_2))\varepsilon(1_1b)\overset{(7\text{-}5)}{=}\varepsilon(\alpha(a)1_2)\varepsilon(1_1b)=\varepsilon(\alpha(a)\alpha(b)),$$

易知,

$$\varepsilon(a\alpha(b))=\varepsilon(ab), \tag{7-7}$$

同理可得

$$\varepsilon(\alpha(a)b)=\varepsilon(ab). \tag{7-8}$$

故有如下等式

$$\varepsilon((ab)c)\overset{(7\text{-}7)}{=}\varepsilon((ab)\alpha(c))=\varepsilon(\alpha(a)(bc))\overset{(7\text{-}8)}{=}\varepsilon(a(bc)).$$

证毕. □

从现在起, 记 $(\Delta\otimes id_H)\Delta(1_H)$ 为 $1_1\otimes 1_2\otimes 1_3$, 记 $\varepsilon((ab)c)$ 为 $\varepsilon(abc)$.

推论 7.1 设 H 为弱 Hom-双代数. 则对任意的 $a,b,c\in H$, 有

(1) $\varepsilon_s(ab)=\varepsilon_s(\alpha(a)b)=\varepsilon_s(a\alpha(b)),\ \ \varepsilon_t(ab)=\varepsilon_t(\alpha(a)b)=\varepsilon_t(a\alpha(b))$; (7-9)

$\widehat{\varepsilon_s}(ab)=\widehat{\varepsilon_s}(\alpha(a)b)=\widehat{\varepsilon_s}(a\alpha(b)),\ \widehat{\varepsilon_t}(ab)=\widehat{\varepsilon_t}(\alpha(a)b)=\widehat{\varepsilon_t}(a\alpha(b))$; (7-10)

(2) $\varepsilon_s\circ\varepsilon_s=\varepsilon_s\circ\alpha=\alpha\circ\varepsilon_s=\varepsilon_s,\ \ \varepsilon_t\circ\varepsilon_t=\varepsilon_t\circ\alpha=\alpha\circ\varepsilon_t=\varepsilon_t$; (7-11)

(3) $\widehat{\varepsilon_s}\circ\widehat{\varepsilon_s}=\widehat{\varepsilon_s}\circ\alpha=\alpha\circ\widehat{\varepsilon_s}=\widehat{\varepsilon_s},\ \ \widehat{\varepsilon_t}\circ\widehat{\varepsilon_t}=\widehat{\varepsilon_t}\circ\alpha=\alpha\circ\widehat{\varepsilon_t}=\widehat{\varepsilon_t}$. (7-12)

命题 7.2 设 H 为弱 Hom-双代数. 则对任意的 $x,y,h\in H$, 有

(1) $\varepsilon(xy)=\varepsilon(\varepsilon_s(x)y)=\varepsilon(x\varepsilon_t(y))$; (7-13)

$\varepsilon(xy)=\varepsilon(\widehat{\varepsilon_s}(x)y)=\varepsilon(x\widehat{\varepsilon_t}(y))$; (7-14)

(2) $x_1\otimes\varepsilon_t(x_2)=1_1x\otimes 1_2,\ \ \varepsilon_s(x_1)\otimes x_2=1_1\otimes x1_2$; (7-15)

$\widehat{\varepsilon_s}(x_1)\otimes x_2=1_1\otimes 1_2x,\ \ x_1\otimes\widehat{\varepsilon_t}(x_2)=x1_1\otimes 1_2$; (7-16)

(3) $x_1\varepsilon(hx_2)=\varepsilon_s(h)x,\ \ \varepsilon(x_1h)x_2=x\varepsilon_t(h)$; (7-17)

$\varepsilon(hx_1)x_2=\widehat{\varepsilon_t}(h)x,\ \ x_1\varepsilon(x_2h)=x\widehat{\varepsilon_s}(h)$; (7-18)

(4) $\varepsilon_s(x)\varepsilon_t(y)=\varepsilon_t(y)\varepsilon_s(x),\ \ \widehat{\varepsilon_s}(x)\widehat{\varepsilon_t}(y)=\widehat{\varepsilon_t}(y)\widehat{\varepsilon_s}(x)$. (7-19)

证明 仅就部分等式给出证明.

(1)

$$\varepsilon(\varepsilon_s(x)y)=\varepsilon(1_1y)\varepsilon(x1_2)=\varepsilon(x\alpha(y))\overset{(7\text{-}7)}{=}\varepsilon(xy).$$

(2)

$$x_1\varepsilon(hx_2) \overset{(7\text{-}13)}{=} x_1\varepsilon(h\varepsilon_t(x_2)) = 1_1x\varepsilon(h1_2) = \varepsilon_s(h)x.$$

(3)

$$\varepsilon_s(x)\varepsilon_t(y) = 1_1\varepsilon_t(y)\varepsilon(x1_2) \overset{(7\text{-}17)}{=} \varepsilon(1_1y)1_2\varepsilon(x1_3) = \varepsilon_t(y)\varepsilon_s(x).$$

其余均类似可证. □

命题 7.3　设 H 为弱 Hom-双代数. 则对任意的 $h\in H$, 有

$$\Delta(\varepsilon_t(h)) = 1_1\varepsilon_t(h)\otimes 1_2 = \varepsilon_t(h)1_1\otimes 1_2; \tag{7-20}$$

$$\Delta(\varepsilon_s(h)) = 1_1\otimes 1_2\varepsilon_s(h) = 1_1\otimes \varepsilon_s(h)1_2; \tag{7-21}$$

$$\Delta(\widehat{\varepsilon_s}(h)) = 1_1\otimes \widehat{\varepsilon_s}(h)1_2 = 1_1\otimes 1_2\widehat{\varepsilon_s}(h); \tag{7-22}$$

$$\Delta(\widehat{\varepsilon_t}(h)) = 1_1\widehat{\varepsilon_t}(h)\otimes 1_2 = \widehat{\varepsilon_t}(h)1_1\otimes 1_2. \tag{7-23}$$

证明　仅给出式 (7-20) 的证明.

$$\Delta(\varepsilon_t(h)) = \varepsilon(1_1h)1_2\otimes 1_3 \overset{(7\text{-}17)}{=} 1_1\varepsilon_t(h)\otimes 1_2 \overset{(7\text{-}19)}{=} \varepsilon_t(h)1_1\otimes 1_2.$$ □

命题 7.4　设 H 为弱 Hom-双代数. 则对任意的 $x,y\in H$, 有

(1) $\varepsilon_t(x\varepsilon_t(y)) = \varepsilon_t(xy),\ \ \varepsilon_t(\varepsilon_t(x)y) = \varepsilon_t(x)\varepsilon_t(y);$　(7-24)

$\varepsilon_s(x\varepsilon_s(y)) = \varepsilon_s(x)\varepsilon_s(y),\ \ \varepsilon_s(\varepsilon_s(x)y) = \varepsilon_s(xy);$　(7-25)

(2) $\widehat{\varepsilon_t}(x\widehat{\varepsilon_t}(y)) = \widehat{\varepsilon_t}(x)\widehat{\varepsilon_t}(y),\ \ \widehat{\varepsilon_t}(\widehat{\varepsilon_t}(x)y) = \widehat{\varepsilon_t}(xy);$　(7-26)

$\widehat{\varepsilon_s}(x\widehat{\varepsilon_s}(y)) = \widehat{\varepsilon_s}(xy),\ \ \widehat{\varepsilon_s}(\widehat{\varepsilon_s}(x)y) = \widehat{\varepsilon_s}(x)\widehat{\varepsilon_s}(y);$　(7-27)

(3) $\varepsilon_t(x\widehat{\varepsilon_s}(y)) = \varepsilon_t(xy),\ \ \varepsilon_t(\widehat{\varepsilon_t}(x)y) = \widehat{\varepsilon_t}(x)\varepsilon_t(y);$　(7-28)

$\varepsilon_s(x\widehat{\varepsilon_s}(y)) = \varepsilon_s(x)\widehat{\varepsilon_s}(y),\ \ \varepsilon_s(\widehat{\varepsilon_t}(x)y) = \varepsilon_s(xy);$　(7-29)

(4) $\widehat{\varepsilon_t}(x\varepsilon_t(y)) = \widehat{\varepsilon_t}(x)\varepsilon_t(y),\ \ \widehat{\varepsilon_t}(\varepsilon_s(x)y) = \widehat{\varepsilon_t}(xy);$　(7-30)

$\widehat{\varepsilon_s}(x\varepsilon_t(y)) = \widehat{\varepsilon_s}(xy),\ \ \widehat{\varepsilon_s}(\varepsilon_s(x)y) = \varepsilon_s(x)\widehat{\varepsilon_s}(y);$　(7-31)

(5) $\varepsilon_t(x_1)\otimes x_2 = \varepsilon_t(1_1)\otimes 1_2x,\ \ x_1\otimes\varepsilon_s(x_2) = x1_1\otimes\varepsilon_s(1_2);$　(7-32)

$x_1\otimes\widehat{\varepsilon_s}(x_2) = 1_1x\otimes\widehat{\varepsilon_s}(1_2),\ \ \widehat{\varepsilon_t}(x_1)\otimes x_2 = \widehat{\varepsilon_t}(1_1)\otimes x1_2.$　(7-33)

设 (H,α) 为弱 Hom-双代数. 易证若 $\alpha = id_H$, 则 H 为一个弱双代数 [67]; 若 Δ 和 ε 均为 Hom-代数同态, 则 H 为 Hom-双代数.

命题 7.5　设 $(H,\mu,1_H,\Delta,\varepsilon)$ 为弱双代数, $\alpha: H\to H$ 为保持单位和余单位的弱双代数同态. 此时定义新的乘法为 $\overline{\mu} := \alpha\circ\mu$, 定义新的余乘为 $\overline{\Delta} := \Delta\circ\alpha^i$, 则 $H^\alpha = (H,\alpha,\overline{\mu},\eta,\overline{\Delta},\varepsilon)$ 为弱 Hom-双代数, 当且仅当 α 满足 $\alpha(1_1)\otimes 1_2 = \Delta(1_H)$.

证明 $\Leftarrow$: 对任意的 $a,b,c\in H$, 记 $\overline{\mu}(a\otimes b)$ 为 $a\circ b$, 记 $\overline{\Delta}(c)=c_{[1]}\otimes c_{[2]}$. 于是由

$$(a\circ b)\circ\alpha(c)=\alpha(\alpha(a)\alpha(b))\alpha^2(c)$$

$$=\alpha(\alpha(a)\alpha(bc))=\alpha(a)\circ(b\circ c).$$

和 $\alpha(1_H)=1_H$, 知 $(H,\alpha,\overline{\mu},1_H)$ 为 Hom-代数.

同理可证, $(H,\alpha,\overline{\Delta},\varepsilon)$ 为 Hom-余代数.

又由 $\alpha(1_1)\otimes 1_2=\Delta(1_H)$, 知 $1_1\otimes\alpha(1_2)=\Delta(1_H)$. 进而有 $1_{[1]}\otimes 1_{[2][1]}\otimes 1_{[2][2]}=1_{[1]}\otimes 1'_{[1]}1_{[2]}\otimes 1'_{[2]}$ 和 $1_{[1][1]}\otimes 1_{[1][2]}\otimes 1_{[2]}=1_{[1]}\otimes 1_{[2]}1'_{[1]}\otimes 1'_{[2]}$ 成立.

又由 $\alpha(1_1)\otimes 1_2=\Delta(1_H)$ 可知,

$$\varepsilon(\alpha(a)b)=\varepsilon(\alpha(a)1_1)\varepsilon(1_2b)$$

$$=\varepsilon(\alpha(a)\alpha(1_1))\varepsilon(1_2b)=\varepsilon(a1_1)\varepsilon(1_2b)$$

$$=\varepsilon(ab),$$

于是

$$\varepsilon((a\circ b)\circ c)=\varepsilon(\alpha(\alpha(ab)c))=\varepsilon(\alpha^2(a)\alpha^2(b_1))\varepsilon(\alpha^2(b_2)\alpha(c))$$

$$=\varepsilon(\alpha(a)\alpha^2(b_1))\varepsilon(\alpha(\alpha(b_2)_2c))$$

$$=\varepsilon(a\circ b_{[1]})\varepsilon(b_{[2]}\circ c).$$

同理易得 $\varepsilon(a\alpha(b))=\varepsilon(ab)$. 于是 $\varepsilon(a\circ(b\circ c))=\varepsilon(a\circ b_{[2]})\varepsilon(b_{[1]}\circ c)$.

从而,

$$(a\circ b)_{[1]}\otimes(a\circ b)_{[2]}=\alpha(\alpha(a)_1\alpha(b)_1)\otimes\alpha(\alpha(a)_2\alpha(b)_2)$$

$$=a_{[1]}\circ b_{[1]}\otimes a_{[2]}\circ b_{[2]},$$

即 $H^\alpha=(H,\alpha,\overline{\mu},1_H,\Delta,\varepsilon)$ 为弱 Hom-双代数.

$\Rightarrow$: 显然. □

在一定意义下, 上述结论有以下形式的逆命题.

命题 7.6 设 $(H,\alpha,\mu,1_H,\Delta,\varepsilon)$ 为弱 Hom-双代数, 定义 $\widetilde{\mu}:=\alpha^{-1}\circ\mu$, 定义 $\widetilde{\Delta}:=\Delta\circ\alpha^{-1}$, 则 $H_\alpha=(H,\widetilde{\mu},1_H,\widetilde{\Delta},\varepsilon)$ 为弱双代数.

证明 直接验证可得. □

命题 7.7 设 $(H,\alpha,\mu,\eta,\Delta,\varepsilon)$ 为弱 Hom-双代数, 对于 $i\in\mathbb{Z}$, 定义 $\mu_i:=\alpha^{i-1}\circ\mu$, 定义 $\Delta_i:=\Delta\circ\alpha^{i-1}$, 则 $H^i=(H,\alpha^i,\mu_i,\eta,\Delta_i,\varepsilon)$ 亦为弱 Hom-双代数.

证明　直接验证可得. □

例 7.1　设 $(H, \alpha, \mu, \eta, \Delta, \varepsilon)$ 为有限维弱 Hom-双代数, H^* 为 H 的线性对偶. 则 $(H^*, \alpha^*, \Delta^*, \varepsilon, \mu^*, \eta^*)$ 亦为有限维弱 Hom-双代数, 其中 α^* 满足对任意的 $f \in H^*$, 都有

$$\alpha^*(f) = f \circ \alpha.$$

例 7.2 (Sweedler's 5-维弱 Hom-双代数)　已知 Sweedler's 5-维弱双代数 H 为以 $1_H, e, c, x, y$ 为基元, 具有下列结构的弱双代数:

- 乘法为

H	1_H	e	c	x	y
1_H	1_H	e	c	x	y
e	e	e	c	x	y
c	c	c	e	$-y$	$-x$
x	x	x	y	0	0
y	y	y	x	0	0

- 余乘为

$$\Delta(1_H) = 1_H \otimes 1_H - 1_H \otimes e - e \otimes 1_H + 2e \otimes e,$$

$$\Delta(e) = e \otimes e, \quad \Delta(c) = c \otimes c,$$

$$\Delta(x) = c \otimes x + x \otimes e, \quad \Delta(y) = e \otimes y + y \otimes c;$$

- 余单位为

$$\varepsilon(1) = 2, \ \varepsilon(e) = \varepsilon(c) = 1, \ \varepsilon(x) = \varepsilon(y) = 0.$$

设存在映射 $\alpha : H \to H$. 则易证 α 为弱双代数自同构, 当且仅当 α 在基元 $1_H, e, c, x, y$ 下的矩阵具有形式

$$A = \begin{pmatrix} 1 & 0 & 0 & 0 & 0 \\ 0 & 1 & 0 & 0 & 0 \\ 0 & 0 & 1 & 0 & 0 \\ 0 & 0 & 0 & \lambda & 0 \\ 0 & 0 & 0 & 0 & \lambda \end{pmatrix}$$

其中, $0 \neq \lambda \in k$. 进而由命题 7.5, $(H, \alpha^i, \alpha^i \circ \mu, 1_H, \Delta \circ \alpha^i, \varepsilon)$ 为 5-维弱 Hom-双代数.

例 7.3 (Hom-群胚代数) 由文献 [68] 可知, 有限群胚 G 是指一个其中态射均为同构的小范畴. G 的对象集以 G_0 表示, 态射集以 G_1 表示. 对其中任意态射 $g: x \to y$, 我们以 $s(g) = x$ 和 $t(g) = y$ 来分别表示 g 的源和靶.

设 G 为群胚, 定义代数 kG 为以 $\{u_g \mid g \in G_1\}$ 为基元的 k-空间, 并且其中的乘法定义为

$$u_g u_h = \begin{cases} u_{gh}, & \text{若 } t(g) = s(h); \\ 0, & \text{其他}. \end{cases}$$

易知单位元为 $1_{kG} = \sum_{x \in G_0} u_{id_x}$. 若再定义 kG 中的余乘和余单位如下:

$$\Delta(u_g) = u_g \otimes u_g, \quad \varepsilon(u_g) = 1,$$

则易知 kG 为弱双代数.

易知群胚同态 $F: G_1 \to G_2$ 即为共变函子. 进而对任意的可逆自同态函子 $F: G \to G$ 和任意的 $i \in \mathbb{Z}$, 可定义弱 Hom-双代数 (kG_F, α_{F^i}) 如下:

- kG_i 为以 $\{u_g \mid g \in G_1\}$ 为基元的 k-空间;
- 对任意的 $u_g \in kG_i$, $\alpha_{F^i}(u_g) = u_{F^i(g)}$;
- Hom- 乘法定义为

$$u_g \circ u_h = \begin{cases} u_{F^i(g)} u_{F^i(h)} = u_{F^i(gh)}, & \text{若 } t(g) = s(h); \\ 0, & \text{其他}; \end{cases}$$

- 单位为 $1_{kG} = \sum_{x \in G_0} u_{id_x}$;
- Hom-余乘 Δ' 和余单位定义为

$$\Delta'(u_g) = u_{F^i(g)} \otimes u_{F^i(g)}, \quad \varepsilon(u_g) = 1.$$

此时, 弱 Hom-双代数 (kG_F, α_{F^i}) 即成为 Hom-群胚代数.

设 H 为弱 Hom-双代数. 对任意的 $i, j \in \mathbb{Z}$, 定义张量范畴 $Rep^{i,j}(H)$ 如下:

- 其中的对象为左 H-Hom-模, 态射为 H-模同态;
- 对任意的 $(M, \alpha_M), (N, \alpha_N) \in Rep^{i,j}(H)$, 其张量积定义为

$$M \otimes_t N = \{m \otimes_t n = 1_1 \cdot m \otimes_k 1_2 \cdot n \mid m \in M, n \in N\} = \Delta(1_H)(M \otimes_k N),$$

H-模作用为 $h \cdot (m \otimes_t n) = \alpha^i(h_1) \cdot m \otimes_t \alpha^j(h_2) \cdot n$, 其中 $h \in H$, $m \in M$, $n \in N$. Hom-结构映射为 $\alpha_{M \otimes N}(m \otimes_t n) = \alpha_M(m) \otimes_t \alpha_N(n)$;

• 对任意的 $h \in H$, $x \in H_t$, (H_t, α) 为 $Rep^{i,j}(H)$ 中的对象. 其模作用为

$$h \cdot x = \varepsilon_t(hx).$$

命题 7.8　H_t 为 $Rep^{i,j}(H)$ 中张量积 $\otimes_t$ 的单位对象.

证明　首先易证 (H_t, α) 和 $(M \otimes_t N, \alpha_{M\otimes N})$ 在上述定义的 H-作用下均为 $Rep^{i,j}(H)$ 中的对象. 又对任意的 $M \in Rep^{i,j}(H)$, 定义左单位约束如下:

$$l_M: \ H_t \otimes_t M \to M, \quad x \otimes_t m \mapsto x \cdot \alpha_M^{-j-2}(m), \ \ x \in H_t, \ m \in M.$$

则易知 l 为自然变换且有 $\alpha_M \circ l_M = l_M \circ (\alpha \otimes \alpha_M)$. 下证 l_M 为 H-线性的. 对任意的 $h \in H_\alpha$,

$$\begin{aligned}
l_M(h \cdot (x \otimes_t m)) &\overset{(7\text{-}9)}{=} l_M(\varepsilon_t(h_1 x) \otimes_t \alpha^j(h_2) \cdot m) \\
&= (\varepsilon_t(h_1 x)\alpha^{-2}(h_2)) \cdot \alpha_M^{-j-1}(m) \\
&= \alpha^{-2}(\varepsilon(1_1 h_1 x) 1_2 h_2) \cdot \alpha_M^{-j-1}(m) \\
&\overset{(7\text{-}17)}{=} \alpha^{-2}(\alpha(h)x) \cdot \alpha_M^{-j-1}(m) \\
&= \alpha^{-1}(hx) \cdot \alpha_M^{-j-1}(m) = h \cdot l_M(x \otimes_t m).
\end{aligned}$$

又定义自然变换 l':

$$l'_M: \ M \to H_t \otimes_t M, \quad m \mapsto 1_H \otimes_t \alpha_M^{j+1}(m), \ \ m \in M.$$

知有 $l_M^{-1} \circ \alpha = (\alpha \otimes \alpha_M) \circ l_M^{-1}$. 此时对任意的 $h \in H$, 有

$$\begin{aligned}
l_M^{-1}(h \cdot m) &= 1_H \otimes_t \alpha^{j+1}(h) \cdot \alpha_M^{j+1}(m) = \varepsilon_t(1_1) \otimes (1_2 \alpha^{j+1}(h)) \cdot \alpha_M^{j+2}(m) \\
&\overset{(7\text{-}16)}{=} \varepsilon_t(\alpha^{j+1}(h)_1) \otimes \alpha^{j+1}(h)_2 \cdot \alpha_M^{j+2}(m) \\
&= \varepsilon_t(1_1 \alpha^j(h_1)) \otimes (1_2 \alpha^j(h_2)) \cdot \alpha_M^{j+2}(m) \\
&= 1_1 \cdot \varepsilon_t(h_1) \otimes 1_2 \cdot (\alpha^j(h_2) \cdot \alpha_M^{j+1}(m)) \\
&= \varepsilon_t(h_1) \otimes_t \alpha^j(h_2) \cdot \alpha_M^{j+1}(m) = h \cdot l_M^{-1}(m),
\end{aligned}$$

故 l'_M 为 H-线性的. 又由

$$\begin{aligned}
l'_M l_M(x \otimes_t m) &= l_M^{-1}(x \cdot \alpha_M^{-j-2}(m)) = 1_H \otimes_t x \cdot \alpha_M^{-1}(m) \\
&= \varepsilon_t(1_1) \otimes (1_2 x) \cdot m \\
&\overset{(7\text{-}16)}{=} \varepsilon_t(\widehat{\varepsilon_s}(x)_1) \otimes \widehat{\varepsilon_s}(x)_2 \cdot m \\
&\overset{(7\text{-}22)}{=} \varepsilon_t(1_1 \widehat{\varepsilon_s}(x)) \otimes 1_2 \cdot m \\
&\overset{(7\text{-}28)}{=} \varepsilon_t(1_1 x) \otimes 1_2 \cdot m = x \otimes_t m,
\end{aligned}$$

和

$$l_M l'_M(m) = l_M(1_H \otimes_t \alpha_M^{j+1}(m)) = 1_H \cdot \alpha_M^{-j-2}(\alpha_M^{j+1}(m)) = m,$$

知 l' 与 l 互逆.

类似地, 定义右单位约束 r 如下:

$$r_M: \ M \otimes_t H_t \to M, \quad m \otimes_t x \mapsto \widehat{\varepsilon_s}(x) \cdot \alpha_M^{-i-2}(m), \ \ x \in H_t, \ m \in M,$$

易知其逆为

$$r_M^{-1}: \ M \to M \otimes_t H_t, \quad m \mapsto \alpha_M^{i+1}(m) \otimes_t 1_H, \ \ m \in M.$$

利用式 (7-9)、式 (7-10)、式 (7-15)、式 (7-18)、式 (7-22)、式 (7-28) 和式 (7-31) 可证其为 H-线性的. □

定理 7.2 设 H 为弱 Hom-双代数, 则 $(Rep^{i,j}(H), \otimes_t, H_t)$ 为张量范畴.

证明 首先, 对任意的 $M, N, P \in Rep^{i,j}(H)$, 定义结合约束 a 为

$$a_{M,N,P}((m \otimes_t n) \otimes_t p) = \alpha_M^{-i-1}(m) \otimes_t (n \otimes_t \alpha_P^{j+1}(p)), \ m \in M, \ n \in N, \ p \in P.$$

易知 a 为自然同构且满足 $a_{M,N,P} \circ (\alpha_M \otimes (\alpha_N \otimes \alpha_P)) = ((\alpha_M \otimes \alpha_N) \otimes \alpha_P) \circ a_{M,N,P}$. 又对任意的 $h \in H$,

$$\begin{aligned}
&a_{M,N,P}(h \cdot ((m \otimes_t n) \otimes_t p)) \\
=&\alpha_M^{-i-1}(\alpha^{2i}(h_{11}) \cdot m) \otimes_t (\alpha^{i+j}(h_{12}) \cdot n \otimes_t \alpha_P^{j+1}(\alpha^j(h_2) \cdot p)) \\
=&\alpha^i(h_1) \cdot \alpha_M^{-i-1}(m) \otimes_t (\alpha^{i+j}(h_{21}) \cdot n \otimes_t \alpha^{2j}(h_{22}) \cdot \alpha_P^{j+1}(p)) \\
=&h \cdot (\alpha_M^{-i-1}(m) \otimes_t (n \otimes_t \alpha_P^{j+1}(p))) \\
=&h \cdot (a_{M,N,P}((m \otimes_t n) \otimes_t p)),
\end{aligned}$$

故 $a_{M,N,P}$ 为 H-线性的.

其次, a 满足五边形公理是显然的.

最后, 对任意的 $x \in H_t$, 由

$$\begin{aligned}
&(id_M \otimes l_N) a_{M,H_t,N}((m \otimes_t x) \otimes_t n) \\
=&\alpha_M^{-i-1}(m) \otimes_t x \cdot \alpha_N^{-j-2}(\alpha_N^{j+1}(n)) \\
=&1_1 \cdot \alpha_M^{-i-1}(m) \otimes (1_2 x) \cdot n
\end{aligned}$$

$$
\begin{aligned}
&\overset{(7\text{-}16)}{=} \widehat{\varepsilon_s}(x_1)\cdot\alpha_M^{-i-1}(m)\otimes x_2\cdot n\\
&\overset{(7\text{-}20)}{=} \widehat{\varepsilon_s}(1_1x)\cdot\alpha_M^{-i-1}(m)\otimes 1_2\cdot n\\
&\overset{(7\text{-}27)}{=} (1_1\widehat{\varepsilon_s}(x))\cdot\alpha_M^{-i-1}(m)\otimes 1_2\cdot n\\
&= \widehat{\varepsilon_s}(x)\cdot\alpha_M^{-i-2}(m)\otimes_t n\\
&= (r_M\otimes id_N)((m\otimes_t x)\otimes_t n),
\end{aligned}
$$

可知三角形公理亦满足. 命题得证. □

设 k 为域, 对任意的 $i,j\in\mathbb{Z}$, 知存在张量范畴 $\widetilde{\mathcal{H}}^{i,j}(Vec_k)$ 如下:

- $\widetilde{\mathcal{H}}^{i,j}(Vec_k)$ 中的对象为二元数组 (M,α_M), 其中 $M\in Vec_k$, $\alpha_M\in Aut_k(M)$, 为线性同构;
- $\widetilde{\mathcal{H}}^{i,j}(Vec_K)$ 中的态射为 $f:(M,\alpha_M)\to(N,\alpha_N)$, 其中 f 是从 M 到 N 的 k-线性映射, 满足 $\alpha_N\circ f=f\circ\alpha_M$;
- 其中的张量积为

$$(M,\alpha_M)\otimes(N,\alpha_N)=(M\otimes N,\alpha_M\otimes\alpha_N),$$

张量单位为 (k,id_k);
- 结合约束 a 为

$$a_{M,N,P}:(M\otimes N)\otimes P\to M\otimes(N\otimes P),\quad (m\otimes n)\otimes p\mapsto\alpha_M^{-i-1}(m)\otimes(n\otimes\alpha_P^{j+1}(p));$$

- 单位约束 l 和 r 分别为

$$l_M(\lambda\otimes m)=\lambda\alpha_M^{-j-1}(m),\qquad r_M(m\otimes\lambda)=\lambda\alpha_M^{-i-1}(m).$$

则易验证 $\widetilde{\mathcal{H}}^{i,j}(Vec_k)=(\widetilde{\mathcal{H}}^{i,j}(Vec_k),\otimes,k,a,l,r)$ 为张量范畴.

定理 7.3　设 (H,α) 为 k 上的弱 Hom-双代数. 对任意的 $i,j\in\mathbb{Z}$, $X\in\widetilde{\mathcal{H}}^{i,j}(Vec_k)$, 考虑 (H,α) 的左张量函子

$$\check{H}=H\otimes\_:\widetilde{\mathcal{H}}^{i,j}(Vec_k)\to\widetilde{\mathcal{H}}^{i,j}(Vec_k),\qquad (X,\alpha_X)\mapsto(H\otimes X,\alpha\otimes\alpha_X).$$

定义 $\check{H}$ 上的单子结构如下:

- 令 $m:\check{H}\check{H}\to\check{H}$ 为

$$m_X:H\otimes(H\otimes X)\to H\otimes X,\quad h\otimes(g\otimes x)\mapsto\alpha^{-1}(h)g\otimes\alpha_X(x);$$

• 令 $\eta : id_{\widetilde{\mathcal{H}}^{i,j}(Vec_k)} \to \check{H}$ 为

$$\eta_X : X \to H \otimes X, \quad x \mapsto 1_H \otimes \alpha_X^{-1}(x).$$

定义 $\check{H}$ 上的余张量函子结构如下:

• 对任意的 $X, Y \in \widetilde{\mathcal{H}}^{i,j}(Vec_k)$, 令 $\check{H}_2 : \check{H}\otimes \to \check{H} \otimes \check{H}$ 为

$$\check{H}_2(X,Y) : H\otimes(X\otimes Y) \to (H\otimes X)\otimes(H\otimes Y), \quad h\otimes(x\otimes y) \mapsto (\alpha^i(h_1)\otimes x)\otimes(\alpha^j(h_2)\otimes y);$$

• 令 $\check{H}_0 : \check{H}(k) \to k$ 为

$$\check{H}_0 : H \otimes k \to k, \quad h \otimes \lambda \mapsto \varepsilon(h)\lambda.$$

则$\check{H} = (\check{H}, m, \eta, \check{H}_2, \check{H}_0)$ 为 $\widetilde{\mathcal{H}}^{i,j}(Vec_k)$ 上的弱双单子. 此时$Rep^{i,j}(H) = \widetilde{\mathcal{H}}^{i,j}(Vec_k)_{\check{H}}$.

证明 易证 $(\check{H}, m, \eta)$ 为单子, $(\check{H}, \check{H}_2, \check{H}_0)$ 为余张量函子. 因此本书仅验证单子结构与余张量函子结构的相容性. 事实上, 由

$$\begin{aligned}
&((m_X \otimes m_Y) \circ \check{H}_2(\check{H}(X), \check{H}(Y)) \circ \check{H}(\check{H}_2(X,Y)))(h \otimes (g \otimes (x \otimes y)))\\
&= (m_X \otimes m_Y)((\alpha^i(h_1) \otimes (\alpha^i(g_1) \otimes x)) \otimes (\alpha^j(h_2) \otimes (\alpha^j(g_2) \otimes y)))\\
&= (\alpha^{i-1}(h_1)\alpha^i(g_1) \otimes \alpha_X(x)) \otimes (\alpha^{j-1}(h_2)\alpha^j(g_2) \otimes \alpha_Y(y))\\
&= \check{H}_2(X,Y)(\alpha^{-1}(h)g \otimes (\alpha_X(x) \otimes \alpha_Y(y)))\\
&= (\check{H}_2(X,Y) \circ m_{X\otimes Y})(h \otimes (g \otimes (x \otimes y))),
\end{aligned}$$

易知等式 $(W1)$ 成立.

又由

$$\begin{aligned}
&(m_X \circ \check{H}(r_{\check{H}(X)}) \circ \check{H}(id_{\check{H}(X)} \otimes \check{H}_0) \circ \check{H}(id_{\check{H}(X)} \otimes m_k) \circ \check{H}(\check{H}_2(X, \check{H}(k)))\\
&\circ \check{H}(\eta_{X\otimes \check{H}(k)}))(h \otimes (x \otimes (g \otimes 1_k)))\\
= \ & (m_X \circ \check{H}(r_{\check{H}(X)}) \circ \check{H}(id_{\check{H}(X)} \otimes \check{H}_0) \circ \check{H}(id_{\check{H}(X)} \otimes m_k))(h \otimes ((1_1 \otimes \alpha_X^{-1}(x))\\
&\otimes(1_2 \otimes (\alpha^{-1}(g) \otimes 1_k))))\\
= \ & m_X(h \otimes (1_1\varepsilon(1_2 g) \otimes \alpha_X^{-i-2}(x)))\\
\overset{(7\text{-}18)}{=} & \alpha^{-1}(h)\widehat{\varepsilon_s}(g) \otimes \alpha_X^{-i-1}(x)\\
= \ & r_{\check{H}(X)}((\alpha^i(h_1) \otimes x) \otimes \varepsilon(h_2 g))\\
= \ & (r_{\check{H}(X)} \circ (id_{\check{H}(X)} \otimes \check{H}_0) \circ (id_{\check{H}(X)} \otimes m_k))((\alpha^i(h_1) \otimes x) \otimes (\alpha^j(h_2) \otimes (g \otimes 1_k)))\\
= \ & (r_{\check{H}(X)} \circ (id_{\check{H}(X)} \otimes \check{H}_0) \circ (id_{\check{H}(X)} \otimes m_k) \circ \check{H}_2(X, \check{H}(k)))(h \otimes (x \otimes (g \otimes 1_k))),
\end{aligned}$$

知等式 $(W2)$ 成立. 同理可证等式 $(W3)$. 又由

$$
\begin{aligned}
&(a_{\check{H}(X),\check{H}(Y),\check{H}(Z)}\circ(\check{H}_2(X,Y)\otimes id_{\check{H}(Z)})\circ\check{H}_2(X\otimes Y,Z)\circ\eta_{X\otimes Y\otimes Z})((x\otimes y)\otimes z)\\
&=(a_{\check{H}(X),\check{H}(Y),\check{H}(Z)}\circ(\check{H}_2(X,Y)\otimes id_{\check{H}(Z)}))((1_1\otimes(\alpha_X^{-1}(x)\otimes\alpha_Y^{-1}(y)))\\
&\quad\otimes(1_2\otimes\alpha_Z^{-1}(z)))\\
&=a_{\check{H}(X),\check{H}(Y),\check{H}(Z)}(((1_1\otimes\alpha_X^{-1}(x))\otimes(1_2\otimes\alpha_Y^{-1}(y)))\otimes(1_3\otimes\alpha_Z^{-1}(z)))\\
&=(1_1\otimes\alpha_X^{-i-2}(x))\otimes((1'_1 1_2\otimes\alpha_Y^{-1}(y))\otimes(1'_2\otimes\alpha_Z^{j}(z)))\\
&=((id_{\check{H}(X)}\otimes m_Y\otimes id_{\check{H}(Z)})\circ(id_{\check{H}(X)}\otimes\check{H}_2(\check{H}(Y),Z)))((1_1\otimes\alpha_X^{-i-2}(x))\\
&\quad\otimes(1_H\otimes((1_2\otimes\alpha_Y^{-2}(y))\otimes\alpha_Z^{j}(z))))\\
&=((id_{\check{H}(X)}\otimes m_Y\otimes id_{\check{H}(Z)})\circ(id_{\check{H}(X)}\otimes\check{H}_2(\check{H}(Y),Z))\circ(id_{\check{H}(X)}\otimes\eta_{\check{H}(Y)\otimes Z})\\
&\quad\circ a_{\check{H}(X),\check{H}(Y),Z})(((1_1\otimes\alpha_X^{-1}(x))\otimes(1_2\otimes\alpha_Y^{-1}(y)))\otimes z)\\
&=((id_{\check{H}(X)}\otimes m_Y\otimes id_{\check{H}(Z)})\circ(id_{\check{H}(X)}\otimes\check{H}_2(\check{H}(Y),Z))\circ(id_{\check{H}(X)}\otimes\eta_{\check{H}(Y)\otimes Z})\\
&\quad\circ a_{\check{H}(X),\check{H}(Y),Z}\circ(\check{H}_2(X,Y)\otimes id_Z)\circ(\eta_{X\otimes Y}\otimes id_Z))((x\otimes y)\otimes z),
\end{aligned}
$$

可知等式 $(W4)$ 成立. 同理可证 $(W5)$.

进而 $(\check{H},m,\eta,\check{H}_2,\check{H}_0)$ 为 $\widetilde{\mathcal{H}}^{i,j}(Vec_k)$ 上的弱双单子. □

注记 7.1 设 (H,α) 为 Hom-双代数. 由 $\Delta(1_H)=1_H\otimes 1_H$, 可知对任意的 $m\in M\in Rep^{i,j}(H)$, $n\in N\in Rep^{i,j}(H)$, 有 $m\otimes_t n=\alpha_M(m)\otimes\alpha_N(n)$. 并且 $Rep^{i,j}(H)$ 的张量单位为 k. 事实上, $Rep^{i,j}(H)$ 的张量结构如下:

- 对任意的左 H-模 (M,α_M) 和 (N,α_N), 其张量积为 $(M\otimes N,\alpha_M\otimes\alpha_N)$, H-作用为

$$h\cdot(m\otimes n)=\alpha^i(h_1)\cdot m\otimes\alpha^j(h_2)\cdot n,\quad h\in H,\ m\in M,\ n\in N;$$

- 张量单位为 (k,id_k);
- 结合约束 a 为

$$a_{M,N,P}((m\otimes n)\otimes p)=\alpha_M^{-i-1}(m)\otimes(n\otimes\alpha_P^{j+1}(p));$$

- 左右单位约束分别为

$$l_M(\lambda\otimes m)=\lambda\alpha_M^{-j-1}(m),\qquad r_M(m\otimes\lambda)=\lambda\alpha_M^{-i-1}(m).$$

定理 7.4 设 H 为弱 Hom-双代数. 则对任意的 $i,j,i',j'\in\mathbb{Z}$, $(Rep^{i,j}(H),\otimes_t,H_t,a,l,r)$ 张量同构于 $(Rep^{i',j'}(H),\otimes'_t,H_t,a',l',r')$. 其中 $\otimes'_t,a',l',r'$ 分别为 $Rep^{i'j'}(H)$ 中的张量积, 结合约束和左右单位约束.

证明 对任意的 $M, N \in Rep^{i,j}(H)$, $f: M \to N \in Mor(Rep^{i,j}(H))$, 定义函子 $F = (F, F_2, F_0): Rep^{i,j}(H) \to Rep^{i'j'}(H)$ 如下:

$$F(M) := M, \quad F(f) := f,$$

$$F_0 = id_{H_t}: F(H_t) \to F(H_t),$$

$$F_2(M,N): F(M) \otimes_t' F(N) \to F(M \otimes_t N), \quad m \otimes_t' n \mapsto \alpha_M^{i-i'}(m) \otimes_t \alpha_N^{j-j'}(n).$$

首先, 易证 F_2 为自然同构. 又由

$$\begin{aligned} F_2(M,N)(h \cdot (m \otimes_t' n)) &= F_2(M,N)(\alpha^{i'} \cdot m \otimes_t' \alpha^{j'} \cdot n) \\ &= \alpha^i(h_1) \cdot \alpha_M^{i-i'}(m) \otimes_t \alpha^j(h_2) \cdot \alpha_N^{j-j'}(n) \\ &= h \cdot (\alpha_M^{i-i'}(m) \otimes_t \alpha_N^{j-j'}(n)) \\ &= h \cdot F_2(M,N)(m \otimes_t' n), \end{aligned}$$

和

$$F_2(M,N) \circ (\alpha_M \otimes_t' \alpha_N) = \alpha_F(M \otimes_t N) \circ F_2(M,N),$$

知 $F_2 \in Rep^{i'j'}(H)$.

其次, 有

$$\begin{aligned} &(F_2(M, N \otimes_t P) \circ (id_{F(M)} \otimes_t' F_2(N,P)) \circ (a'_{F(M),F(N),F(P)}))((m \otimes_t' n) \otimes_t' p) \\ =& (F_2(M, N \otimes_t P) \circ (id_{F(M)} \otimes_t' F_2(N,P)))(\alpha_M^{-i'-1}(m) \otimes_t' (n \otimes_t' \alpha_P^{j'+1}(p))) \\ =& F_2(M, N \otimes_t P)(\alpha_M^{-i'-1}(m) \otimes_t' (\alpha_N^{i-i'}(n) \otimes_t \alpha_P^{j+1}(p))) \\ =& \alpha_M^{i-2i'-1}(m) \otimes_t (\alpha_N^{i+j-i'-j'}(n) \otimes_t \alpha_P^{2j-j'+1}(p)) \\ =& F(a_{M,N,P})((\alpha_M^{2i-2i'}(m) \otimes_t \alpha_N^{i+j-i'-j'}(n)) \otimes_t \alpha_P^{j-j'}(p)) \\ =& (F(a_{M,N,P}) \circ F_2(M \otimes_t N, P))((\alpha_M^{i-i'} \otimes_t \alpha_N^{j-j'}(n)) \otimes_t' p) \\ =& (F(a_{M,N,P}) \circ F_2(M \otimes_t N, P) \circ (F_2(M.N) \otimes_t' id_{F(P)})((m \otimes_t' n) \otimes_t' p). \end{aligned}$$

再次, 又由

$$\begin{aligned} &(F(l_M) \circ F_2(H_t, M) \circ (F_0 \otimes_t' id_M))(x \otimes_t' m) \\ =& F(l_M)(\alpha^{i-i'}(x) \otimes_t \alpha_M^{j-j'}(m)) \\ =& x \cdot \alpha_M^{-j'-2}(m) = l'_{F(M)}(x \otimes_t' m), \end{aligned}$$

和

$$\begin{aligned}&(F(r_M)\circ F_2(M,H_t)\circ(id_M\otimes_t' F_0))(m\otimes_t' x)\\=&F(r_M)(\alpha_M^{i-i'}(m)\otimes_t\alpha^{j-j'}(x))\\=&\widehat{\varepsilon_s}(x)\cdot\alpha_M^{-i'-2}(m)=r'_{F(M)}(m\otimes_t' x),\end{aligned}$$

可知 $F=(F,F_2,F_0)$ 为从 $Rep^{i,j}(H)$ 到 $Rep^{i'j'}(H)$ 的张量函子.

最后, F 显然是可逆的. 命题成立. □

注记 7.2　上述定理说明了 Hom-模范畴在同构意义下是唯一的. 不失一般性, 令 $i=j=0$, 并且记 $Rep^{0,0}(H)$ 为 $Rep(H)$.

定义 7.3　称弱 Hom-双代数 (H,α) 为弱 Hom-Hopf 代数 (或 Hom-量子群胚), 若存在 k-线性映射 $S:H\to H$(称为 H 的对极), 使得对任意的 $h,g\in H$, 下列等式成立:

$$\begin{cases}(1)\ \ S\circ\alpha=\alpha\circ S;\\(2)\ \ h_1S(h_2)=\varepsilon_t(h),\quad S(h_1)h_2=\varepsilon_s(h);\\(3)\ \ S(hg)=S(g)S(h),\quad S(1_H)=1_H;\\(4)\ \ \Delta(S(h))=S(h_2)\otimes S(h_1),\quad \varepsilon\circ S=\varepsilon.\end{cases}$$

命题 7.9　设 H 为弱 Hom-Hopf 代数, 则对任意的 $h\in H$, 下列等式成立:

(1) $\varepsilon_s(h_1)S(h_2)=\alpha^2(S(h)),\quad S(h_1)\varepsilon_t(h_2)=\alpha^2(S(h))$;　(7-34)

(2) $\varepsilon_t(h)=S(\widehat{\varepsilon_s}(h)),\quad \varepsilon_s(h)=S(\widehat{\varepsilon_t}(h))$;　(7-35)

(3) $\varepsilon_t(h_1)\otimes h_2=S(1_1)\otimes 1_2h,\quad h_1\otimes\varepsilon_s(h_2)=h1_1\otimes S(1_2)$.　(7-36)

证明　显然. □

命题 7.10　设 $(H,\mu,\eta,\Delta,\varepsilon,S)$ 为弱 Hopf 代数, 若存在弱双代数同态 $\alpha:H\to H$, 使得 $\alpha(1_1)\otimes 1_2=\Delta(1_H)$, 则对任意的 $i\in\mathbb{Z}$, $(H,\alpha^i,\alpha^i\circ\mu,\eta,\Delta\circ\alpha^i,\varepsilon,S)$ 为弱 Hom-Hopf 代数.

证明　显然. □

命题 7.11　设 $(H,\alpha,\mu,\eta,\Delta,\varepsilon,S)$ 为弱 Hom-Hopf 代数. 对任意的 $i\in\mathbb{Z}$, $H^i=(H,\alpha^i,\ \alpha^{i-1}\circ\mu,\eta,\Delta\circ\alpha^{i-1},\varepsilon,S)$ 亦为弱 Hom-Hopf 代数.

例 7.4　设 $(H,\alpha,\mu,\eta,\Delta,\varepsilon,S)$ 为有限维弱 Hom-Hopf 代数. 则 $(H^*,\alpha^*,\Delta^*,\varepsilon,\mu^*,\eta^*,S^*)$ 亦为弱 Hom-Hopf 代数. 其中 S^* 定义如下: 对任意的 $f\in H^*$, 有

$$S^*(f)=f\circ S.$$

例 7.5 (Sweedler's 5-维弱 Hom-Hopf 代数) 设 H 为 Sweedler's 5-维弱 Hom-双代数. 若定义对极 $S: H \to H$ 如下:

$$S(1_H) = 1_H,\quad S(e) = e,\quad S(c) = c,\quad S(x) = y,\quad S(y) = -x,$$

则易证此时 H 为弱 Hom-Hopf 代数.

设 H 为带有双射对极 S 的弱 Hom-Hopf 代数. 此时考虑 $Rep(H)$ 中由有限维 H-Hom-模做成的子范畴 $Rep_{f.d.}(H)$. 本节将证明 $Rep_{f.d.}(H)$ 是一个刚性范畴.

对任意的 $M \in Rep_{f.d.}(H)$, 令 $M^* = hom_k(M, k)$, 定义其上的 H-模作用为

$$(h \cdot f)(m) = f(S(h) \cdot \alpha_M^{-2}(m)),\qquad h \in H,\ f \in M^*,\ m \in M,$$

定义 α_{M^*} 为

$$\alpha_{M^*}(f)(m) = f(\alpha_M^{-1}(m)),\qquad f \in M^*,\ m \in M.$$

则易证 $(M^*, \alpha_{M^*}) \in Rep(H)$.

同理, 令 ${}^*M = hom_k(M, k)$, 并定义其 H-模作用为

$$(h \cdot f)(m) = f(S^{-1}(h) \cdot \alpha_M^{-2}(m)),\qquad h \in H,\ f \in {}^*M,\ m \in M,$$

定义 $\alpha_{{}^*M}$ 为

$$\alpha_{{}^*M}(f)(m) = f(\alpha_M^{-1}(m)),\qquad f \in {}^*M,\ m \in M.$$

此时亦有 $({}^*M, \alpha_{{}^*M}) \in Rep(H)$.

定理 7.5 $Rep_{f.d.}(H)$ 为刚性范畴.

证明 设 e_i 和 e^i 为 M 和 M^* 中的对偶基. 定义左余赋值映射为

$$coev_M:\ H_t \to M \otimes_t M^*,\qquad x \mapsto \sum x \cdot (e_i \otimes_t \alpha_{M^*}(e^i)),$$

定义左赋值映射为

$$ev_M:\ M^* \otimes_t M \to H_t,\qquad f \otimes_t m \mapsto f(1_1 \cdot m)1_2.$$

下证 ev_M 和 $coev_M$ 定义的合理性. 首先易知对任意的 $h \in H, m \in M, f \in M^*$, 有

$$\begin{aligned} ev_M(h \cdot (f \otimes_t m)) &= (h_1 \cdot f)(1_1 \cdot (h_2 \cdot m))1_2 \\ &= f(S(1'_1\alpha^{-1}(h_1)) \cdot ((1_1 \cdot (1'_2\alpha^{-3}(h_2))) \cdot \alpha_M^{-1}(m)))1_2 \end{aligned}$$

$$
\begin{aligned}
&= f((S(1_1\alpha^{-1}(h_1))(1_2\alpha^{-2}(h_2)))\cdot\cdot\alpha_M^{-1}(m))1_3\\
&= f(\varepsilon_s(1_1\alpha^{-2}(h))\cdot m)1_2\\
&\overset{(7\text{-}15)}{=} f(\varepsilon_s(\alpha^{-2}(h_1))\cdot v)\varepsilon_t(\alpha^{-2}(h_1))\\
&\overset{(7\text{-}15)}{=} f(1_1\cdot m)\varepsilon_t(h1_2)=h\cdot(ev_M(f\otimes_t m)),
\end{aligned}
$$

即 ev_M 为 H-线性的. 又知 $ev_M\circ(\alpha_{M^*}\otimes\alpha_M)=\alpha\circ ev_M$, 故 $ev_M\in Mor(Rep(H))$.

其次对任意的 $x\in H_t$, $m\in M$,

$$
\begin{aligned}
\sum x\cdot(e_i\otimes_t\alpha_{M^*}(e^i))(m) &= \sum x_1\cdot e_i\otimes_t(x_2\cdot\alpha_{M^*}(e^i))(m)\\
&\overset{(7\text{-}20)}{=}\sum x1_1\cdot e_ie^i(S(1_2)\cdot\alpha_M^{-3}(m))\\
&= ((x1_1)S(1_2))\cdot\alpha_M^{-2}(m)=x\cdot\alpha_M^{-2}(m)),
\end{aligned}
$$

于是

$$
\begin{aligned}
coev_M(h\cdot x)(m) &= \sum\varepsilon_t(hx)\cdot(e_i\otimes\alpha_{M^*}(e^i))(m)\\
&=\varepsilon_t(hx)\cdot\alpha_M^{-2}(m)),
\end{aligned}
$$

进而

$$
\begin{aligned}
h\cdot coev_M(x)(m) &= (\alpha^{-1}(h_1)x_1)\cdot\alpha_M(e_i)\otimes_t((\alpha^{-1}(h_2)x_2)\cdot\alpha^2_{M^*}(e^i))(m)\\
&= (\alpha^{-1}(h_1)x_1)\cdot(S(\alpha^{-2}(h_2)\alpha^{-1}(x_2))\cdot\alpha_M^{-3}(m))\\
&= \varepsilon_t(\alpha^{-2}(h)\alpha^{-1}(x))\cdot\alpha_M^{-2}(m)=\varepsilon_t(hx)\cdot\alpha_M^{-2}(m),
\end{aligned}
$$

即 $coev_V$ 亦为 H-线性的.

进而由 $coev_M\circ\alpha=(\alpha_M\otimes\alpha_{M^*})\circ coev_M$, 可得 $coev_M\in Mor(Rep(H))$.

下证 $Rep_{f.d.}(H)$ 为左刚性范畴. 事实上, 由

$$
\begin{aligned}
&(r_M\circ(id_M\otimes ev_M)\circ a_{M,M^*,M}\circ(coev_M\otimes id_M)\circ l_M^{-1})(m)\\
&=(r_M\circ(id_M\otimes ev_M)\circ a_{M,M^*,M})((1_1\cdot e_i\otimes_t 1_2\cdot\alpha_{M^*}(e^i))\otimes_t\alpha_M(m))\\
&=r_M(e_i\otimes_t 1_2\cdot\alpha^2_{M^*}(e^i)(1_1\cdot\alpha^2_M(m)))\\
&=\widehat{\varepsilon_s}(1_2)\cdot(1_1\cdot\alpha^2_M(m))=m,
\end{aligned}
$$

和

$$
\begin{aligned}
&(l_{M^*}\circ(ev_M\otimes id_{M^*})\circ a^{-1}_{M^*,M,M^*}\circ(id_{M^*}\otimes coev_M)\circ r^{-1}_{M^*})(f)(m)\\
&=(l_{M^*}\circ(ev_M\otimes id_{M^*})\circ a^{-1}_{M^*,M,M^*})(\alpha_{M^*}(f)\otimes_t(\alpha_M(e_i)\otimes_t\alpha^2_{M^*}(e^i)))(m)\\
&=l_{V^*}(\alpha^2_{M^*}(f)(1_1\cdot\alpha_M(e_i))1_2\otimes_t\alpha_{M^*}(e^i))(m)\\
&=f(1_1\cdot(S(1_2)\cdot\alpha^{-2}_M(m)))=f(m),
\end{aligned}
$$

可知, $Rep_{f.d.}(H)$ 为左刚性范畴.

同理, 若定义右余赋值映射为

$$
\widetilde{coev}_M:\ H_t\to {}^*M\otimes_t M,\quad x\mapsto x\cdot\left(\sum\alpha_{{}^*M}(e^i)\otimes_t e_i\right),
$$

定义右赋值映射为

$$
\widetilde{ev}_M:\ M\otimes_t{}^*M\to H_t,\quad m\otimes_t f\mapsto f(S^{-1}(1_1)\cdot m)1_2.
$$

则利用式 (7-9)、式 (7-10) 和式 (7-15), 可证 $({}^*M,\widetilde{ev}_M,\widetilde{coev}_M)$ 为 M 的右对偶. 即 $Rep_{f.d.}(H)$ 亦为右刚性范畴, 进而为刚性范畴. □

7.2　拟三角和 ribbon 弱 Hom-Hopf 代数

定义 7.4　设 (H,α) 为弱 Hom-双代数. 若存在元素 $R=R^{(1)}\otimes R^{(2)}\in\Delta^{op}(1)(H\otimes_k H)\Delta(1)$, 对任意的 $h\in H$, 都有下列等式成立:

$$
\begin{cases}
(1)\ \ (\alpha\otimes\alpha)R=R;\\
(2)\ \ R\Delta(h)=\Delta^{op}(h)R;\\
(3)\ \ \text{存在}\overline{R}\in\Delta(1)(H\otimes_k H)\Delta^{op}(1),\ \text{使得}R\overline{R}=\Delta^{op}(1),\ \overline{R}R=\Delta(1);\\
(4)\ \ \alpha(R^{(1)})\otimes R^{(2)}_1\otimes R^{(2)}_2=\alpha^{-1}(r^{(1)}R^{(1)})\otimes R^{(2)}\otimes r^{(2)};\\
(5)\ \ R^{(1)}_1\otimes R^{(1)}_2\otimes\alpha(R^{(2)})=r^{(1)}\otimes R^{(1)}\otimes\alpha^{-1}(r^{(2)}R^{(2)}),
\end{cases}
$$

其中, $r=R=R^{(1)}\otimes R^{(2)}=r^{(1)}\otimes r^{(2)}$. 则称 R 为 H 的 R-矩阵, 称 $\overline{R}$ 为 R 的弱逆元, 称 (H,R) 为拟三角弱 Hom-双代数.

命题 7.12　设 (H,α,R) 为拟三角弱 Hom-双代数. 则对任意的 $i\in\mathbb{Z}$, $H^i=(H,\alpha^i,\ \alpha^{i-1}\circ\mu,\eta,\Delta\circ\alpha^{i-1},\varepsilon,R)$ 亦为拟三角弱 Hom-双代数.

定理 7.6　设 (H,α) 为弱 Hom-双代数, 并且存在元素 $R\in\Delta^{op}(1)(H\otimes_k H)\Delta(1)$ 和 $\overline{R}\in\Delta(1)(H\otimes_k H)\Delta^{op}(1)$. 若对任意的 $(M,\alpha_M),(N,\alpha_N)\in Rep(H)$, 定

义映射

$$c_{M,N}: M \otimes_t M \to N \otimes_t M, \quad m \otimes_t n \mapsto R^{(2)} \cdot \alpha_N^{-1}(n) \otimes_t R^{(1)} \cdot \alpha_M^{-1}(m),$$
$$c'_{M,N}: N \otimes_t M \to M \otimes_t M, \quad n \otimes_t m \mapsto \overline{R}^{(1)} \cdot \alpha_M^{-1}(m) \otimes_t \overline{R}^{(2)} \cdot \alpha_N^{-1}(n),$$

则 c 与 c' 互逆, 并且为 $Rep(H)$ 中的辫子, 当且仅当 R 为以 $\overline{R}$ 为弱逆元的 R- 矩阵.

证明　c 和 c' 的自然性是显然的.

(1) 设 R 满足 $(\alpha \otimes \alpha)R = R$ 且对任意的 $h \in H$, 有 $R\Delta(h) = \Delta^{op}(h)R$. 则对任意的 $m \in M \in Rep(H)$, $n \in N \in Rep(H)$, 有

$$\begin{aligned} c_{M,N}(\alpha_{M,N}(m \otimes_t n)) &= R^{(2)} \cdot n \otimes_t R^{(1)} \cdot m \\ &= \alpha_N(R^{(2)} \cdot \alpha_N^{-1}(n)) \otimes_t \alpha_M(R^{(1)} \cdot \alpha_M^{-1}(m)) \\ &= \alpha_{N \otimes M}(c_{M,N}(m \otimes_t n)), \end{aligned}$$

和

$$\begin{aligned} c_{M,N}(h \cdot (m \otimes_t n)) &= (R^{(2)}\alpha^{-1}(h_2)) \cdot n \otimes_t (R^{(1)}\alpha^{-1}(h_1)) \cdot m \\ &= (\alpha^{-1}(h_1)R^{(2)}) \cdot n \otimes_t (\alpha^{-1}(h_2)R^{(1)}) \cdot m \\ &= h_1 \cdot (R^{(2)} \cdot \alpha_N^{-1}(n)) \otimes_t h_2 \cdot (R^{(1)} \cdot \alpha_M^{-1}(m)) \\ &= h \cdot (c_{M,N}(m \otimes_t n)). \end{aligned}$$

成立. 即 $c_{M,N} \in Mor(Rep(H))$.

反之, 若 $c_{M,N} \in Mor(Rep(H))$, 则易知 c 为 H-线性的且满足 $c_{M,N} \circ \alpha_{M \otimes N} = \alpha_{N \otimes M} \circ c_{M,N}$. 只需令 $M = N = H$, 令 $m = n = 1_H$, 即知对任意的 $h \in H$, 等式 $R\Delta(h) = \Delta^{op}(h)R$ 和 $(\alpha \otimes \alpha)R = R$ 成立.

(2) 若 $\overline{R}$ 为 R 的弱逆元, 则对任意的 $h \in H$, $m \in M \in Rep(H)$, $n \in N \in Rep(H)$, 有

$$\begin{aligned} c'_{M,N}(c_{M,N}(m \otimes_t n)) &= \overline{R}^{(1)} \cdot \alpha_M^{-1}(R^{(1)} \cdot \alpha_M^{-1}(m)) \otimes_t \overline{R}^{(2)} \cdot \alpha_N^{-1}(R^{(2)} \cdot \alpha_N^{-1}(n)) \\ &= (\overline{R}^{(1)} R^{(1)}) \cdot \alpha_M^{-1}(m) \otimes_t (\overline{R}^{(2)} R^{(2)}) \cdot \alpha_N^{-1}(n) \\ &= 1_1 \cdot \alpha_M^{-1}(m) \otimes_t 1_2 \cdot \alpha_N^{-1}(n) = m \otimes_t n, \end{aligned}$$

和

$$c_{M,N}(c'_{M,N}(n \otimes_t m)) = R^{(2)} \cdot \alpha_N^{-1}(\overline{R}^{(2)} \cdot \alpha_N^{-1}(n)) \otimes_t R^{(1)} \cdot \alpha_M^{-1}(\overline{R}^{(1)} \cdot \alpha_M^{-1}(m))$$

$$
\begin{aligned}
&=(R^{(2)}\overline{R}^{(2)})\cdot\alpha_N^{-1}(n)\otimes_t(R^{(1)}\overline{R}^{(1)})\cdot\alpha_M^{-1}(m)\\
&=1_1\cdot\alpha_N^{-1}(n)\otimes_t 1_2\cdot\alpha_M^{-1}(m)=n\otimes_t n,
\end{aligned}
$$

于是 c' 与 c 互逆.

反之若 c' 与 c 互逆, 取 $M=N=H$, $m=n=1_H$, 则易证 $R\overline{R}=\Delta^{op}(1)$, $\overline{R}R=\Delta(1)$.

(3) 若 R 满足 $\alpha(R^{(1)})\otimes R_1^{(2)}\otimes R_2^{(2)}=\alpha^{-1}(r^{(1)}R^{(1)})\otimes R^{(2)}\otimes r^{(2)}$, 则对任意的 $M,N,P\in Rep(H)$,

$$
\begin{aligned}
&(a_{N,P,M}\circ c_{M,N\otimes P}\circ a_{M,N,P})((m\otimes_t n)\otimes_t p)\\
&=a_{N,P,M}((R_1^{(2)}\cdot\alpha_N^{-1}(n)\otimes_t R_2^{(2)}\cdot p)\otimes_t R^{(1)}\cdot\alpha_M^{-2}(m))\\
&=\alpha^{-1}(R_1^{(2)})\cdot\alpha_N^{-2}(n)\otimes_t(R_2^{(2)}\cdot p\otimes_t\alpha(R^{(1)})\cdot\alpha_M^{-1}(m))\\
&=\alpha^{-1}(R^{(2)})\cdot\alpha_N^{-2}(n)\otimes_t(r^{(2)}\cdot p\otimes_t\alpha^{-1}(r^{(1)}R^{(1)}\cdot\alpha_M^{-1}(m)))\\
&=(id_N\otimes_t(c_{M,P}))(\alpha^{-1}(R^{(2)})\cdot\alpha_N^{-2}(n)\otimes_t(R^{(1)}\cdot\alpha_M^{-1}(m)\otimes_t\alpha_P(p)))\\
&=((id_N\otimes_t c_{M,P})\circ a_{N,M,P}\circ(c_{M,N}\otimes_t id_P))((m\otimes_t n)\otimes_t p).
\end{aligned}
$$

反之, 设 $a_{N,P,M}\circ c_{M,N\otimes P}\circ a_{M,N,P}=(id_N\otimes_t c_{M,P})\circ a_{N,M,P}\circ(c_{M,N}\otimes_t id_P)$, 此时令 $M=N=P=H$, 令 $m=n=p=1_H$, 则易知 $\alpha(R^{(1)})\otimes R_1^{(2)}\otimes R_2^{(2)}=\alpha^{-1}(r^{(1)}R^{(1)})\otimes R^{(2)}\otimes r^{(2)}$.

(4) 类似于 (3) 可证, 等式 $R_1^{(1)}\otimes R_2^{(1)}\otimes\alpha(R^{(2)})=r^{(1)}\otimes R^{(1)}\otimes\alpha^{-1}(r^{(2)}R^{(2)})$ 成立, 当且仅当等式 $a_{P,M,N}^{-1}\circ c_{M\otimes N,P}\circ a_{M,N,P}^{-1}=(c_{M,P}\otimes_t id_N)\circ a_{M,P,N}^{-1}\circ(id_M\otimes_t c_{N,P})$ 成立.

由 (1)~(4), 命题得证. □

定理 7.7 设 (H,R) 为拟三角弱 Hom-双代数. 则 R 满足如下 Yang-Baxter 方程:

$$(R_{12}R_{13})R_{23}=R_{23}(R_{13}R_{12}),\quad R_{12}(R_{13}R_{23})=(R_{23}R_{13})R_{12},$$

其中, $R_{12}=R\otimes 1_H$, $R_{23}=1_H\otimes R$, $R_{13}=(\tau\otimes id)R_{23}$.

证明 显然. □

定义 7.5 设 (H,R) 为拟三角弱 Hom-Hopf 代数. 称 H 中的可逆元 z 为 ribbon 元, 若 z 满足:

$$\begin{cases} (1)\ \ \alpha(z)=z;\\ (2)\ \ z\in Z(H);\\ (3)\ \ S(z)=z;\\ (4)\ \ \Delta(z)=R_{21}R(z\otimes z), \end{cases}$$

其中, $Z(H)$ 为 H 的中心, $R_{21}=R^{(2)}\otimes R^{(1)}$. 此时称 (H,z) 为 ribbon 弱 Hom-Hopf 代数.

命题 7.13 设 $(H,\alpha,\mu,\eta,\Delta,\varepsilon,S,z)$ 为 ribbon 弱 Hom-Hopf 代数. 则对任意的 $i\in\mathbb{Z}$, $H^i=(H,\alpha^i,\alpha^{i-1}\circ\mu,\eta,\Delta\circ\alpha^{i-1},\varepsilon,S,z)$ 亦为 ribbon 弱 Hom-Hopf 代数.

定理 7.8 设 (H,R) 为拟三角弱 Hom-Hopf 代数, $z,z'\in H$. 若对任意的 $(M,\alpha_M)\in Rep_{f.d.}(H)$, 定义映射

$$\theta_M:M\to M,\ \ m\mapsto z\cdot\alpha_M^{-1}(m),$$

$$\theta'_M:M\to M,\ \ m\mapsto z'\cdot\alpha_M^{-1}(m),$$

则 $Rep_{f.d.}(H)$ 是一个以 θ 为自对偶扭曲的 ribbon 范畴, 当且仅当 $z\in H$ 为以 z' 为逆元的 ribbon 元.

证明 易知 θ 和 θ' 显然满足自然性.

(1) 若 $\alpha(z)=z$, $z\in Z(H)$, 则对任意的 $h\in H$, 有

$$\theta_M(\alpha_M(m))=z\cdot m=\alpha_M(z\cdot\alpha_M^{-1}(m))=\alpha_M(\theta_M(m)),$$

和

$$\begin{aligned}\theta_M(h\cdot m)&=z\cdot(\alpha^{-1}(h)\cdot\alpha_M^{-1}(m))=(z\alpha^{-1}(h))\cdot m\\&=(\alpha^{-1}(h)z)\cdot m=h\cdot(z\cdot\alpha_M^{-1}(m))=h\cdot\theta_M(m),\end{aligned}$$

成立. 即 $\theta_M\in M$(或 $Rep_{f.d.}(H)$).

反之, 若 θ_M 为 H-线性的且与 α_M 满足相容性条件. 只需令 $M=H$, 令 $m=1_H$, 即可得 $\alpha(z)=z$, $z\in Z(H)$.

(2) 若 z' 为 z 的逆元, 则易证 $\alpha(z')=z'$ 且 θ 为双射. 反之, 若 θ' 与 θ 互逆, 只需令 $M=H$, 令 $m=1_H$, 即可得 z' 与 z 互逆.

(3) 若 $\Delta(z)=R_{21}R(z\otimes z)$, 则由

$$\begin{aligned}&(c_{N,M}\circ c_{M,N}\circ(\theta_M\otimes_t\theta_N))(m\otimes_t n)\\&=c_{N,M}(R^{(2)}\cdot(z\cdot\alpha_N^{-2}(n))\otimes_t R^{(1)}\cdot(z\cdot\alpha_M^{-2}(m)))\\&=((r^{(2)}R^{(1)})z)\cdot\alpha_M^{-1}(m)\otimes_t((r^{(1)}R^{(2)})z)\cdot\alpha_N^{-1}(n)\\&=z_1\cdot\alpha_M^{-1}(m)\otimes_t z_2\cdot\alpha_N^{-1}(n)=\theta_{M\otimes N}(m\otimes_t n),\end{aligned}$$

可知 θ 为 $Rep_{f.d.}(H)$ 中的扭曲.

反之, 若 θ 为 $Rep_{f.d.}(H)$ 中的扭曲, 令 $M=H$, $m=1_H$, 即可得 $\Delta(z)=R_{21}R(z\otimes z)$.

(4) 设 $S(z)=z$, 则对任意的 $f\in M^*$, $m\in M$, 有

$$\begin{aligned}\theta_{M^*}(f)(m)&=(z\cdot\alpha_{M^*}^{-1}(f))(m)\\&=f(S(z)\cdot\alpha_M^{-1}(m))\\&=f(\theta_M(m))=(\theta_M)^*(f)(m),\end{aligned}$$

故 θ 为自对偶的.

反之, 设 θ 在 $Rep_{f.d.}(H)$ 中为自对偶的. 此时令 $M=H$, $m=1_H$, 即可得 $S(z)=z$.

综上所述, 命题得证. □

7.3 对偶情形 —— 余 ribbon 弱 Hom-Hopf 代数

本节将讨论弱 Hom-Hopf 代数的余模范畴, 并给出余拟三角弱 Hom-双代数与余 ribbon 弱 Hom-Hopf 代数的概念. 由于本节中的概念, 命题与前两节中对偶, 因此将不给出相关命题的详细证明.

设 H 为弱 Hom-双代数. 定义 H 的余表示范畴 $Corep^{i,j}(H)$ 如下:

- $Corep^{i,j}(H)$ 中的对象为右 H-Hom-余模和余模同态;
- 设 $(M,\alpha_M),(N,\alpha_N)\in Corep^{i,j}(H)$, 其张量积 $M\tilde{\otimes}N$ 定义为

$$M\tilde{\otimes}N=\{m\tilde{\otimes}n=m_0\otimes_k n_0\varepsilon(m_1n_1)\mid m\in M,n\in N\},$$

其 Hom 结构映射定义为 $\alpha_{M\otimes N}(m\tilde{\otimes}n)=\alpha_M(m)\tilde{\otimes}\alpha_N(n)$, 余模结构定义为

$$\rho(m\tilde{\otimes}n)=m_0\tilde{\otimes}n_0\alpha^i(m_1)\alpha^j(n_1),$$

其中, $i,j\in\mathbb{Z}$.

- 对任意的 $y\in H_s$, (H_s,α) 亦为 H-余模

$$H_s\to H_s\otimes H,\quad y\mapsto y_1\otimes y_2.$$

引理 7.1 H_s 为 $Corep^{i,j}(H)$ 中的张量单位.

证明　易证单位约束分别为

$$l_V(y\tilde{\otimes}v)=\alpha_V^j(v_0)\varepsilon(yv_1),\quad l_V^{-1}(v)=1_H\tilde{\otimes}\alpha_V^{-j-1}(v),$$
$$r_V(v\tilde{\otimes}y)=\alpha_V^i(v_0)\varepsilon(v_1y),\quad r_V^{-1}(v)=\alpha_V^{-i-1}(v)\tilde{\otimes}1_H,$$

其中, $y\in H_s$, $v\in V$. □

定理 7.9　设 H 为弱 Hom-双代数. 则 $(Corep^{i,j}(H),\tilde{\otimes},H_s)$ 为张量范畴.

证明　对偶于定理 7.2. 事实上, 对任意的 $U,V,W\in Corep^{i,j}(H)$, 结合约束定义为

$$a_{U,V,W}((u\tilde{\otimes}v)\tilde{\otimes}w)=\alpha_U^{i+1}(u)\tilde{\otimes}(v\tilde{\otimes}\alpha_W^{-j-1}(w)),\ u\in U,\ v\in V,\ w\in W.$$

□

注记 7.3　若 (H,α) 为 Hom-双代数, 则 $Corep^{i,j}(H)$ 的结构如下:

- H-余模 (M,α_M) 和 (N,α_N) 的张量积为 $(M\otimes N,\alpha_M\otimes\alpha_N)$, 其余模作用为

$$M\otimes N\to M\otimes N\otimes H,\quad m\otimes n\mapsto m_0\otimes n_0\otimes\alpha^i(m_1)\alpha^j(n_1);$$

- 结合约束 a 为

$$a_{M,N,P}((m\otimes n)\otimes p)=\alpha_M^{i+1}(m)\otimes(n\otimes\alpha_P^{-j-1}(p));$$

- 张量单位为 (k,id_k), 左右单位约束分别为

$$l_M(\lambda\otimes m)=\lambda\alpha_M^{j+1}(m),\quad r_M(m\otimes\lambda)=\lambda\alpha_M^{i+1}(m).$$

定理 7.10　设 H 为弱 Hom-双代数. 则对任意的 $i,j,i',j'\in\mathbb{Z}$, $(Corep^{i,j}(H),\tilde{\otimes},H_s,a,l,r)$ 张量同构于 $(Corep^{i'j'}(H),\tilde{\otimes}',H_s,a',l',r')$.

证明　定义同构函子 $F=(F,F_2,F_0):Corep^{i,j}(H)\to Corep^{i'j'}(H)$ 如下:

$$F(V):=V,\quad F(f):=f,\quad F_0=id_{H_s}:H_s'\to F(H_s),$$

$$F_2(V,W):F(V)\tilde{\otimes}'F(W)\to F(V\tilde{\otimes}W),\quad v\tilde{\otimes}'w\mapsto\alpha_V^{i'-i}(v)\tilde{\otimes}\alpha_W^{j'-j}(w).$$

易证结论成立. □

注记 7.4　不失一般性, 令 $i=j=0$ 且记 $Corep^{0,0}(H)$ 为 $Corep(H)$.

设 H 为带有双射对极 S 的弱 Hom-Hopf 代数, 考虑 $Corep(H)$ 中由 H 的有限维余模构成的子范畴 $Corep_{f.d.}(H)$. 下证其为刚性范畴.

设 $V \in Corep_{f.d.}(H)$, 令 $V^* = hom_k(V, k)$, 赋予其余模结构

$$\rho(f) = f_0 \otimes f_1, \quad f_0(v) \otimes f_1 = f(\alpha_V^{-2}(v_0)) \otimes S(v_1), \quad v \in V, f \in V^*,$$

且令 α_{V^*} 为

$$\alpha_{V^*}(f)(v) = f(\alpha_V^{-1}(v)), \quad f \in V^*,\ v \in V.$$

同理, 令 ${}^*V = hom_k(V, k)$, 赋予其余模结构

$$\rho(f) = f_0 \otimes f_1, \quad f_0(v) \otimes f_1 = f(\alpha_V^{-2}(v_0)) \otimes S^{-1}(v_1), \quad v \in V, f \in {}^*V,$$

且定义 α_{*V} 为

$$\alpha_{*V}(f)(v) = f(\alpha_V^{-1}(v)), \quad f \in {}^*V,\ v \in V.$$

定理 7.11 $Corep_{f.d.}(H)$ 为刚性范畴.

证明 类似于定理 7.5. 其中左赋值映射和余赋值映射为

$$coev_V: H_s \to V \tilde{\otimes} V^*, \quad y \mapsto \sum e_{i0} \tilde{\otimes} e^i \varepsilon(y e_{i1}),$$
$$ev_V: V^* \tilde{\otimes} V \to H_s, \quad f \tilde{\otimes} v \mapsto f(\alpha_V^{-2}(v_0)) \varepsilon_s(v_1).$$

右赋值映射和余赋值映射为

$$\widetilde{coev}_V: H_s \to {}^*V \tilde{\otimes} V, \quad y \mapsto e^i \tilde{\otimes} e_{i0} \varepsilon(e_{i1} y),$$
$$\widetilde{ev}_V: V \tilde{\otimes} {}^*V \to H_s, \quad v \tilde{\otimes} f \mapsto f(\alpha_V^{-2}(v_0)) \widehat{\varepsilon_s}(v_1),$$

则此时 $Corep_{f.d.}(h)$ 为刚性范畴. □

定义 7.6 设 (H, α) 为弱 Hom-双代数. 若存在 k-线性映射 $\sigma: H \otimes_k H \to k$, 使得对任意的 $a, b, c \in H$, 有:

$$\begin{cases} (1) & \sigma(a, b) = \varepsilon(b_1 a_1) \sigma(a_2, b_2) \varepsilon(a_3 b_3); \\ (2) & \sigma(a_1, b_1) a_2 b_2 = b_1 a_1 \sigma(a_2, b_2); \\ (3) & \text{存在}\sigma' \in hom_k(H \otimes H, k), \text{ 使得}\sigma(a_1, b_1)\sigma'(a_2, b_2) = \varepsilon(ab), \\ & \text{且}\sigma'(a_1, b_1)\sigma(a_2, b_2) = \varepsilon(ba); \\ (4) & \sigma(\alpha(a), \alpha(b)) = \sigma(a, b); \\ (5) & \sigma(\alpha(a), bc) = \sigma(a_1, \alpha(c)) \sigma(a_2, \alpha(b)); \\ (6) & \sigma(ab, \alpha(c)) = \sigma(\alpha(a), c_1) \sigma(\alpha(b), c_2), \end{cases}$$

则称 σ 为 H 的余拟三角型, σ' 称为 σ 的弱卷积逆, 称 (H, σ) 为余拟三角弱 Hom-双代数.

定理 7.12　设 (H,α) 为弱 Hom-双代数且存在 σ, $\sigma' \in hom_k(H\otimes H,k)$, 使得对任意的 $a,b\in H$, 有

$$\sigma(a,b)=\varepsilon(b_1a_1)\sigma(a_2,b_2)\varepsilon(a_3b_3),\quad \sigma'(a,b)=\varepsilon(a_1b_1)\sigma'(a_2,b_2)\varepsilon(b_3a_3)$$

成立. 此时若对任意的 $(U,\alpha_U),(V,\alpha_V)\in Corep(H)$, 定义映射

$$c_{U,V}:U\tilde{\otimes}V\to V\tilde{\otimes}U,\quad u\tilde{\otimes}v\mapsto \alpha_V^{-1}(v_0)\tilde{\otimes}\alpha_U^{-1}(u_0)\sigma(u_1v_1),$$
$$c'_{U,V}:V\tilde{\otimes}U\to U\tilde{\otimes}V,\quad v\tilde{\otimes}u\mapsto \alpha_U^{-1}(u_0)\tilde{\otimes}\alpha_V^{-1}(v_0)\sigma'(u_1v_1),$$

则 c 为 $Corep(H)$ 中的辫子, 当且仅当 σ 为 H 的以 σ' 为弱卷积逆的余拟三角型.

证明　类似于定理 7.6. □

定义 7.7　设 (H,σ) 为余拟三角弱 Hom-双代数. 若存在卷积可逆的映射 $\beta\in H^*$, 使得对任意的 $a,b\in H$, 有:

$$\begin{cases}(1)\ \ \beta\circ\alpha=\beta;\\ (2)\ \ \beta(a_1)a_2=a_1\beta(a_2);\\ (3)\ \ \beta(ab)=\sigma(b_1,a_1)\sigma(a_{21},b_{21})\beta(a_{22})\beta(b_{22});\\ (4)\ \ \beta\circ S=\beta,\end{cases}$$

成立, 则称 β 为 H 的 ribbon 型. 此时称 (H,β) 为余 ribbon 弱 Hom-Hopf 代数.

对偶于定理 7.8, 有如下定理.

定理 7.13　设 (H,σ) 为余拟三角弱 Hom-双代数且存在 $\beta,\beta'\in H^*$. 若对任意的 $(V,\alpha_V)\in Corep_{f.d.}(H)$, 定义映射

$$\theta_V:V\to V,\quad v\mapsto \alpha_V^{-1}(v_0)\beta(v_1),$$
$$\theta'_V:V\to V,\quad v\mapsto \alpha_V^{-1}(v_0)\beta'(v_1),$$

则 $Corep_{f.d.}(H)$ 是一个以 θ 为自对偶扭曲的 ribbon 范畴, 当且仅当 β 为以 β' 为逆的 ribbon 型.

关于各类代数推广形式的 Hom-化等方面的最新研究进展, 可见文献 [25]、[69]~[73] 等.

第 8 章　Hom-量子群胚的 Yetter-Drinfeld 模

8.1　弱 Hom-Hopf 代数的左右 Yetter-Drinfeld 模

定义 8.1　设 (H,α_H) 为弱 Hom-Hopf 代数. 称 (M,α_M) 为 H 上的 Yetter-Drinfeld 模, 若 (M,α_M) 为左 H-Hom-模且为右 H-Hom-余模 (余作用记为 $m\mapsto m_{(0)}\otimes m_{(1)}$), 并且对任意的 $h\in H$, $m\in M$ 下列条件满足:

$$(h\cdot m)_{(0)}\otimes(h\cdot m)_{(1)}=\alpha_H^{-1}(h_{21})\cdot m_{(0)}\otimes[\alpha^{-2}(h_{22})\alpha_H^{-1}(m_{(1)})]S^{-1}(h_1),\tag{8-1}$$

用 ${}_H\mathcal{WYD}^H$ 来表示由左右 Yetter-Drinfeld 模和 H-线性 H-余线性映射做成的范畴.

命题 8.1　式 (8-1) 等价于下列形式:

$$\rho(m)=m_{(0)}\otimes m_{(1)}\in M\otimes_t H\triangleq(1_1\otimes 1_2)\cdot(M\otimes H)\tag{8-2}$$

$$\alpha_H(h_1)\cdot m_{(0)}\otimes\alpha_H^2(h_2)\alpha_H(m_{(1)})=(h_2\cdot m)_{(0)}\otimes(h_2\cdot m)_{(1)}\alpha_H^2(h_1)\tag{8-3}$$

证明　式 (8-1)⇒ 式 (8-2), 式 (8-3): 事实上, 有

$$\begin{aligned}
&m_{(0)}\otimes m_{(1)}\\
=&\alpha_H^{-1}(1_{21})\cdot\alpha_M^{-1}(m_{(0)})\otimes[\alpha_H^{-2}(1_{22})\alpha_H^{-2}(m_{(1)})]S^{-1}(1_1)\\
=&1'_1\cdot(1_2\cdot\alpha_M^{-1}(m_{(0)}))\otimes[\alpha_H^{-2}(1'_2)\alpha_H^{-2}(m_{(1)})]S^{-1}(1_1)\\
=&1'_1\cdot(1_2\cdot\alpha_M^{-1}(m_{(0)}))\otimes\alpha_H^{-1}(1'_2)[\alpha_H^{-2}(m_{(1)})S^{-1}(\alpha_H^{-1}(1_1))]\\
=&1'_1\cdot(1_2\cdot\alpha_M^{-1}(m_{(0)}))\otimes 1'_2[\alpha_H^{-2}(m_{(1)})S^{-1}(1_1)].
\end{aligned}$$

于是可知,

$$\begin{aligned}
&(h_2\cdot m)_{(0)}\otimes(h_2\cdot m)_{(1)}\alpha_H^2(h_1)\\
=&\alpha_H^{-1}(h_{221})\cdot m_{(0)}\otimes[(\alpha_H^{-2}(h_{222})\alpha_H^{-1}(m_{(1)}))S^{-1}(h_{21})]\alpha_H^2(h_1)\\
=&h_{21}\cdot m_{(0)}\otimes[(\alpha_H^{-1}(h_{22})\alpha_H^{-1}(m_{(1)}))S^{-1}(h_{12})]\alpha_H(h_{11})
\end{aligned}$$

$$
\begin{aligned}
&= h_{21}\cdot m_{(0)}\otimes[(h_{22}m_{(1)})]S^{-1}(h_{12})h_{11}\\
&= h_{21}\cdot m_{(0)}\otimes[h_{22}m_{(1)}]S^{-1}(1_1)\varepsilon(h_1 1_2)\\
&= h_{12}\cdot m_{(0)}\otimes[\alpha_H(h_2)m_{(1)}]S^{-1}(1_1)\varepsilon(\alpha_H^{-1}(h_{11})1_2)\\
&= \alpha_H^{-1}(h_{12})1'_2\cdot m_{(0)}\otimes[\alpha_H(h_2)m_{(1)}]S^{-1}(1_1)\varepsilon(\alpha_H^{-2}(h_{11})\alpha_H^{-1}(1'_1)1_2)\\
&= \alpha_H^{-1}(h_{12})1'_2\cdot m_{(0)}\otimes[\alpha_H(h_2)m_{(1)}]S^{-1}(1_1)\varepsilon(\alpha_H^{-1}(h_{11})[\alpha_H^{-1}(1'_1)\alpha_H^{-1}(1_2)])\\
&= \alpha_H^{-1}(h_{12})1'_2\cdot m_{(0)}\otimes[\alpha_H(h_2)m_{(1)}]S^{-1}(1_1)\varepsilon(\alpha_H^{-1}(h_{11})[1'_1 1_2])\\
&= h_1 1_2\cdot m_{(0)}\otimes[h_2 m_{(1)}]S^{-1}(1_1)\\
&= h_1 1'_1 1_2\cdot m_{(0)}\otimes[\alpha_H(h_2)[1'_2\alpha_H^{-1}(m_{(1)})]]S^{-1}(1_1)\\
&= \alpha_H(h_1)[1_2\cdot\alpha_M^{-1}(m_{(0)})]\otimes\alpha_H^2(h_2)[[1_3\alpha_H^{-1}(m_{(1)})]S^{-1}(\alpha_H^{-1}(1_1))]\\
&= \alpha_H(h_1)\cdot m_{(0)}\otimes\alpha_H^2(h_2)\alpha_H(m_{(1)}).
\end{aligned}
$$

式 (8-2), 式 (8-3)⇒ 式 (8-1): 易知,

$$
\begin{aligned}
&\alpha_H^{-1}(h_{21})\cdot m_{(0)}\otimes[\alpha_H^{-2}(h_{22})\alpha_H^{-1}(m_{(1)})]S^{-1}(h_1)\\
&= \alpha_M^2(\alpha_H^{-4}(h_{22})\cdot\alpha_M^{-2}(m))_{(0)}\otimes(\alpha_H^{-4}(h_{22})\cdot\alpha_M^{-2}(m))_{(1)}\alpha_H^2(\alpha_H^{-4}(h_{21}))S^{-1}(h_1)\\
&= (\alpha_H^{-1}(h_2)\cdot m)_{(0)}\otimes(\alpha_H^{-2}(h_2)\cdot\alpha_M^{-1}(m))_{(1)}\alpha_H^{-2}(h_{12}))S^{-1}(\alpha_H^{-2}(h_{11}))\\
&= (\alpha_H^{-1}(h_2)\cdot m)_{(0)}\otimes(\alpha_H^{-2}(h_2)\cdot\alpha_M^{-1}(m))_{(1)}1_1\varepsilon(1_2\alpha_H^{-2}(h_1))\\
&= (1'_2\alpha_H^{-2}(h_2)\cdot m)_{(0)}\otimes(1'_2\alpha_H^{-3}(h_2)\cdot\alpha_M^{-1}(m))_{(1)}1_1\varepsilon(1_2 1'_1\alpha_H^{-3}(h_1))\\
&= (1_3\alpha_H^{-2}(h_2)\cdot m)_{(0)}\otimes(1_3\alpha_H^{-3}(h_2)\cdot\alpha_M^{-1}(m))_{(1)}1_1\varepsilon(1_2\alpha_H^{-2}(h_1))\\
&= (1_2\alpha_H^{-1}(h)\cdot m)_{(0)}\otimes(1_2\alpha_H^{-2}(h_2)\cdot\alpha_M^{-1}(m))_{(1)}1_1\\
&= (1_2\cdot(\alpha_H^{-1}(h)\cdot\alpha_H^{-1}(m))_{(0)}\otimes(1_2\cdot(\alpha_H^{-2}(h_2)\cdot\alpha_M^{-2}(m)))_{(1)}1_1\\
&= 1_1\cdot\alpha_M^{-1}(h\cdot m)_{(0)}\otimes 1_2\alpha_H^{-1}(h\cdot m)_{(1)}\\
&= (h\cdot m)_{(0)}\otimes(h\cdot m)_{(1)}.
\end{aligned}
$$

于是结论成立. □

定义 8.2 设 (A,α_A) 为 Hom-代数, (C,α_C) 为 Hom-余代数, $\psi: A\otimes C\to A\otimes C$ 为线性映射且满足 $\psi\circ(\alpha_A\otimes\alpha_C)=(\alpha_A\otimes\alpha_C)\circ\psi$. 若对任意的 $a,b\in A$, $c\in C$, 总

有下列等式成立:

$$ {}_{\psi}(ab) \otimes \alpha_C(c^{\psi}) = {}_{\psi}a_{\varphi}b \otimes \alpha_C(c)^{\psi\varphi}, \tag{8-4} $$

$$ \psi(c \otimes 1_A) = \varepsilon(c_1^{\psi})_{\psi}1_A \otimes c_2, \tag{8-5} $$

$$ \alpha_A({}_{\psi}a) \otimes \Delta(c^{\psi}) = \alpha_A(a)_{\varphi\psi}) \otimes (c_{(1)}{}^{\psi} \otimes c_{(2)}{}^{\varphi}), \tag{8-6} $$

$$ \varepsilon(c^{\psi})_{\psi}a = \varepsilon(c^{\psi})a({}_{\psi}1_A). \tag{8-7} $$

则称三元组 (A, C, ψ) 为左右弱 Hom-缠绕结构.

若 (M, α_M) 同时为右 C-余模和左 A-模且对任意的 $a \in A$, $m \in M$, 有

$$ \rho_M(a \cdot m) = \alpha_A({}_{\psi}a) \cdot m_{(0)} \cdot \otimes \alpha_C(m_{(1)}^{\psi}), \tag{8-8} $$

则称 (M, α_M) 为左右弱 Hom-缠绕模. 记由左右弱 Hom-缠绕模和 A-线性 C-余线性同态组成的范畴为 ${}_A\mathcal{WM}(\psi)^C$.

命题 8.2 设 (H, α_H) 为弱 Hom-Hopf 代数. 定义 $\phi: H \otimes H \to H \otimes H$ 为以下映射:

$$ \phi(a \otimes c) = \alpha_H^{-1}(a_{21}) \otimes (\alpha_H^{-2}(a_{22})\alpha_H^{-1}(c))S^{-1}(a_1), \quad h, g \in H, $$

则此时 ${}_H\mathcal{WM}(\psi)^H$ 即为左右 Yetter-Drinfeld 模范畴.

证明 仅验证式 (8-5) 和式 (8-7). 事实上, 对任意的 $a, b, c \in H$, 有

$$ \begin{aligned} c_2 \otimes \varepsilon(c_1^{\psi})_{\psi}1_A &= c_2 \otimes \varepsilon(\alpha_H^{-2}(1_3)\alpha_H^{-1}(c_1))S^{-1}(1_1))\alpha_H(1_2) \\ &= \widetilde{1}_2\alpha_H^{-1}(c_2) \otimes \varepsilon(1''_2[\widetilde{1}_1\alpha_H^{-2}(c_1))]1'_2)\varepsilon(1'_1S^{-1}(1_1))1_21''_1 \\ &= \widetilde{1}_2\alpha_H^{-1}(c_2) \otimes \varepsilon([1''_2\widetilde{1}_1]\alpha_H^{-1}(c_1)1'_2)\varepsilon(1'_1S^{-1}(1_1))1_21''_1 \\ &= 1''_3\alpha_H^{-1}(c_2) \otimes \varepsilon([1''_2\alpha_H^{-1}(c_1)]1'_2)\varepsilon(1'_11_2)S(1_1)1''_1 \\ &= 1''_3\alpha_H^{-2}(c_2)1'_3 \otimes \varepsilon([1''_2\alpha_H^{-1}(c_1)]1'_2)\varepsilon(1'_11_2)S(1_1)1''_1 \\ &= 1''_2\alpha_H^{-1}(c)1'_2 \otimes \varepsilon(1'_11_2)S(1_1)1''_1 \\ &= 1''_2\alpha_H^{-1}(c)1_2 \otimes S(1_1)1''_1 \\ &= 1'_2\alpha_H^{-1}(c)S^{-1}(1_1) \otimes 1_21'_1 \\ &= 1_3\alpha_H^{-1}(c)S^{-1}(1_1) \otimes 1_2 \\ &= c^{\psi} \otimes {}_{\psi}1_A. \end{aligned} $$

于是有

$$
\begin{aligned}
\varepsilon(c^{\psi})_{\psi}a &= \varepsilon((\alpha_H^{-2}(a_{22})\alpha_H^{-1}(c))S^{-1}(a_1))\alpha_H(a_{21}) \\
&= \varepsilon((\alpha_H^{-2}(a_{22})\alpha_H^{-1}(c))1_2)\varepsilon(1_1S^{-1}(a_1))\alpha_H(a_{21}) \\
&= \varepsilon(\alpha_H^{-1}(a_{22})(\alpha_H^{-1}(c)1_2))\varepsilon(1_1S^{-1}(a_1))\alpha_H(a_{21}) \\
&= \varepsilon(\alpha_H^{-1}(a_{22})1'_1)\varepsilon(1'_2(\alpha_H^{-1}(c)1_2))\varepsilon(1_1S^{-1}(a_1))\alpha_H(a_{21}) \\
&= \varepsilon(\alpha_H^{-1}(a_{22})1'_1)\varepsilon(1'_2(\alpha_H^{-1}(c)S^{-1}(1_1)))\varepsilon(a_11_2)\alpha_H(a_{21}) \\
&= \varepsilon(a_21'_1)\varepsilon(1'_2(\alpha_H^{-1}(c)S^{-1}(1_1)))\varepsilon(\alpha_H^{-1}(a_{11})1_2)\alpha_H(a_{12}) \\
&= \varepsilon(a_21'_1)\varepsilon(1'_2(\alpha_H^{-1}(c)S^{-1}(1_1)))\varepsilon(a_1(1''_11_2))a_{21}1''_2 \\
&= \varepsilon(\alpha^{-1}(a_2)1''_21'_1)\varepsilon(1'_2(\alpha_H^{-1}(c)S^{-1}(1_1)))a_11''_11_2 \\
&= \varepsilon(a_2[1''_21'_1])\varepsilon(1'_2(\alpha_H^{-1}(c)S^{-1}(1_1)))a_11''_11_2 \\
&= \varepsilon(1'_2(\alpha_H^{-1}(c)S^{-1}(1_1)))\alpha_H(a_1)1'_11_2 \\
&= \varepsilon(1'_2(\alpha_H^{-1}(c)S^{-1}(1_1)))a_1[1'_11_2] \\
&= \varepsilon(1_3(\alpha_H^{-1}(c)S^{-1}(1_1)))a_11_2 \\
&= \varepsilon(c^{\psi})a(_{\psi}1_A).
\end{aligned}
$$

结论得证. □

命题 8.3　设 (H,α_H) 为弱 Hom-Hopf 代数, 对任意 $(M,\alpha_M),(N,\alpha_N)\in {}_H\mathcal{WYD}^H$, 定义映射

$$
B_{M,N}: M\otimes N\to N\otimes M, \qquad B_{M,N}(m\otimes n)=n_{(0)}\otimes\alpha_H^{-1}(n_{(1)})\cdot m.
$$

则 $(\alpha_N\otimes\alpha_M)\circ B_{M,N}=B_{M,N}\circ(\alpha_M\otimes\alpha_N)$. 进一步地, 若 $(P,\alpha_P)\in {}_H\mathcal{WYD}^H$, 则映射 $B_{-,-}$ 满足 Hom-Yang-Baxter 方程:

$$
\begin{aligned}
&(\alpha_P\otimes B_{M,N})\circ(B_{M,P})\otimes(\alpha_M\otimes B_{N,P}) \\
&=(B_{N,P}\otimes\alpha_M)\circ(\alpha_N\otimes B_{N,P})\circ((B_{M,P}\otimes\alpha_M).
\end{aligned}
$$

证明　类似于文献 [10] 中命题 3.4, 不再赘述. □

引理 8.1　设 (H,α_H) 为弱 Hom-Hopf 代数, 则 H_s 为 ${}_H\mathcal{WYD}^H$ 中的对象, 对任意的 $h\in H$, $x\in H_s$, 其模作用和余模作用分别为

$$
h\cdot x=\widehat{\varepsilon_s}(h)(hx), \quad \rho(x)=x_1\otimes x_2,
$$

其中, $\alpha_{H_s}=\alpha$.

证明 类似文献 [74], 不再赘述. □

引理 8.2 设 (H,α_H) 为弱 Hom-Hopf 代数, H_s 为 ${}_H\mathcal{WYD}^H$ 中的单位, 此时左右单位约束 $l_M: H_s\otimes_t M\to M$ 和 $r_M: M\otimes_t H_s\to M$ 及其逆分别为

$$l_M(x\otimes m)=S(x)\cdot\alpha_M^{-2}(m),\qquad l_M^{-1}(m)=1_H\otimes\alpha_M(m),$$
$$r_M(m\otimes x)=x\cdot\alpha_M^{-2}(m),\qquad r_M^{-1}(m)=\varepsilon(1_3)\varepsilon_s(1_2)\cdot\alpha_M(m)\otimes 1_1.$$

证明 易证 l 为 ${}_H\mathcal{WYD}^H$ 中的自然同构. 事实上, 有

$$\begin{aligned}l_M^{-1}l_M(x\otimes_t m)&=l_M^{-1}(S(x)\cdot\alpha_M^{-2}(m))=1_H\otimes_t S(x)\cdot\alpha_M^{-1}(m)\\&=\varepsilon_t(1_1)\otimes(1_2S(x))\cdot m\\&=\varepsilon_t(\widehat{\varepsilon_s}(S(x))_1)\otimes\widehat{\varepsilon_s}(x)_2\cdot m\\&=\varepsilon_t(1_1\widehat{\varepsilon_s}(S(x)))\otimes 1_2\cdot m\\&=\varepsilon_t(1_1x)\otimes 1_2\cdot m=x\otimes_t m,\end{aligned}$$

且

$$l_Ml_M^{-1}(m)=l_M(1_H\otimes_t\alpha_M(m))=1_H\cdot\alpha_M^{-2}(\alpha_M(m))=m,$$

进而知 l_M^{-1} 与 l_M 互逆.

同理可证右单位约束亦然. □

定理 8.1 设 (H,α_H) 为弱 Hom-Hopf 代数. 则 $({}_H\mathcal{WYD}^H,\otimes_t,H_s)$ 为张量范畴.

证明 首先, 对任意的 $(M,\alpha_M),(N,\alpha_N),(P,\alpha_P)\in{}_H\mathcal{WYD}^H$, 定义结合约束如下:

$$a_{M,N,P}((m\otimes_t n)\otimes_t p)=\alpha_M^{-1}(m)\otimes_t(n\otimes_t\alpha_P(p)),\ m\in M,\ n\in N,\ p\in P.$$

显然 a 为自然变换且满足 $a_{M,N,P}\circ(\alpha_M\otimes(\alpha_N\otimes\alpha_P))=((\alpha_M\otimes\alpha_N)\otimes\alpha_P)\circ a_{M,N,P}$. 对任意的 $h\in H$, 由

$$\begin{aligned}&a_{M,N,P}(h\cdot((m\otimes_t n)\otimes_t p))\\&=\alpha_M^{-1}(h_{11}\cdot m)\otimes_t(h_{12}\cdot n\otimes_t\alpha_P(h_2\cdot p))\\&=h_1\cdot\alpha_M^{-1}(m)\otimes_t(h_{21}\cdot n\otimes_t h_{22}\cdot\alpha_P(p))\\&=h\cdot(\alpha_M^{-1}(m)\otimes_t(n\otimes_t\alpha_P(p)))\\&=h\cdot(a_{M,N,P}((m\otimes_t n)\otimes_t p)),\end{aligned}$$

可知 $a_{M,N,P}$ 为 H-线性的.

下证 $a_{M,N,P}$ 为 H-余线性的. 一方面,

$$\begin{aligned}
&(a_{M,N,P}\otimes id_H)\circ\rho_{(M\hat{\otimes}N)\hat{\otimes}P}((m\otimes n)\otimes p)\\
=&(a_{M,N,P}\otimes id_H)((m\otimes n)_{(0)}\otimes p_{(0)}\otimes\alpha_H^{-2}(p_{(1)}(m\otimes n)_{(1)}))\\
=&a_{M,N,P}((m_{(0)}\otimes n_{(0)})\otimes p_{(0)})\otimes\alpha_H^{-2}(p_{(1)}\alpha_H^{-2}(n_{(1)}m_{(1)}))\\
=&\alpha_M^{-1}(m_{(0)})\otimes(n_{(0)}\otimes\alpha_P(p_{(0)}))\otimes\alpha_H^{-2}(p_{(1)})\alpha_H^{-4}(n_{(1)}m_{(1)}),
\end{aligned}$$

另一方面, 有

$$\begin{aligned}
&\rho_{(M\hat{\otimes}N)\hat{\otimes}P}\circ a_{M,N,P}((m\otimes n)\otimes p)\\
=&\rho_{(M\hat{\otimes}N)\hat{\otimes}P}(\alpha_M^{-1}(m)\otimes(n\otimes\alpha_P(p)))\\
=&\alpha_M^{-1}(m)_{(0)}\otimes(n\otimes\alpha_P(p))_{(0)}\otimes\alpha_H^{-2}((n\otimes\alpha_P(p))_{(1)}\alpha_M^{-1}(m)_{(1)})\\
=&\alpha_M^{-1}(m)_{(0)}\otimes(n_{(0)}\otimes\alpha_P(p)_{(0)})\otimes\alpha_H^{-2}(\alpha_H^{-2}(\alpha_H(p)_{(1)}n_{(1)})\alpha_M^{-1}(m)_{(1)})\\
=&\alpha_M^{-1}(m)_{(0)}\otimes(n_{(0)}\otimes\alpha_P(p)_{(0)})\otimes[\alpha_H^{-3}(p)_{(1)}\alpha_H^{-4}(n_{(1)})]\alpha_M^{-3}(m)_{(1)}\\
=&\alpha_M^{-1}(m_{(0)})\otimes(n_{(0)}\otimes\alpha_P(p_{(0)}))\otimes[\alpha_H^{-2}(p)_{(1)}[\alpha_H^{-4}(n_{(1)})\alpha_M^{-4}(m)_{(1)}]\\
=&\alpha_M^{-1}(m_{(0)})\otimes(n_{(0)}\otimes\alpha_P(p_{(0)}))\otimes\alpha_H^{-2}(p_{(1)})\alpha_H^{-4}(n_{(1)}m_{(1)}).
\end{aligned}$$

又知 $a_{M,N,P}$ 为双射, 于是 a 为 ${}_H\mathcal{WYD}^H$ 中的自然同构.

显然 a 满足五边形公理. 下证其亦满足三角形公理. 事实上, 对任意的 $x\in H_s$, 有

$$\begin{aligned}
&(r_M\otimes id_N)((m\otimes_t x)\otimes_t n)\\
=&x\cdot\alpha_M^{-2}(m)\otimes_t n\\
=&1_1\cdot(x\cdot\alpha_M^{-2}(m))\otimes_t 1_2\cdot n\\
=&1_1x\cdot\alpha_M^{-1}(m)\otimes_t 1_2\cdot n\\
=&1_1\cdot\alpha_M^{-1}(m)\otimes_t 1_2S(x)\cdot n\\
=&1_1\cdot\alpha_M^{-1}(m)\otimes_t 1_2\cdot(S(x)\cdot\alpha_N^{-1}(n))\\
=&\alpha_M^{-1}(m)\otimes S(x)\cdot\alpha_N^{-1}(n)\\
=&\alpha_M^{-1}(m)\otimes_t S(x)\cdot\alpha_N^{-2}(\alpha_N(n))\\
=&(id_M\otimes l_N)a_{M,H_t,N}((m\otimes_t x)\otimes_t n).
\end{aligned}$$

即可知结论成立. □.

设 (H,α_H) 为伴有双射对极 S 的弱 Hom-Hopf 代数. 设 ${}_H\mathcal{WYD}^H_{f.d.}$ 为 ${}_H\mathcal{WYD}^H$ 的有限维满子范畴. 对任意的 $(M,\alpha_M)\in{}_H\mathcal{WYD}^H_{f.d.}$, 考虑其线性对偶 ${}^*M=Hom(M,k)$, 定义其模作用和余作用如下:

$$(h\cdot f)(m)=f(S(\alpha_H^{-1}(h))\cdot\alpha_M^{-2}(m)),\quad f_{(0)}(m)\otimes f_{(1)}=f(\alpha_M^{-2}(m_{(0)}))\otimes S^{-1}(\alpha_H^{-1}(m_{(1)})).$$

同理, 记 ${}^*M=Hom(M,k)$ 为伴有如下作用和余作用的线性对偶:

$$(h\cdot f)(m)=f(S^{-1}(\alpha_H^{-1}(h))\cdot\alpha_M^{-2}(m)),$$
$$f_{(0)}(m)\otimes f_{(1)}=f(\alpha_M^{-2}(m_{(0)}))\otimes S(\alpha_H^{-1}(m_{(1)})).$$

定理 8.2 ${}_H\mathcal{WYD}^H_{f.d.}$ 为刚性范畴.

证明 定义余赋值映射

$$coev_M:\ H_t\to M\otimes_t M^*,\quad x\mapsto\sum x\cdot(e_i\otimes_t\alpha_{M^*}(e^i)),$$

其中, e_i 和 e^i 为 M 与 M^* 的对偶基, 定义赋值映射

$$ev_M:\ M^*\otimes_t M\to H_t,\quad f\otimes_t m\mapsto f(1_1\cdot m)1_2.$$

首先证明 M^* 为 ${}_H\mathcal{WYD}^H$ 中的对象, 其 Hom-结构映射 $\alpha_{^*M}$ 为

$$\alpha_{^*M}(f)(m)=f(\alpha_M^{-1}(m)),\quad f\in{}^*M,\ m\in M.$$

事实上, 有

$$\begin{aligned}&(h\cdot f)_{(0)}(m)\otimes(h\cdot f)_{(1)}\\=&(h\cdot f)(\alpha_M^{-2}(m_{(0)}))\otimes S^{-1}(\alpha_H^{-1}(m_{(1)}))\\=&f(S(\alpha_H^{-1}(h))\cdot\alpha^{-4}(m_{(0)})))\otimes S^{-1}(\alpha_H^{-1}(m_{(1)})),\end{aligned}$$

又由

$$\begin{aligned}&(\alpha_H^{-1}(h_{21})\cdot f_{(0)})(m)\otimes(\alpha_H^{-2}(h_{22})\alpha_H^{-1}(f_{(1)}))S^{-1}(h_1)\\=&f_{(0)}(S(\alpha_H^{-2}(h_{21}))\cdot\alpha_M^{-2}(m))\otimes(\alpha_H^{-2}(h_{22})\alpha_H^{-1}(f_{(1)}))S^{-1}(h_1)\\=&f(S(\alpha_H^{-4}(h_{21}))\cdot\alpha_M^{-4}(m))_{(0)})\otimes(\alpha_H^{-2}(h_{22})\alpha_H^{-2}(S(\alpha_H^{-1}(h_{21}))\cdot\alpha_H^{-2}(m_{(1)})))S^{-1}(h_1)\\=&f(S(\alpha_H^{-5}(h_{2112}))\cdot\alpha_M^{-4}(m)_{(0)})\otimes(\alpha_H^{-2}(h_{22})\\&[S^{-1}(\alpha_H^{-4}(h_{212}))(\alpha_H^{-5}(S^{-1}(m_{(1)}))\alpha_H^{-6}(h_{2111}))])S^{-1}(h_1)\end{aligned}$$

$$
\begin{aligned}
&= f(S(\alpha_H^{-4}(h_{212}))\cdot\alpha_M^{-4}(m)_{(0)}))\otimes([\alpha_H^{-4}(h_{222})S^{-1}(\alpha_H^{-4}(h_{221}))]\\
&\quad(\alpha_H^{-4}(S^{-1}(m_{(1)}))\alpha_H^{-4}(h_{211})))S^{-1}(h_1)\\
&= f(S(\alpha_H^{-4}(h_{212}))\cdot\alpha_M^{-2}(m)_{(0)}))\otimes(1_1\varepsilon(1_2h_{22})\\
&\quad(\alpha_H^{-4}(S^{-1}(m_{(1)}))\alpha_H^{-4}(h_{211}))])S^{-1}(h_1)\\
&= f(S(\alpha_H^{-4}(h_{221}))\cdot\alpha_M^{-4}(m)_{(0)}))\otimes(1_1\varepsilon(1_2h_{222})(\alpha_H^{-4}(S^{-1}(m_{(1)}))\alpha_H^{-3}(h_{21})))S^{-1}(h_1)\\
&= f(S(\alpha_H^{-4}(h_{221}))\cdot\alpha_M^{-4}(m)_{(0)}))\otimes(1_1\varepsilon(1_2h_{222})(\alpha_H^{-4}(S^{-1}(m_{(1)}))\alpha_H^{-3}(h_{21})))S^{-1}(h_1)\\
&= f(S(\alpha_H^{-3}(h_{21}))\cdot\alpha_M^{-4}(m)_{(0)}))\otimes(1_1\varepsilon(1_2h_{22})(\alpha_H^{-3}(S^{-1}(m_{(1)}))\\
&\quad[\alpha_H^{-2}(h_{12}))S^{-1}(\alpha_H^{-2}(h_{11}))]\\
&= f(S(\alpha_H^{-3}(h_{21}))\cdot\alpha_M^{-4}(m)_{(0)}))\otimes(1'_1\varepsilon(1'_2h_{22})(\alpha_H^{-3}(S^{-1}(m_{(1)}))1_1\varepsilon(1_2h_1)\\
&= f(S(\alpha_H^{-4}(1''_2h_{12}))\cdot\alpha_M^{-4}(m)_{(0)}))\otimes(1'_1\varepsilon(1'_2h_2)(\alpha_H^{-2}(S^{-1}(m_{(1)}))1_1\varepsilon(1_21''_1h_{11})\\
&= f(S(\alpha_H^{-3}(1_2h_1))\cdot\alpha_M^{-4}(m)_{(0)}))\otimes(1'_1\varepsilon(1'_2h_2)(\alpha_H^{-3}(S^{-1}(m_{(1)}))1_1\\
&= f(S(\alpha_H^{-4}(1''_1h_1))S(1_2)\cdot\alpha_M^{-4}(m)_{(0)}))\otimes(S^{-1}(1'_2)\varepsilon(1'_11''_2h_2)(\alpha_H^{-3}(S^{-1}(m_{(1)}))1_1\\
&= f(S(\alpha_H^{-3}(1_21'_1h))\cdot\alpha_M^{-4}(m)_{(0)}))\otimes(S^{-1}(1'_2)(\alpha_H^{-3}(S^{-1}(m_{(1)}))1_1\\
&= f(S(\alpha_H^{-2}(h))S(1_2)\cdot\alpha_M^{-4}(m)_{(0)}))\otimes(S^{-1}(1_3\alpha_H^{-3}(S^{-1}(m_{(1)}))S^{-1}(1_1))\\
&= f(S(\alpha_H^{-1}(h))(1_2\cdot\alpha_M^{-5}(m)_{(0)}))\otimes(S^{-1}(1_3\alpha_H^{-3}(S^{-1}(m_{(1)}))S^{-1}(1_1))\\
&= f(S(\alpha_H^{-1}(h))\cdot\alpha_M^{-4}(m)_{(0)})\otimes S^{-1}(\alpha_H^{-1}(m_{(1)})).
\end{aligned}
$$

可知,

$$(h\cdot f)_{(0)}\otimes(h\cdot f)_{(1)}=(\alpha_H^{-1}(h_{21})\cdot f_{(0)})\otimes(\alpha_H^{-2}(h_{22})\alpha_H^{-1}(f_{(1)}))S^{-1}(h_1).$$

又知 $H_s\in{}_H\mathcal{WYD}^H$, 下证 ev_M 和 $coev_M$ 均为 ${}_H\mathcal{WYD}^H$ 中的态射. 对任意的 $h\in H$, $m\in M$, $f\in M^*$, 有

$$
\begin{aligned}
ev_M(h\cdot(f\otimes_t m)) &= (h_1\cdot f)(1_1\cdot(h_2\cdot m))1_2\\
&= f(S(1'_1\alpha_H^{-2}(h_1))\cdot((1_1\cdot(1'_2\alpha_H^{-3}(h_2)))\cdot\alpha_M^{-1}(m)))1_2\\
&= f((S(1_1\alpha_H^{-2}(h_1))(1_2\alpha_H^{-2}(h_2)))\cdot\alpha_M^{-1}(m))1_3\\
&= f(\varepsilon_s(1_1\alpha_H^{-2}(h))\cdot m)1_2\\
&= f(\varepsilon_s(\alpha_H^{-2}(h_1))\cdot v)\varepsilon_t(\alpha_H^{-2}(h_1))\\
&= f(1_1\cdot m)\varepsilon_t(h1_2)=h\cdot(ev_M(f\otimes_t m)),
\end{aligned}
$$

又知,

$$\begin{aligned}\rho\circ ev_M(f\otimes m)&=\rho(1_2)f(1_1\cdot m)\\&=f(1_1\cdot m)S(1'_1)\otimes 1'_2S^{-1}(1_2),\end{aligned}$$

于是有

$$\begin{aligned}&(ev_M\otimes id)\circ\rho(f\otimes m)\\=&(ev_M\otimes id)(f_{(0)}\otimes m_{(0)})\otimes\alpha_H^{-2}(m_{(1)}f_{(1)})\\=&f_{(0)}(1_1\cdot m_{(0)})1_2\otimes\alpha_H^{-2}(m_{(1)}f_{(1)})\\=&f(1_2\cdot\alpha_M^{-2}(m_{(0)(0)}))(1'_2)\otimes\alpha_H^{-2}(m_{(1)})S^{-1}(1'_11_3\alpha_H^{-3}(m_{(0)(1)})S^{-1}(1_1))\\=&f(1_2\cdot\alpha_M^{-1}(m)_{(0)})(1'_2)\otimes\alpha_H^{-3}(m_{(1)2})S^{-1}(1'_11_3\alpha_H^{-3}(m_{(1)1})S^{-1}(1_1))\\=&f(1_2\cdot\alpha_M^{-1}(m)_{(0)})(1'_2)\otimes S^{-1}(\varepsilon_t(m_{(1)}))S^{-1}(1'_1))\\=&f(1_1\cdot m)1'_2\otimes S^{-1}(1_2)S^{-1}(1'_1)\\=&f(1_1\cdot m)S(1'_1)\otimes 1'_2S^{-1}(1_2).\end{aligned}$$

进而 ev_M 为 H-线性 H-余线性的. 又由 $ev_M\circ(\alpha_{M^*}\otimes\alpha_M)=\alpha_H\circ ev_M$, 可得 $ev_M\in{}_H\mathcal{WYD}^H$.

由于

$$\begin{aligned}coev_M(h\cdot x)(m)&=\sum\varepsilon_t(hx)\cdot(e_i\otimes\alpha_{M^*}(e^i))(m)\\&=\varepsilon_t(hx)\cdot\alpha_M^{-2}(m)),\end{aligned}$$

且

$$\begin{aligned}h\cdot coev_M(x)(m)&=(\alpha_H^{-1}(h_1)x_1)\cdot\alpha_M(e_i)\otimes_t((\alpha_H^{-1}(h_2)x_2)\cdot\alpha^2_{M^*}(e^i))(m)\\&=(\alpha_H^{-1}(h_1)x_1)\cdot(S(\alpha_H^{-2}(h_2)\alpha_H^{-1}(x_2))\cdot\alpha_M^{-3}(m))\\&=\varepsilon_t(\alpha_H^{-2}(h)\alpha_H^{-1}(x))\cdot\alpha_M^{-2}(m)=\varepsilon_t(hx)\cdot\alpha_M^{-2}(m),\end{aligned}$$

于是 $coev_V$ 为 H-线性且易证 $coev_V$ 为 H-余线性的. 又由 $coev_M\circ\alpha_H=(\alpha_M\otimes\alpha_{M^*})\circ coev_M$, 可知 $coev_M\in{}_H\mathcal{WYD}^H$.

考虑

$$\begin{aligned}&(r_M\circ(id_M\otimes ev_M)\circ a_{M,M^*,M}\circ(coev_M\otimes id_M)\circ l_M^{-1})(m)\\=&(r_M\circ(id_M\otimes ev_M)\circ a_{M,M^*,M})((1_1\cdot e_i\otimes_t 1_2\cdot\alpha_{M^*}(e^i))\otimes_t\alpha_M(m))\end{aligned}$$

$$= r_M(e_i \otimes_t 1_2 \cdot \alpha^2_{M^*}(e^i)(1_1 \cdot \alpha^2_M(m)))$$
$$= \widehat{\varepsilon_s}(1_2) \cdot (1_1 \cdot \alpha^2_M(m)) = m,$$

可得

$$(l_{M^*} \circ (ev_M \otimes id_{M^*}) \circ a^{-1}_{M^*,M,M^*} \circ (id_{M^*} \otimes coev_M) \circ r^{-1}_{M^*})(f)(m)$$
$$= (l_{M^*} \circ (ev_M \otimes id_{M^*}) \circ a^{-1}_{M^*,M,M^*})(\alpha_{M^*}(f) \otimes_t (\alpha_M(e_i) \otimes_t \alpha^2_{M^*}(e^i)))(m)$$
$$= l_{V^*}(\alpha^2_{M^*}(f)(1_1 \cdot \alpha_M(e_i))1_2 \otimes_t \alpha_{M^*}(e^i))(m)$$
$$= f(1_1 \cdot (S(1_2) \cdot \alpha^{-2}_M(m))) = f(m).$$

即可得 ${}_H\mathcal{WYD}^H_{f.d.}$ 为左刚性范畴.

同理, 定义余赋值和赋值映射如下:

$$\widetilde{coev}_M:\ H_t \to {}^*M \otimes_t M, \qquad x \mapsto x \cdot \left(\sum \alpha_{^*M}(e^i) \otimes_t e_i\right),$$

和

$$\widetilde{ev}_M:\ M \otimes_t {}^*M \to H_t, \qquad m \otimes_t f \mapsto f(S^{-1}(1_1) \cdot m)1_2.$$

可证 $({}^*M, \widetilde{ev}_M, \widetilde{coev}_M)$ 为 M 的右对偶. 进而知 ${}_H\mathcal{WYD}^H_{f.d.}$ 为刚性范畴. □

8.2　${}_H\mathcal{WYD}^H$ 中的辫子结构 I

命题 8.4　设 (H, α_H) 为弱 Hom-Hopf 代数. 则任取 $(M, \alpha_M), (N, \alpha_N) \in {}_H\mathcal{WYD}^H$, 可定义 $M \otimes_t N = 1_1 M \otimes 1_2 N \in {}_H\mathcal{WYD}^H$, 并且其模结构和余模结构如下:

$$h \cdot (m \otimes_t n) = h_1 \cdot m \otimes_t h_2 \cdot n,$$
$$m \otimes_t n \mapsto (m \otimes_t n)_{(0)} \otimes_t (m \otimes_t n)_{(1)} = (m_{(0)} \otimes_t n_{(0)}) \otimes \alpha^{-2}_H(n_{(1)} m_{(1)}).$$

证明　易证 $M \otimes_t N$ 为左 H-模和右 H-余模. 下证其满足兼容性条件.

$$(h \cdot (m \otimes n))_{(0)} \otimes (h \cdot (m \otimes n))_{(1)}$$
$$= (h_1 \cdot m \otimes h_2 \cdot n)_{(0)} \otimes (h_1 \cdot m \otimes h_2 \cdot n)_{(1)}$$
$$= ((h_1 \cdot m)_{(0)} \otimes (h_2 \cdot n)_{(0)} \otimes \alpha^{-2}_H((h_2 \cdot n)_{(1)}(h_1 \cdot m)_{(1)})$$
$$= (\alpha^{-1}_H(h_{121}) \cdot m_{(0)} \otimes \alpha^{-1}_H(h_{221}) \cdot n_{(0)}) \otimes \alpha^{-2}_H(((\alpha^{-2}_H(h_{222})\alpha^{-1}_H(n_1))S^{-1}(h_{21}))$$
$$((\alpha^{-2}_H(h_{122})\alpha^{-1}_H(m_{(1)}))S^{-1}(h_{11})))$$

$$
\begin{aligned}
&=(h_{12}\cdot m_{(0)}\otimes\alpha_H^{-1}(h_{212})\cdot n_{(0)})\otimes\alpha_H^{-2}((h_{22}n_1)\\
&\quad((S^{-1}(\alpha_H^{-3}(h_{2112}))\alpha_H^{-3}(h_{2111}))(\alpha_H^{-1}(m_{(1)})S^{-1}(\alpha_H^{-1}(h_{11}))))\\
&=(h_{12}\cdot m_{(0)}\otimes\alpha_H^{-1}(h_{212})\cdot n_{(0)})\otimes\alpha_H^{-2}((h_{22}n_1)\\
&\quad(1_2\varepsilon(\alpha_H^{-3}(h_{211})1_1)(\alpha_H^{-1}(m_{(1)})S^{-1}(\alpha_H^{-1}(h_{11}))))\\
&=(h_{12}\cdot m_{(0)}\otimes\alpha_H^{-1}(h_{221})\cdot n_{(0)})\otimes\alpha_H^{-2}((h_{222}n_1)\\
&\quad(1_2\varepsilon(\alpha_H^{-2}(h_{21})1_1)(\alpha_H^{-1}(m_{(1)})S^{-1}(\alpha_H^{-1}(h_{11}))))\\
&=(\alpha_H^{-1}(h_{211})\cdot m_{(0)}\otimes\alpha_H^{-1}(h_{221})\cdot n_{(0)})\otimes\alpha_H^{-2}((h_{222}n_1)\\
&\quad(1_2\varepsilon(\alpha_H^{-2}(h_{212})1_1)(\alpha_H^{-1}(m_{(1)})S^{-1}(h_1)))\\
&=(\alpha_H^{-2}(h_{211})1'_1\cdot m_{(0)}\otimes\alpha_H^{-1}(h_{221})\cdot n_{(0)})\otimes\alpha_H^{-2}((h_{222}n_1)\\
&\quad(1_2\varepsilon(\alpha_H^{-2}(h_{212})1'_21_1)(\alpha_H^{-1}(m_{(1)})S^{-1}(h_1)))\\
&=(\alpha_H^{-2}(h_{211})1'_1\cdot m_{(0)}\otimes\alpha_H^{-1}(h_{221})\cdot n_{(0)})\otimes\alpha_H^{-2}((h_{222}n_1)\\
&\quad(1_2\varepsilon(\alpha_H^{-2}(h_{212})1'_21_1)(\alpha_H^{-1}(m_{(1)})S^{-1}(h_1)))\\
&=(\alpha_H^{-2}(h_{211})1'_21_1\cdot m_{(0)}\otimes\alpha_H^{-1}(h_{212})\cdot n_{(0)})\otimes\alpha_H^{-2}((\alpha_H(h_{22})n_1)\\
&\quad(1_2(\alpha_H^{-1}(m_{(1)})S^{-1}(\alpha^{-1}(h_1)1'_1)))\\
&=\alpha_H^{-1}(h_{21})\cdot(m\otimes n)_{(0)}\otimes\alpha_H^{-2}(h_{22})\alpha_H^{-1}(m\otimes n)_{(1)}S^{-1}(h_1).
\end{aligned}
$$

命题得证. □

命题 8.5 设 $(M,\alpha_M),(N,\alpha_N)\in{}_H\mathcal{WYD}^H$. 定义如下映射:

$$c_{M,N}:M\otimes_t N\to M\otimes_t M,\ \ c_{M,N}(m\otimes n)=\alpha_N^{-1}(n_{(0)})\otimes\alpha_M^{-1}(\alpha_H^{-1}(n_{(1)})\cdot m).$$

则 $c_{M,N}$ 为 H-线性 H-余线性的且对任意的 $(P,\alpha_P)\in{}_H\mathcal{WYD}^H$, 满足以下等式:

$$a_{P,M,N}^{-1}\circ c_{M\otimes N,P}\circ a_{M,N,P}^{-1}=(c_{M,P}\otimes id_N)\circ a_{M,P,N}^{-1}\circ(id_M\otimes c_{N,P}),\tag{8-9}$$

$$a_{N,P,M}\circ c_{M,N\otimes P}\circ a_{M,N,P}=(id_N\otimes c_{M,P})\circ a_{N,M,P}\circ(c_{M,N}\otimes id_P).\tag{8-10}$$

证明 首先证明 $c_{M,N}$ 为 H-线性的:

$$
\begin{aligned}
&c_{M,N}(h\cdot(m\otimes n))\\
&=c_{M,N}(h_1\cdot m\otimes h_2\cdot n)\\
&=\alpha_N^{-1}((h_2\cdot n)_{(0)})\otimes\alpha_M^{-1}(\alpha_H^{-1}((h_2\cdot n)_{(1)}))\cdot(h_1\cdot m))
\end{aligned}
$$

$$=\alpha_N^{-1}(\alpha_H^{-1}(h_{221})\cdot n_{(0)})\otimes\alpha_M^{-1}(\alpha_H^{-1}([\alpha_H^{-2}(h_{222})\alpha_H^{-1}(n_{(1)})]S^{-1}(h_{21}))\cdot(h_1\cdot m))$$

$$=\alpha_N^{-1}(h_{21}\cdot n_{(0)})\otimes\alpha_M^{-1}(\alpha_H^{-1}([\alpha_H^{-1}(h_{22})\alpha_H^{-1}(n_{(1)})]S^{-1}(h_{12}))\cdot(\alpha_H^{-1}(h_{11})\cdot m))$$

$$=\alpha_N^{-1}(h_{21}\cdot n_{(0)})\otimes\alpha_M^{-1}([\alpha_H^{-2}(h_{22})\alpha_H^{-2}(n_{(1)})]S^{-1}(\alpha_H^{-1}(h_{12}))\cdot(\alpha_H^{-1}(h_{11})\cdot m))$$

$$=\alpha_N^{-1}(h_{21}\cdot n_{(0)})\otimes\alpha_M^{-1}([\alpha_H^{-2}(h_{22})\alpha_H^{-2}(n_{(1)})][S^{-1}(\alpha_H^{-2}(h_{12}))\alpha_H^{-2}(h_{11})]\cdot\alpha_M(m))$$

$$=\alpha_N^{-1}(h_{21}\cdot n_{(0)})\otimes\alpha_M^{-1}([\alpha_H^{-2}(h_{22})\alpha_H^{-2}(n_{(1)})][S^{-1}(1_1)\varepsilon(\alpha_H^{-2}(h_1 1_2))]\cdot\alpha_M(m))$$

$$=\alpha_N^{-1}(\alpha_H^{-1}(h_{12})1_3\cdot n_{(0)})\otimes\alpha_M^{-1}([\alpha_H^{-2}(h_2)1_4\alpha_H^{-2}(n_{(1)})]$$
$$[S^{-1}(1_1)\varepsilon(\alpha_H^{-2}(h_{11}1_2))]\cdot\alpha_M(m))$$

$$=\alpha_N^{-1}(h_1 1_2\cdot n_{(0)})\otimes\alpha_M^{-1}([\alpha_H^{-2}(h_2)1_3\alpha_H^{-2}(n_{(1)})]S^{-1}(1_1)\cdot\alpha_M(m))$$

$$=h_1\cdot(1_2\cdot\alpha_N^{-2}(n_{(0)}))\otimes\alpha_H^{-1}(h_2)[1_3\alpha_H^{-4}(n_{(1)})S^{-1}(1_1)]\cdot m$$

$$=h_1\cdot\alpha_N^{-1}(n_{(0)})\otimes\alpha_M^{-1}(h_2)\alpha_H^{-2}(n_{(1)})\cdot m$$

$$=h\cdot c_{M,N}(m\otimes n).$$

下证 $c_{M,N}$ 为 H-余线性的:

$$\rho_{N\otimes M}c_{M,N}(m\otimes n)$$

$$=\rho_{N\otimes M}(\alpha_N^{-1}(n_{(0)})\otimes\alpha_M^{-1}(\alpha_H^{-1}(n_{(1)})\cdot m))$$

$$=\alpha_N^{-1}(n_{(0)(0)})\otimes(\alpha_H^{-2}(n_{(1)})\cdot\alpha_M^{-1}(m))_{(0)}$$
$$\otimes\alpha_H^{-2}((\alpha_H^{-2}(n_{(1)})\cdot\alpha_M^{-1}(m))_{(1)}\alpha_N^{-1}(n_{(0)(1)}))$$

$$=\alpha_N^{-1}(n_{(0)(0)})\otimes\alpha_H^{-3}(n_{(1)21})\cdot\alpha_M^{-1}(m_{(0)})\otimes\alpha_H^{-2}((\alpha_H^{-4}(n_{(1)22})\alpha_H^{-2}(m_{(1)})$$
$$S^{-1}(n_{(1)1}))\alpha_N^{-1}(n_{(0)(1)}))$$

$$=\alpha_N^{-1}(n_{(0)(0)})\otimes\alpha_H^{-2}(n_{(1)1})\cdot\alpha_M^{-1}(m_{(0)})\otimes\alpha_H^{-2}((\alpha_H^{-2}(n_{(1)2})\alpha_H^{-1}(m_{(1)}))$$
$$[S^{-1}(\alpha_H^{-3}(n_{(0)(1)2}))\alpha_N^{-3}(n_{(0)(1)(1)})])$$

$$=n_{(0)}\otimes\alpha_H^{-3}(n_{(1)1})1_2\cdot\alpha_M^{-1}(m_{(0)})\otimes\alpha_H^{-2}((\alpha_H^{-3}(n_{(1)2})1_3\alpha_H^{-1}(m_{(1)}))S^{-1}(1_1))$$

$$=\alpha_N^{-1}(n_{(0)(0)})\otimes\alpha_H^{-3}(n_{(0)(1)})1_2\cdot\alpha_M^{-1}(m_{(0)})\otimes\alpha_H^{-2}((\alpha_H^{-2}(n_{(1)})1_3\alpha_H^{-1}(m_{(1)}))S^{-1}(1_1))$$

$$=\alpha_N^{-1}(n_{(0)(0)})\otimes\alpha_H^{-2}(n_{(0)(1)})(1_2\cdot\alpha_M^{-2}(m_{(0)}))\otimes\alpha_H^{-2}(n_{(1)}[1_3\alpha_H^{-2}(m_{(1)})]S^{-1}(1_1))$$

$$=\alpha_N^{-1}(n_{(0)(0)})\otimes\alpha_H^{-2}(n_{(0)(1)})\cdot\alpha_M^{-1}(m_{(0)})\otimes\alpha_H^{-2}(n_{(1)}m_{(1)})$$

$$=(c_{M,N}\otimes id_H)\rho_{M\otimes N}(m\otimes n).$$

又知对任意的 $m\in M, n\in N$, $p\in P$, 有

$$
\begin{aligned}
&(a_{N,P,M}\circ c_{M,N\otimes P}\circ a_{M,N,P})((m\otimes_t n)\otimes_t p)\\
=&a_{N,P,M}(\alpha_N^{-1}(n_{(0)})\otimes p_{(0)}\otimes \alpha_H^{-4}(\alpha_H(p_{(1)})n_{(1)})\cdot\alpha_M^{-2}(m))\\
=&\alpha_N^{-2}(n_{(0)})\otimes (p_{(0)}\otimes \alpha_H^{-3}(\alpha_H(p_{(1)})n_{(1)})\cdot\alpha_M^{-1}(m))\\
=&(id_N\otimes_t (c_{M,P}))(\alpha_N^{-2}(n_{(0)})\otimes(\alpha_H^{-2}(n_{(1)})\cdot\alpha_M^{-1}(m)\otimes\alpha_P(p))\\
=&((id_N\otimes_t c_{M,P})\circ a_{N,M,P}\circ(c_{M,N}\otimes_t id_P))((m\otimes_t n)\otimes_t p),
\end{aligned}
$$

即可知式 (8-9) 成立. 同理可证式 (8-10). □

引理 8.3 $c_{M,N}$ 有如下逆映射

$$c_{M,N}^{-1}(n\otimes m)=\alpha_M^{-1}(\alpha_H^{-1}(S(n_{(1)}))\cdot m)\otimes\alpha_N^{-1}(n_{(0)}).$$

证明 一方面, 对任意的 $m\in M$, $n\in N$, 有

$$
\begin{aligned}
&c_{M,N}c_{M,N}^{-1}(n\otimes m)\\
=&c_{M,N}(\alpha_M^{-1}(\alpha_H^{-1}(S(n_{(1)}))\cdot m)\otimes\alpha_N^{-1}(n_{(0)}))\\
=&c_{M,N}(\alpha_H^{-2}(S(n_{(1)}))\cdot\alpha_M^{-1}(m)\otimes\alpha_N^{-1}(n_{(0)}))\\
=&\alpha_N^{-2}(n_{(0)(0)})\otimes\alpha_N^{-3}(n_{(0)(1)})\cdot[\alpha_H^{-3}(S(n_{(1)}))\cdot\alpha_M^{-2}(m)]\\
=&\alpha_N^{-2}(n_{(0)(0)})\otimes[\alpha_N^{-4}(n_{(0)(1)})\alpha_H^{-3}(S(n_{(1)}))]\cdot\alpha_M^{-1}(m)\\
=&\alpha_N^{-1}(n_{(0)})\otimes[\alpha_N^{-4}(n_{(1)1})\alpha_H^{-4}(S(n_{(1)2}))]\cdot\alpha_M^{-1}(m)\\
=&\alpha_N^{-1}(n_{(0)})\otimes 1_2\varepsilon(1_1n_{(1)})\cdot\alpha_M^{-1}(m)\\
=&1'_1\alpha_N^{-2}(n_{(0)})\otimes 1_2\varepsilon(1_11'_2n_{(1)})\cdot\alpha_M^{-1}(m)\\
=&1_1\alpha_N^{-1}(n)\otimes 1_2\cdot\alpha_M^{-1}(m)\\
=&n\otimes m.
\end{aligned}
$$

又知,

$$
\begin{aligned}
&m_{(0)}\otimes m_{(1)}\\
=&\alpha_H^{-1}(1_{21})\cdot\alpha_M^{-1}(m_{(0)})\otimes[\alpha_H^{-2}(1_{22})\alpha_H^{-2}(m_{(1)})]S^{-1}(1_1)\\
=&1'_1\cdot(1_2\cdot\alpha_M^{-1}(m_{(0)}))\otimes[\alpha_H^{-2}(1'_2)\alpha_H^{-2}(m_{(1)})]S^{-1}(1_1)\\
=&1'_1\cdot(1_2\cdot\alpha_M^{-1}(m_{(0)}))\otimes\alpha_H^{-1}(1'_2)[\alpha_H^{-2}(m_{(1)})S^{-1}(\alpha_H^{-1}(1_1))]\\
=&1'_1\cdot(1_2\cdot\alpha_M^{-1}(m_{(0)}))\otimes 1'_2[\alpha_H^{-2}(m_{(1)})S^{-1}(1_1)]\\
=&1_2\cdot\alpha_M^{-1}(m_{(0)})\otimes\alpha_H^{-2}(m_{(1)})S^{-1}(1_1).
\end{aligned}
$$

于是另一方面, 有

$$
\begin{aligned}
& c_{M,N}^{-1}c_{M,N}(m\otimes n)\\
=& c_{M,N}^{-1}(\alpha_N^{-1}(n_{(0)})\otimes\alpha_M^{-1}(\alpha_H^{-1}(n_{(1)})\cdot m))\\
=& \alpha_H^{-3}(S(n_{(0)(1)}))\cdot[\alpha_H^{-3}(n_{(1)})\cdot\alpha_M^{-2}(m)]\otimes\alpha_N^{-2}(n_{(0)(0)})\\
=& [\alpha_H^{-4}(S(n_{(0)(1)}))\alpha_H^{-3}(n_{(1)})]\cdot\alpha_M^{-1}(m)\otimes\alpha_N^{-2}(n_{(0)(0)})\\
=& [\alpha_H^{-4}(S(n_{(1)1}))\alpha_H^{-4}(n_{(1)2})]\cdot\alpha_M^{-1}(m)\otimes\alpha_N^{-1}(n_{(0)})\\
=& \varepsilon_s(n_{(1)})\cdot\alpha_M^{-1}(m)\otimes\alpha_N^{-1}(n_{(0)})\\
=& 1_1S((S^{-1}\varepsilon_s(n_{(1)})))\cdot\alpha_M^{-1}(m)\otimes 1_2\cdot\alpha_N^{-1}(n_{(0)})\\
=& S(1_2)S((S^{-1}\varepsilon_s(n_{(1)})))\cdot\alpha_M^{-1}(m)\otimes S(1_1)\cdot\alpha_N^{-1}(n_{(0)})\\
=& S((S^{-1}\varepsilon_s(n_{(1)}))1_2)\cdot\alpha_M^{-1}(m)\otimes S(1_1)\cdot\alpha_N^{-1}(n_{(0)})\\
=& S((S^{-1}\varepsilon_s(n_{(1)}))S(1_1))\cdot\alpha_M^{-1}(m)\otimes S^2(1_2)\cdot\alpha_N^{-1}(n_{(0)})\\
=& S^2(1_1)\cdot\alpha_M^{-1}(m)\otimes S^2(1_2S^{-1}\varepsilon_s(n_{(1)}))\cdot\alpha_N^{-1}(n_{(0)})\\
=& S^2(1_1)\cdot\alpha_M^{-1}(m)\otimes S^2(1_2)\cdot\alpha_N^{-1}(n)\\
=& m\otimes n.
\end{aligned}
$$

命题得证. □

进而可知以下定理.

定理 8.3　${}_H\mathcal{WYD}^H$ 为辫子张量范畴.

下面讨论弱 Hom-Hopf 代数的 Yetter-Drinfeld 模与拟三角结构之间的关系.

命题 8.6　设 (H,α_H) 为拟三角弱 Hom-Hopf 代数, 则有如下结论成立:

(1) 设 (M,α_M) 为左 H 模. 定义映射

$$\rho_M: M\to M\otimes_t H, \rho_M(m)=m_{(0)}\otimes_t m_{(1)}:=R^{(2)}\cdot m\otimes_t\alpha_H(R^{(1)}).$$

则 (M,α_M) 为 H 上的 Yetter-Drinfeld 模.

(2) 设 (N,α_N) 亦为 H-模且在 (1) 的方式下做成一个 Yetter-Drinfeld 模 (余作用记为 $\rho_N: N\to N\otimes H, \rho_N(n)=n_{(0)}\otimes n_{(1)}:=r^{(2)}\cdot m\otimes_t\alpha_H(r^{(1)})$). 易知 $(M\otimes_t N,\alpha_M\otimes\alpha_N)$ 亦为 H-模, 其模作用为 $h\cdot(m\otimes n)=h_1\cdot m\otimes_t h_2\cdot n$, 进而由 (1) 可知 $(M\otimes_t N,\alpha_M\otimes\alpha_N)$ 亦为 Yetter-Drinfeld 模且其与 $(M\otimes_t N,\alpha_M\otimes\alpha_N)$(作为 Yetter-Drinfeld 模的张量积) 是一致的.

证明　(1) 首先易证 $\rho(\alpha(m))=\alpha_M(m_{(0)})\otimes\alpha(m_{(1)})$. 下证 (M,α_M) 为右 H-余

模. 有

$$\begin{aligned}(\alpha_M\otimes\Delta)\rho_M(m)&=\alpha_M(R^{(2)}\cdot m)\otimes\Delta(\alpha_H(R^{(1)}))\\&=\alpha_H(R^{(2)})\cdot\alpha_M(m)\otimes\alpha_H(R^{(1)}_1)\otimes\alpha_H(R^{(1)}_2)\\&=r^{(2)}R^{(2)}\cdot\alpha_M(m)\otimes\alpha^2_H(r^{(1)})\otimes\alpha^2_H(R^{(1)})\\&=\alpha_H(r^{(2)})\cdot(R^{(2)}\cdot m)\otimes\alpha^2_H(r^{(1)})\otimes\alpha^2_H(R^{(1)})\\&=r^{(2)}\cdot(R^{(2)}\cdot m)\otimes\alpha_H(r^{(1)})\otimes\alpha^2_H(R^{(1)})\\&=\rho_M(R^{(2)}\cdot m)\otimes\alpha^2_H(R^{(1)})\\&=(\rho_M\otimes\alpha_M)\rho_M(m).\end{aligned}$$

又知,

$$\begin{aligned}(h_2\cdot m)_{(0)}\otimes(h_2\cdot m)_{(1)}\alpha^2_H(h_1)&=R^{(2)}\cdot(h_2\cdot m)\otimes\alpha_H(R^{(1)})\alpha^2_H(h_1)\\&=\alpha_H(R^{(2)})\cdot(h_2\cdot m)\otimes\alpha^2_H(R^{(1)})\alpha^2_H(h_1)\\&=(R^{(2)}h_2)\cdot\alpha_M(m)\otimes\alpha^2_H(R^{(1)}h_1)\\&=(h_1R^{(2)})\cdot\alpha_M(m)\otimes\alpha^2_H(h_2R^{(1)})\\&=\alpha_H(h_1)\cdot(R^{(2)}\cdot m)\otimes\alpha^2_H(h_2)\alpha^2_H(R^{(1)})\\&=\alpha_H(h_1)\cdot m_{(0)}\otimes\alpha^2_H(h_2)\alpha_H(m_{(1)}).\end{aligned}$$

于是 (M,α_M) 为 Yetter-Drinfeld 模.

(2) 仅验证 $M\otimes_t N$ 的两种余模结构是一致的. 事实上, 对任意的 $m\in M$, $n\in N$, 有

$$m_{(0)}\otimes n_{(0)}\otimes\alpha_H^{-2}(n_{(1)}m_{(1)})=R^{(2)}\cdot(m\otimes n)\otimes\alpha_H(R^{(1)}),$$

于是

$$R^{(2)}\cdot m\otimes r^{(2)}\cdot n\otimes\alpha_H^{-2}(\alpha_H(r^{(2)})\alpha_H(R^{(2)}))=R^{(2)}_1\cdot m\otimes R^{(2)}_2\cdot n\otimes\alpha_H(R^{(1)}),$$

即

$$\alpha_H(R^{(2)})\cdot m\otimes\alpha_H(r^{(2)})\cdot n\otimes r^{(2)}R^{(2)}=R^{(2)}_1\cdot m\otimes R^{(2)}_2\cdot n\otimes\alpha_H(R^{(1)}).$$

证毕. □

命题 8.7 设 (H,α_H) 为拟三角弱 Hom-Hopf 代数. 记 $Rep(H)$ 为 H 的左表示范畴. 则在命题 8.6 的意义下, $Rep(H)$ 可视为 ${}_H\mathcal{WYD}^H$ 的辫子子范畴.

8.3 ${}_H\mathcal{WYD}^H$ 中的辫子结构 II

本节的结果是 8.2 节结果的自然对偶, 因此一些结论将不再予以证明.

命题 8.8 设 (H,α_H) 为弱 Hom-Hopf 代数. 则下列结论成立:

(1) 设 $(M,\alpha_M),(N,\alpha_N)\in {}_H\mathcal{WYD}^H$, 则可定义其另一种张量积 $M\tilde{\otimes}N$ 如下:

$$M\tilde{\otimes}N=\{m\tilde{\otimes}n=m_0\otimes_{\Bbbk}n_0\varepsilon(m_1n_1)\mid m\in M,n\in N\},$$

其模结构和余模结构分别为

$$h\cdot(m\tilde{\otimes}n)=\alpha_H^{-2}(h_1)\cdot m\tilde{\otimes}\alpha_H^{-2}(h_2)\cdot n,$$
$$m\tilde{\otimes}n\mapsto(m\tilde{\otimes}n)_{(0)}\otimes(m\tilde{\otimes}n)_{(1)}=(m_{(0)}\tilde{\otimes}n_{(0)})\tilde{\otimes}n_{(1)}m_{(1)}.$$

(2) ${}_H\mathcal{WYD}^H$ 在上述张量积 $\tilde{\otimes}$ 下可做成一个辫子张量范畴, 其中结合约束和辫子分别定义如下:

$$a_{M,N,P}((m\tilde{\otimes}n)\tilde{\otimes}p)=\alpha_M^{-1}(m)\tilde{\otimes}(n\tilde{\otimes}\alpha_P(p)),\ m\in M,\ n\in N,\ p\in P,$$

$$c_{M,N}:M\tilde{\otimes}N\to M\tilde{\otimes}M,\ c_{M,N}(m\tilde{\otimes}n)=\alpha_N^{-1}(n_{(0)})\tilde{\otimes}\alpha_M^{-1}(\alpha_H^{-1}(n_{(1)})\cdot m).$$

其中辫子的逆映射为

$$c_{M,N}^{-1}(n\tilde{\otimes}m)=\alpha_M^{-1}(\alpha_H^{-1}(S(n_{(1)}))\cdot m)\tilde{\otimes}\alpha_N^{-1}(n_{(0)}).$$

命题 8.9 设 (H,α_H,σ) 为余拟三角弱 Hom-Hopf 代数, 则有如下结论成立:

(1) 设 (M,α_M) 为 H-余模, 余作用记为 $M\to M\tilde{\otimes}H,\rho_M(m)=m_{(0)}\tilde{\otimes}m_{(1)}$. 此时可定义其上的模结构如下:

$$H\otimes M\to M,h\tilde{\otimes}m\mapsto h\cdot m=\sigma(\alpha_H(h),m_{(1)})m_{(0)}.$$

则 (M,α_M) 在上述结构下可做成 H 的 Yetter-Drinfeld 模.

(2) 设 (N,α_N) 为另一 H-余模, 余作用为 $\rho_N(n)=n_{(0)}\tilde{\otimes}n_{(1)}$. 由 (1) 易知 (N,α_N) 可做成 H-模, 进而为 Yetter-Drinfeld 模. 又知 $(M\tilde{\otimes}N,\alpha_M\otimes\alpha_N)$ 可由两种途径做成 Yetter-Drinfeld 模: 一种是其作为 Yetter-Drinfeld 模 M 和 N 在命题 8.8 中的张量积结构; 另一种是由其 H-余模结构 (M 和 N 的张量积余模) 在 (1) 的诱导下的 Yetter-Drinfeld 模结构. 这两种结构是一致的.

定理 8.4 设 (H, α_H, σ) 为余拟三角弱 Hom-Hopf 代数, 记 $Corep(H)$ 为 H 的右余表示范畴. 则 $Corep(H)$ 为 ${}_H\mathcal{WYD}^H$(在命题 8.8 的辫子范畴结构下) 的辫子子范畴.

关于 Hom-Yetter-Drinfeld 范畴和中心结构等方面的最新研究进展, 可见文献 [19]、[21]、[54]、[74] 和 [75] 等.

参 考 文 献

[1] Gerstenhaber M. On the deformation of rings and algebras[J]. Annals of Mathematics,1964, 79(1):59-103.

[2] Hiro-Oka H, Matsui O, Naito T, et al. On the q-deformation of Virasoro algebra[J]. Mathematical Physics and Mathematics, 1990, 48(48):173-183.

[3] Chaichian M, Isaev A P, Lukierski J, et al. q-deformations of Virasoro algebras and conformal dimensionals[J]. Physics Letters B, 1991, 262(1):32-38.

[4] Hartwig T, Larsson D, Silvestrov S D. Deformations of Lie algebras using σ derivations[J]. Journal of Algebra, 2006, 295:314-361.

[5] Makhlouf A, Silvestrov S. Hom-Lie admissible Hom-coalgebras and Hom-Hopf algebras[M]// Silvestrov S, Paal E, Abramov V, et al. Generalized Lie Theory in Mathematics, Physics and Beyond. Berlin: Springer-Verlag, 2009:189-206.

[6] Makhlouf A, Silvestrov S. Hom-algebras and Hom-coalgebras[J]. Journal of Algebra and Its Applications, 2010, 9(4):553-589.

[7] Yau D. The Hom-Yang-Baxter equation, Hom-Lie algebras, and quasi-triangular bialgebras[J]. Journal of Physics A Mathematical and Theoretical, 2009, 42(16):1076-1082.

[8] Yau D. Hom-quantum groups I: Quasitriangular Hom-bialgebras[J]. Journal of Physics A Mathematical and Theoretical, 2012,45(6):1-5.

[9] Caenepeel S, Goyvaerts I. Monoidal Hom-Hopf algebras[J]. Communications in Algebra, 2011,39(6):2216-2240.

[10] Makhlouf A, Panaite F. Yetter-Drinfeld modules for Hom-bialgebras[J]. Journal of Mathematical Physics, 2014, 55(1):142-152.

[11] Graziani G, Makhlouf A, Menini C, et al. BiHom-associative algebras,BiHom-Lie algebras and BiHom-bialgebras[J]. Symmetry, Integrability and Geometry: Methods and Applications, 2015, 11:1-34.

[12] Makhlouf A, Panaite F. Hom-L-R-smash products, Hom-diagonal crossed products and the Drinfeld double of a Hom-Hopf algebra[J]. Journal of Algebra, 2015, 441:314-343.

[13] Makhlouf A, Panaite F. Twisting operators, twisted tensor products and smash products for Hom-associative algebras[J]. Glasgow Mathematical Journal, 2016, 58(3):513-538.

[14] Hu N H. q-Witt algebras, q-Lie algebras, q-holomorph structure and representations[J]. Algebra Colloquium, 1999, 6(1):51-70.

[15] Chen Y Y, Wang Y, Zhang L Y. The construction of Hom-Lie bialgebras[J]. Journal of Lie Theory, 2010, 20(4):767-783.

[16] Chen Y Y, Wang Z W, Zhang L Y. Quasitriangular Hom-Lie bialgebras[J]. Journal of Lie Theory, 2012, 22(4):1075-1089.

[17] Chen Y Y, Wang Z W, Zhang L Y. The FRT-type theorem for the Hom-Long equation[J]. Communications in Algebra, 2013, 41(10):3931-3948.

[18] Chen Y Y, Wang Z W, Zhang L Y. Integrals for monoidal Hom-Hopf algebras and their applications[J]. Journal of Mathematical Physics, 2013, 54(7):679-733.

[19] Chen Y Y, Wang Z W, Zhang L Y. The category of Yetter-Drinfeld Hom-modules and the quantum Hom-Yang-Baxter equation[J]. Journal of Mathematical Physics, 2014, 55(3):1483-1491.

[20] Liu L, Guo Q L. On twisted smash products of monoidal Hom-Hopf algebras[J]. Communications in Algebra, 2016, 44(10):4140-4164.

[21] Liu L, Shen B L. Radford's biproducts and Yetter-Drinfeld modules for monoidal Hom-Hopf algebras[J]. Journal of Mathematical Physics, 2014, 55(3):701-725.

[22] Dong L H, Wang S X. Hom-ideal structure of monoidal Hom-algebras in a category[J]. Journal of Algebra and Its Applications, 2015, 14(5):1-14.

[23] Ma T S, Li H Y, Liu L L. Double biproduct Hom-bialgebra and related quasitriangular structures[J]. Chinese Annals of Mathematics, Series B, 2016, 37(6):929-950.

[24] Ma T S, Li H Y, Yang T. Cobraided smash product Hom-Hopf algebra[J]. Colloquium Mathematicum, 2014, 134:75-92.

[25] Zhang X H, Wang S H. Weak Hom-Hopf algebras and their (co)representations[J]. Journal of Geometry and Physics, 2015, 94:50-71.

[26] Lu D W, Wang S H. The Drinfel'd double versus the Heisenberg double for Hom-Hopf algebras[J]. Journal of Algebra and Its Applications , 2016, 15(4):1-16.

[27] Sheng Y H, Bai C M. A new approach to Hom-Lie bialgebras[J]. Journal of Algebra, 2014, 399:232-250.

[28] Sheng Y H. Representations of Hom-Lie algebras[J]. Algebras and Represent Theory, 2012,15(6):1081-1098.

[29] Sheng Y H, Chen D H. Hom-Lie 2-algebras[J]. Journal of Algebra, 2013, 376:174-195.

[30] Liu Y, Chen L Y, Ma Y. Representations and module-extensions of 3-Hom-Lie algebras[J]. Journal of Geometry and Physics, 2015, 98:376-383.

[31] Makhlouf A, Silvestrov S. Hom-algebra stuctures[J]. Journal of Generalize Lie Theory and Applications, 2008, 2(2):51-64.

[32] Street R. The formal theory of monads[J]. Journal of Pure and Applied Algebra, 1972, 2(2):149-168.

[33] Bruguières A, Virelizier A. Hopf monads[J]. Advances in Mathematics, 2007, 215(2):679-722.

[34] Moerdijk I. Monads on tensor categories[J]. Journal of Pure and Applied Algebra, 2002, 168(2-3):189-208.

[35] Böhm G, Lack S, Street R. Weak bimonads and weak Hopf monads[J]. Journal of Algebra, 2011, 328(1):130.

[36] Chen Y Y, Wang Z W, Zhang L Y. The fundamental theorem and Maschke's theorem in the category of relative Hom-Hopf modules[J]. Colloquium Mathematicum, 2016, 144(1):55-71.

[37] Menini C, Militaru G. Integrals, quantum Galois extensions, and the affineness criterion for quantum Yetter-Drinfel'd modules[J]. Journal of Algebra, 2002, 247:467-508.

[38] Cline E, Parshall B, Scott L. Induced modules and affine quotient[J]. Mathematische Annalen,1977, 230:1-14.

[39] Doi Y. Algebras with total integrals[J]. Communications in Algebra, 1985, 13:2137-2159.

[40] Caenepeel S, Militaru G, Zhu S L. Frobenius and Separable Functors for GeneralizedModule Categories and Nonlinear Equations[M]. Berlin: Springer Verlag, 2002.

[41] Guo S J, Chen X L. A Maschke type theorem for relative Hom-Hopf modules[J]. Czechoslovak Mthematical Journal, 2014, 64: 783-799.

[42] Guo S J, Zhang X H, Wang S X. Relative Hom-Hopf modules and total integrals[J]. Journal of Mathematical Physics, 2015, 56(2): 2216-2240.

[43] Chen H X, Guo S J. Doi Hom-Hopf modules and Frobenius type properties[J]. Colloquium Mathematicum, 2017, 148(1):69-85.

[44] Rafael M D. Separable functors revisited[J]. Communications in Algebra, 1990, 18(5):1445-1459.

[45] Guo S J, Zhang X H, Wang S X. Total integrals of Doi Hom-Hopf modules[J]. Journal of Algebra and Its Applications, 2016 15(4):1-16.

[46] Guo S J, Zhang X H. Separable functors for the category of Doi Hom-Hopf modules[J]. Colloquium Mathematicum, 2016, 143(1):23-37.

[47] Caenepeel S, Raianu S. Induction functors for the Doi-Koppinen unified Hopf modules[J]//Facchini A, Menini C. Abelian Groups and Modules. Dordrecht: Kluwer Publishers, 1995, 73-94.

[48] Cohen M, Westreich S, Zhu S L. Determinants, integrality and Noether's theorem for quantum commutative algebras[J]. Israel Journal of Mathematics, 1996, 96(1):185-222.

[49] Caenepeel S, Militaru G, Zhu S. Doi-Hopf modules, Yetter-Drinfel'd modules and Frobenius type properties[J]. Transactions of the American Mathematical Society, 1997, 349:4311-4342.

[50] Chen Y Y, Zhou X. Separable and Frobenius monoidal Hom-algebras[J]. Colloquium Mathematicum, 2014, 137:229-251.

[51] Caenepeel S, Van Oystaeyen F, Zhou B. Making the category of Doi-Hopf modules into a braided monoidal category[J]. Algebras and Representation, 1998, 1:75-96.

[52] Joyal A, Street R. Braided tensor categories[J]. Advances in Mathematics, 1993, 102(1):20-78.

[53] Yau D. Hom-bialgebras and comodule algebras[J]. International Electronic Journal of Algebra, 2010, 8:45-64.

[54] Li H Y, Ma T S. A construction of Hom-Yetter-Drinfeld category[J]. Colloquium Mathematicum, 2014,137:43-65.

[55] You M M, Wang S H. Hom-Hopf group coalgebras and braided T-categories obtainedfrom Hom-Hopf algebras[J]. Journal of Mathematical Physics, 2015, 56(11):2631-2657.

[56] Guo S J, Zhang X H, Wang S X. Braided monoidal categories and Doi Hopf modules for monoidal Hom-Hopf algebras[J]. Colloquium Mathematicum, 2016, 143(1):79-104.

[57] You M M, Wang S H. Constructing new braided T-categories over monoidal Hom-Hopf algebras[J]. Journal of Mathematical Physics, 2014, 55(11):2216-2240.

[58] Wang S X, Wang S H. Hom-Lie algebras in Yetter-Drinfeld categories[J]. Communications in Algebra, 2014, 42(10):4526-4547.

[59] Guo S J, Wang S X. The affineness criterion for quantum Hom-Yetter-Drinfel'd modules[J]. Colloquium Mathematicum 2016, 143(2):169-185.

[60] Panaite F, Staic M D, Oystaeyen F V. Pseudosymmetric braidings, twines and twisted algebras[J]. Journal of Pure and Applied Algebra, 2010, 214(6):867-884.

[61] Cohen M, Westreich S. Determinants and symmetries in Yetter-Drinfeld categories[J]. Appllied Categorical Structures, 1998, 6(2):267-289.

[62] Pareigis B. Symmetric Yetter-Drinfeld categories are trivial[J]. Journal of Pure and Applied Algebra, 2001, 155(1):91.

[63] Benayadi S, Makhlouf A. Hom-Lie algebras with symmetric invariant nondegenerate bilinear forms[J]. Journal of Geometry and Physics, 2014, 76(1):38-60.

[64] Wang S X, Guo S J. Symmetries and the u-condition in Hom-Yetter-Drinfeld categories[J]. Journal of Mathematical Physics, 2014, 55(8):2216-2240.

[65] Wang S X, Guo S J. Symmetric pairs and pseudo symmetries in Hom-Yetter Drinfeld categories[J]. Journal of Algebra and Its Applications. 2017, 16(7):1-21.

[66] Fang X L, Kim T H, Zhang X H. Symmetry and pseudosymmetry of v-Yetter-Drinfeld categories for Hom-Hopf algebras[J]. International Journal of Geometric Methods in Modern Physics, 2017, 14(9):1-27.

[67] Böhm G, Nill F, Szlachányi K. Weak Hopf algebras I. Integral theory and C^*-structure[J]. Journal of Algebra, 1999, 221: 385-438.

[68] Nikshych D, Turaev V G, Vainerman L. Invariants of knots and 3-manifolds from quantum groupoids[J]. Topology and Its Applications, 2003, 127(1-2):91-123.

[69] Sun Q X. On n-ary Hom-Lie H-pseudoalgebras[J]. Journal of Physics A, 2012, 45(19):1-13.

[70] Sun Q X. Generalization of H-pseudoalgebraic structures[J]. Journal of Mathematical Physics, 2012,53(1):1-18.

[71] Yuan L M. Hom-Lie color algebra structures[J]. Communications in Algebra, 2012, 40(2):575-592.

[72] Sun Q X. On Hom-prealternative bialgebras[J]. Algebras and Representation Theory, 2016,19(3):657-677.

[73] Chen Y Y, Zhang L Y. The structure and construction of bi-Frobenius Hom algebras[J]. Communications in Algebra, 2017,45(5):2142-2162.

[74] Nenciu A. The center constructions for weak Hopf algebras[J]. Tsukaba Journal of Mathematics, 2002,26(1):189-204.

[75] Shen B L, Liu L. Center construction and duality of category of Hom-Yetter-Drinfeld modules over monoidal Hom-Hopf algebras[J]. Frontiers of Mathematics in China, 2017,12(1):177-197.